갈 수 없지만
알 수 있는

갈 수 없지만
알 수 있는

지웅배(우주먼지) 지음

지구로부터 ──────── 우주의 거리를 재다

더숲

138억 년의 시간을 넘어,
마침내 0광년의 거리에서 만난 진아에게

프롤로그

신촌 연세대학교 정문에서 신촌 전철역까지 일직선으로 기다란 길이 이어져 있다. 옛날에는 버스뿐 아니라 일반 자동차, 배달 오토바이, 길을 걷는 사람들까지 한데 뒤엉켜 있던 혼돈 그 자체의 길이었다. 버스 전용도로로 바뀌었다가 얼마 전부터 침체된 상권 회복을 위해 일반 차량 통행이 전면 허용되기는 했지만, 가끔 무단횡단하는 사람들만 빼면 그래도 요즘의 상황은 많이 나아졌다. 지금은 이 길을 연세로 또는 신촌 명물거리라는 이름으로 부른다.

그런데 한동안 이 길은 '문학의 거리'라는 다른 이름으로 불린 적이 있다. 아마 신촌역 3번 출구를 나오자마자 바로 마주치는 오래된 서점 때문에 붙은 이름이 아닐까 싶다. 이 서점은 50년 넘게 계속 같은 자리를 지키고 있다고 한다. 매일 새로운 간판이 걸렸다가 다시 떼어지기를 반복하는, 스타벅스와 맥도날드조차 버티지 못하고 도망가는 젠트리피케이션의 본고장 신촌 한복판에서 이렇게 오랫동안 자신의 자리를 지키고 있다니, 참으로 대단하다는 생각이 든다.

몇 년 전, 버스를 타고 캠퍼스로 돌아가는 길이었다. 버스에서는 이번 정류장과 다음 정류장이 어디인지를 알려주는 안내 방송이 흘러나왔다. 한국어 방송이 먼저 들렸고, 뒤이어 영어 방송이 나왔다. 그런데 안내 방송을 듣는 순간 내 귀를 의심했다.

"이번 정류장은 연세로, 문학의 거리입니다."
"This stop is Yonsei-ro, The Literature Distance."

세상에, 문학의 거리를 영어로 'The Literature Distance'라고 하는 게 아닌가? 나는 버스에서 내리자마자 설마 하는 마음으로 길에 서 있는 버스 정류장 표시를 확인했다. 거기에 정말 선명하게 Distance라고 써 있었다.

Literature는 '문학'이 맞다. 그리고 번역하자면 Distance도 '거리'가 맞다. 다만 문제가 있다. 이때의 거리는 사람들이 걸어다니는 길거리를 의미하는 게 아니다. 나로부터 대상이 떨어져 있는 거리를 이야기한다. 차라리 Distance라는 표현 대신, Road, Street, Avenue와 같은 단어를 썼다면 훨씬 나았을 것이다. 당혹스럽고 민망한 번역이었다. 아니 어쩌면 이제는 더 이상 문학을 사랑하지 않게 된 대학생들의 현실을 비판하기 위해서 만든 일종의 블랙코미디였을지도 모르겠다. 젊은이들과 문학 사이 거리가 점점 멀어져가고 있음을 보여주는 은유적 표현이라고 생각하는 게 나을 것 같다. 그렇다면 오히려 이 '문학의 거리'라는 이름이 아주 문학적 의미를 담은 이름이라고 생각할 수 있었을 것이다.

　그날 버스 안에서 흘러나온 안내 방송의 Distance라는 단어에 내가 유독 흠칫했던 건 아마 나의 직업병 때문인지도 모른다. 거리, Distance라는 단어만 들어도 곧장 귀가 쫑긋 세워진다. 사실 현대 천문학은 끊임없이 반복되는 거리 재기의 여정이라고 할 수 있다. 별이든 은하든 연구하는 분야를 막론하고 모든 천문학자들이 하루 종일 매달려서 하고 있는 일은 결국 거리 재기로 귀결된다.
　연구하는 대상까지의 거리를 정확히 알 수 없다면 천문학자는 아무것도 알 수 없다. 별이 실제로 얼마나 밝게 빛나고 있는지, 은하의 실제 크기는 얼마나 거대한지, 우주는 언제 어떻게 만들어졌는지 그 무엇도 이야기할 수 없다. 거리를 모르는 천문학자는 바보가 된다. 그만큼 거리를 재는 건 천문학에서 아주 중요한 과제다. 그리고 가장 난감한 과제이기도 하다.
　거리를 재는 것은 그리 간단하지 않은 문제다. 일단 천문학자들이 연구하는 대상은 모두 너무나 멀리 떨어져 있다. 태양계를 벗어나서 가장 먼저 만날 수 있는, 그나마 가장 가까운 이웃 별만 해도 4.2광년 거리에 떨어져 있다. 우주에서 가장 빠른 빛의 속도로 날아가도 4년 넘는 시간이 걸린다는 뜻이다. 그 사이에는 아무런 별도 없다. 그 정도로 우주는 거의 텅 비어 있다. 당연히 그 머나먼 별까지 직접 줄자를 늘어뜨리면서 거리를 잴 수는 없다.
　그렇다면 문득 궁금해진다. 대체 천문학자들은 너무 멀어서 닿을 수도 없는 천체들까지의 거리를 어떻게 재는 것일까? 천문학자들은 분명 우리에게서 250만 광년 거리에 떨어져 있는 안드로메다 은하, 심지어 우리에게서 100억 광년, 200억 광년 거리에 떨어진 우주 끝자락에 대해서까지 이야기한다. 가본 적도 없으면서, 앞으로도 절대 가볼 일조차 없으면서 그 터무니없는 숫자들을 아주 당당하게 이야기한다.

믿기 어려울지 모르지만 천문학자들은 그 먼 거리를 직접 가보지 않고도 잴 수 있다. 천문학이 우리에게 알려준 소중한 교훈 중 하나는 얼마나 멀리 떨어져 있는지를 알기 위해서 꼭 그곳까지 갈 필요는 없다는 것이다.

흔히 과학을 관련 없는 별개의 지식 조각들이 한데 모여서 엉켜 있는 지식의 총체라고만 생각한다. 그리고 무엇을 알아냈는지 하는 발견의 결과 그 자체에만 주목한다. 하지만 과학의 진짜 매력은 여기에 있지 않다. 과학의 진정한 가치와 매력은 무엇을 알아냈는지가 아니라 그것을 어떻게 알아냈는지에 있다.

우리가 '과학적'이라고 이야기할 때, 그건 지식 자체에 대해 평가하는 것이 아니다. 지식이 도출되기까지 얼마나 논리적인 방법을 거쳤고 객관적인 증거가 뒷받침되고 있는가에 대해 이야기하는 것이다. 얼핏 터무니없어 보이는 숫자를 이야기하고 허무맹랑한 소설 같은 이야기를 하는 것처럼 보일지 모르지만, 천문학이 당당하게 과학의 한 카테고리를 차지할 수 있는 건 천문학은 인간이 할 수 있는 한 가장 논리적이고 객관적인 방법으로 우주를 이해하는 몇 안 되는 도구이기 때문이다.

　이 책을 통해 나는 인류가 지난 수천 년간 직접 가본 적도 없는 먼 우주의 거리를 헤아리기 위해 발버둥친 기나긴 이야기를 들려줄 것이다. 그리고 여전히 완벽하지 못한 거리 재기로 인해 벌어지고 있는 새로운 논란도 함께 소개할 것이다. 바로 앞에 있는 달에서부터 우리가 관측할 수 있는 가장 먼 우주의 끝자락까지 다양한 스케일에서 우주를 느끼기 위해 인류가 세워둔 이정표를 하나하나 지나가면서, 거리 재기의 관점에서 바라본 현대 천문학의 여정을 떠날 것이다.

　지도에 그려진 지형과 사물을 읽는 독도법이라는 게 있다. 아무리 복잡한 곡선과 기호로 가득 찬 지도라 할지라도, 독도법을 모르는 사람에게는 그저 낙서가 그려진 종이 쪼가리에 불과하다. 반면 독도법을 익힌 사람에게는 어디에 보물이 숨어 있는지를 알려주는 보물 지도가 될 수 있다.

　그동안 무심코 바라봤던 하늘이 그저 끝없이 펼쳐진 막연한 텅 빈 공간처럼 느껴졌다면, 이제 하늘을 읽는 독도법을 익힐 때가 되었다. 천문학자의 눈으로 하늘을 바라보고, 천문학자의 마음으로 별빛을 받아들인다면 이제 눈앞에 펼쳐진 밤하늘은 전혀 다른 풍경으로 다가올 것이다. 흐릿하게 빛나는 별들을 징검다리 삼아 한 발짝씩 우주의 끝을 향해 나아갈 수 있을 것이다.

차례

1장

사실 달은
가깝지 않다

세상에서 가장 높은 곳에
가족 사진을 걸어두고 온 여행자

　세상에서 가장 높은 곳에 걸려 있는 가족 사진이 있다. 무려 지구 대기권을 벗어나 우주 공간에 걸려 있다. 그곳은 바로 달이다. 우주인 찰스 듀크는 1972년 아폴로 16호 미션을 통해 달에 착륙했다. 구소련과 한창 치열한 우주 냉전을 벌이고 있던 시기에 미국이 열 번째로 발사한 아폴로 미션이었다.

　찰스 듀크는 사령관 존 영과 함께 3일에 가까운 긴 시간을 달 위에서 보냈다. 그들은 달 위에 단순히 우주복의 발자국만 남긴 것이 아니었다. 월면차를 타고 달 표면 구석구석을 누비며 긴 바퀴 자국을 함께 새기고 돌아왔다.

　달 표면 위에서 다양한 과학 실험 임무를 마친 듀크는 지구로 귀환하기 전, 달 표면에 특별한 기념품을 한 가지 더 남겼다. 지퍼백으로 포장한 자신의 가족 사진이다. 자신과 아내, 그리고 어린 두 아들이 함께 있는 사진이다. 그는 언젠가 달에 방문할지도 모를 외계인이 자신이 남겨둔 사진을 발견할지도 모른다는 상상을 하며 사진 뒷면에 다음과 같은 메모를 남겼다.

'**지구에서 온 우주 비행사 듀크의 가족. 1972년 4월 20일에 착륙함**(This is the family of Astronaut Duke from planet Earth. Landed on the Moon, April 1972).'

물론 외계인이 영어 알파벳으로 쓰인 문장을 읽을 수 있을지는 모르겠다. 그날 밤 이후 듀크의 가족에게 밤하늘은 더욱 특별해졌을 것이다. 밝게 빛나는 달 표면 어딘가에 자신들의 얼굴이 담긴 가족 사진이 걸려 있는 것을 상상하면 달빛이 더욱 따스하게 느껴지지 않았을까? 듀크의 가족은 거대한 달을 자신들의 가족 사진을 끼워 넣은 액자로 쓰고 있는 셈이다.

하지만 듀크의 가족에게 아쉬운 소식이 두 가지 있다.

첫 번째, 듀크가 두고 왔던 사진이 지금까지 온전하게 남아 있을 것이라고 기대하기 어렵다. 달은 지구와 달리 대기권이 없다. 지구에서는 표면에 떨어지는 크고 작은 운석들이 지구 대기권을 통과하는 동안 대부분 타버린다. 하지만 달에는 그런 보호막이 없다. 그래서 표면에 떨어지는 운석을 막아주지 못한다.

듀크가 사진을 두고 온 지도 벌써 반 세기 가까운 긴 세월이 흘렀다. 그사이 달 표면 곳곳에 쉬지 않고 운석이 떨어졌다. 만약 사진을 두고 온 자리 근처에 운석이 떨어졌다면, 그 충격으로 사진은 달의

중력을 벗어나 멀리 우주 공간으로 날아가버렸을 가능성이 크다.

정말 운 좋게, 운석의 융단폭격에서 살아남았다 하더라도 사진은 무사하기 어렵다. 달에는 대기권도 없지만 자기장 보호막도 없다. 참 혹독한 세계다. 그래서 태양에서 방출되는 온갖 해로운 우주 방사선이 달 표면에 그대로 쏟아진다. 에너지가 높은 입자들이 사진에 닿으면서 사진의 잉크는 하얗게 색이 바래버린다. 지구에서도 사진이 오랜 시간 햇빛에 노출되면 하얗게 바래는 경우를 볼 수 있는데, 자기장 보호막이 전혀 없는 달 표면에서라면 사진 훼손은 더 빠르게 진행되고 있을 것이다. 듀크가 두고 온 지퍼백 속 사진이 지금까지도 멀리 날아가지 않고 달 표면 어딘가를 굴러다니고 있을지 모르지만, 그렇다 하더라도 행복했던 듀크 가족의 모습은 이미 하얗게 지워진 상태일 것이다.

그리고 두 번째로 슬픈 소식은 듀크가 남기고 온 가족 사진이 지금도 꾸준히 지구에서 멀어지고 있다는 사실이다. 달 자체가 천천히 지구로부터 떠나가고 있기 때문이다.

지구에서 달까지의 시간은 빛의 속도로 1.25초

달과 지구의 거리가 멀어지고 있다는 슬픈 사실을 알 수 있는 건, 우리가 달까지 거리를 mm 단위로 아주 정밀하게 잴 수 있는 덕분이다. 손톱 자라는 속도를 재는 것에 버금가는 정밀함이다!

달까지 거리를 정밀하게 재는 시도는 1950년대부터 본격적으로 시작되었다. 아이디어는 간단하다. 달 자체를 거대한 반사판으로 활용하는 것이다. 지구에서 달까지 빛을 쏜다. 달에 닿은 빛은 다시 반사되어 지구로 돌아온다. 지구를 떠난 빛이 달 표면을 때리고 다시 지구로 돌아오기까지 걸리는 전체 시간을 잰다. 우리는 빛의 속도를 정확히 알고 있다. 그래서 빛이 여행한 총 시간에 빛의 속도를 곱하면 지구에서 달, 그리고 달에서 지구를 오고가는 전체 왕복 거리를 알 수 있다.

달에 빛을 쏴서 달까지 거리를 재는 첫 번째 시도는 1946년에 있었다. 당시 미 육군은 달에 고출력 레이더를 쏴서 되돌아오는 신호를 탐지하는 **지구-달-지구 통신** EME Communication 실험, 일명 **다이애나 프로젝트** Diana Project를 기획했다. 이것은 지구에서 달까지 전파로 신호

를 주고받는 것이 가능한지 우주 통신의 가능성을 테스트하는 실험
이었다.

　1957년까지 지구에서 달로 빛을 보내는 시도를 반복했다. 수 초
간격으로 꺼지고 켜지는 레이더 펄스 신호가 지구를 떠나 달을 향
해 날아갔다. 과학자들은 지구에서 신호가 다시 되돌아오기만을 기
다렸다. 하지만 당시의 첫 번째 시도는 뚜렷한 성과를 내지 못했다.

　이 시도를 처음으로 성공한 것은 영국이었다. 영국은 미 육군보다
더 긴 간격으로 레이더를 발사했다. 그리고 마찬가지로 달 표면에
반사되어 돌아오는 레이더 신호를 기다렸다. 지구를 떠났던 레이더
빛은 약 2.5초가 흐른 뒤 다시 지구에 돌아왔다. 즉 지구에서 달까지
는 빛의 속도로 그 절반에 해당하는 1.25초 정도 걸린다는 뜻이다.
빛의 속도로 단위를 환산하면 지구에서 달까지 거리는 약 1.25광초
인 셈이다.

　이 실험으로 천문학자들은 지구에서 달까지의 거리가 약 38만km
에 달한다는 사실을 알 수 있었다. 하지만 거리 측정의 오차는
1.2km 정도로 꽤 컸다. 지구에서 빛을 쏴서 달까지 거리를 잴 수 있
다는 건 아주 놀라운 혁신이었다. 하지만 큰 문제가 있었다. 달은 거
울 표면처럼 매끈하지도, 평평하지도 않다. 또 지구의 안테나를 떠
난 레이더 빛은 오직 달 하나만을 향해서 곧게 날아가지도 않는다.
사방으로 둥글게 퍼진다. 사방으로 퍼진 레이더 빛이 둥글고 거친
달 표면 어디에 반사되는지에 따라 그 신호가 다시 지구에 돌아오
기까지 걸리는 시간은 들쭉날쭉할 수 있다. 특히나 아주 빠른 속도
로 날아가는 빛을 사용하는 실험이기 때문에 아주 미세한 시간 차

이도 거리 측정에 큰 오차를 만든다. 하지만 이것은 당시로서는 지구와 달 사이의 거리를 가장 정밀하게 측정할 수 있는 방법이었다.

달까지 거리를 더 적은 오차로 정밀하게 측정하려면, 달이 더 크고 매끄러운 반사판 역할을 해야 했다. 누가 먼저 사람을 달에 보낼 것인지를 두고 미국과 치열한 경쟁을 벌이고 있던 구 소련은 1970년 달의 푸른 바다 위에 루노호트 1호를 착륙시키는 데 성공했다. 3년 뒤 루노호트 2호도 연달아 달에 착륙했다. 비록 사람이 타고 있지 않은 무인 착륙선이었지만 달 착륙의 연이은 성공으로 초기 우주 경쟁은 구 소련이 더 우세해 보였다. 루노호트 착륙선에는 지구에서 쏜 레이저를 반사하기 위한 거울 장치가 탑재되어 있었다. 덕분에 지구에서 발사한 고출력 레이저 빛이 탐사선의 반사판을 때리고 다시 지구로 돌아오는 데 걸리는 시간을 훨씬 정확하게 측정할 수 있었다. 구 소련의 실험은 달까지 거리를 수 cm 단위로 정밀하게 측정했다.

하지만 결국 미국이 사람을 달에 먼저 착륙시키는 데 성공하면서 진정한 우주 경쟁의 승자가 되었다. 1960년대가 끝나기 전 반드시 자국의 우주인을 달에 보내고 말 것이라는 J. F. 케네디 대통령의 선전포고와 함께 NASA 엔지니어들의 발등에 불이 떨어졌다. 그들은 대통령이 무턱대고 선포한 우주적인 공약을 실현시키기 위해 바쁘게 움직였다. 당시 미국 전체 GDP의 1%에 달하는 막대한 예산이 모두 아폴로 미션 하나에만 집중되었다. NASA 전체 예산도 아니고, 아폴로 미션이라는 단 하나의 미션만을 위해 약 250억 달러, 현재 한화로 환산하면 무려 100조 원에 이르는 어마어마한 거금이 투입

되었다. 광란의 시대였다.

이런 막대한 지원 아래 사람을 달에 보낸다는 말도 안 되는 것처럼 보였던 꿈은 결국 실현되었다. 1969년 7월 아폴로 11호 미션과 함께 처음으로 달 위에 사람 발자국이 찍혔다. 1960년대가 끝나기 전 반드시 사람을 달에 보낼 것이라던 케네디 대통령의 공약은 1970년으로 넘어가기 직전 아슬아슬하게 지켜졌다.

달 표면에 두고 온 인류의 특별한 전리품들

아폴로 미션은 11호를 시작으로 (중간에 사고가 벌어지면서 달 착륙을 포기하고 지구로 돌아온 13호를 빼고) 17호까지 총 여섯 번에 걸쳐 우주인을 달에 착륙시키는 데 성공했다. 미션이 진행되는 동안 우주인들은 다양한 기념품을 달 표면에 두고 왔다. 역사상 처음으로 지구가 아닌 다른 천체 표면에 발자국을 남기는 특별한 순간인만큼, 우주인들은 각자의 방식으로 그 순간을 기념했다. 우주인들이 남긴 몇 가지 재밌는 기념품들이 있다.

미국의 모든 우주인들은 아폴로 11호 때부터 미션 수행 후 달 위에 자랑스러운 성조기를 꽂아두는 전통을 이어갔다. 사실 이 성조기는 천문학자들을 가장 오랫동안 괴롭혀온 대상이기도 하다. 아폴로 미션이 사기극이라는 증거로 가장 많이 활용되는 대표적인 사례이기 때문이다.

아폴로 미션에서 촬영된 많은 사진을 보면 성조기는 넓게 펼쳐져 있다. 그리고 마치 바람에 펄럭이는 것처럼 주름져 보인다. 그래서

적지 않은 음모론자들은 아폴로 11호의 우주인들이 발자국을 남겼던 달의 바다가 사실은 고요의 바다가 아니라 미국 네**바다**의 사막 세트장이었다는 농담 섞인 주장을 하기도 한다.

하지만 그건 정말 억울한 오해다. 달에는 바람이 불지 않는다. 그래서 그냥 평범한 깃대에 깃발을 꽂았다면 깃발은 그저 달 중력에 의해 힘 없이 아래로 축 처져 있었을 것이다. 하지만 생각해보라. 당시 미국 GDP의 1%에 달하는 엄청난 예산을 쏟아부어서 기껏 달까지 갔는데, 그 자랑스러운 인증샷 속 깃발이 힘 없이 축 처져 있게 내버려둘 수 있겠는가? 그래서 당시 NASA 엔지니어들은 바람이 없는 달에서도 성조기가 넓게 펼쳐질 수 있도록 가로 방향으로 지지

대가 추가된 특수 깃대를 제작했다. 실제로 아폴로 미션 수행 기간 동안 촬영된 사진들을 보면 성조기 윗부분 가로 방향에도 깃대가 들어 있는 것을 확인할 수 있다.

바람에 흩날리듯 깃발이 구겨져 보이는 것 역시 단순한 이유 때문이다. 미국 정부의 어둡고 음침한 비밀 같은 건 전혀 없다. 그저 나일론 재질의 성조기를 비좁은 캡슐 안에 구겨넣었다가 꺼낸 바람에 우글쭈글한 구김이 남아 있었을 뿐이다. 아폴로 미션의 좁은 우주선 안에 다리미를 챙겨갈 수 없었던 탓에 음모론자들의 주장만 더욱 기세를 떨치게 되었다.

바람이 불지 않는 달에서 애써 멋진 인증샷을 남기기 위해 억지로 성조기가 활짝 펼쳐 보이게 만들었건만, 오히려 그 모습 때문에 아폴로 미션 전체가 사기극이었다는 음모론의 근거로 이용되고 말았다. 밤새 특수 깃대를 설계하느라 애먹었을 엔지니어들 입장에서 얼마나 억울했겠는가!

아폴로 14호 미션의 사령관 앨런 셰퍼드는 달 위에서 아주 재밌는 퍼포먼스를 선보였다. 그는 특수 제작한 접이식 골프채와 골프공을 갖고 갔다. 그리고 달의 프라 마우로 크레이터 위에서 힘껏 스윙을 했다. 두꺼운 우주복을 입고 있던 탓에 그의 폼은 엉거주춤했다. 하지만 달에서의 중력은 지구에서보다 6배나 약한 덕분에 그의 골프공은 꽤 멀리 날아갔다. 당시 촬영한 비디오를 보면 한 40야드는 족히 날아간 것 같다(당시 셰퍼드가 친 첫 번째 골프공은 깊은 크레이터 속에 빠져버렸다. 홀인원! 셰퍼드는 두 번째로 친 골프공이 200야드는 날아갔다고 회고했는데, 이후 2021년 아폴로 14호 미션 당시의 사진 화질을 개선시켜서 분석한 결과, 셰퍼드의 두 번째 골프공은 겨우 40야드만 날아갔던 것으로 보인다. 달은 지구에 비해 중력이 약하기는 하지만, 두꺼운 우주복을 입고 몸을 가누는 건 쉬운 일이 아니다. 셰퍼드도 제 실력을 발휘하기는 어려웠을 것이다). 인간이 지구가 아닌 달 위에서 시도한 최초의 스포츠 종목은 뜻밖에도 골프로 기록되었다.

아폴로 15호의 데이비드 스콧은 달을 향해 떠나기 전 진행된 저녁 만찬 자리에서 우연히 한 예술가를 만났다. 벨기에 출신의 폴 반 호이동크였다. 그는 아폴로 15호 발사를 기념해서 앞서 미국과 구소련의 우주 개발 과정에서 희생된 열네 명의 우주인을 기리기 위해 '**전사한 우주인** Fallen Astronaut'이라는 이름의 작은 예술 작품을 만들었다. 9cm 크기의 작은 인간 형태를 하고 있는 조각품이었다. 달 표면에 오랫동안 두어도 녹슬지 않도록 알루미늄으로 제작했다. 성별과 인종도 구분할 수 없도록 디자인했다. 그러고는 스콧에게 자신의 작품을 달 표면에 두고 와달라고 조심스럽게 부탁했다. 스콧은 호이동크의 부탁을 몰래 들어주었다.

그는 달에 다녀온 이후 기자회견장에서 조각품의 존재를 뒤늦게 고백했다. 그런데 이건 굉장히 큰 문제가 되었다. NASA의 정식 허가를 받지 않은 민간에서 만든 물건이 임의로 로켓에 실렸다는 뜻이었기 때문이다. 자칫 위험한 사고로 이어질 수도 있었던 상황이었다. 우주 개발 과정에서 희생된 이들을 기리는 작품을 달에 두고 온다는 꽤 낭만적인 발상에서 비롯된 예술적 퍼포먼스였지만, 우주 여행의 윤리와 안전 매뉴얼을 무시한 무모한 행동이었다.

이런 특별한 기념품 외에도 아폴로 미션은 다양한 과학 실험을 수

아폴로 15호가 달에 두고 온 폴 반 호이동크의 작품 '전사한 우주인'.

행하면서 달 표면에 여러 실험 장비들을 두고 왔다. 달에 운석이 떨어질 때 달 표면에 충격이 어떻게 퍼지는지를 감지하기 위해 지진계를 설치했다. 더 빠른 속도로 달 표면을 누비기 위해 접어서 챙겨간 월면차 등 여러 장비들이 그대로 달 표면에 방치되어 있다. 지금도 달 곁을 맴돌고 있는 달 궤도선의 카메라를 통해 그 흔적을 분명하게 확인할 수 있다. 아폴로 미션이 전혀 사기가 아니었다는 것을 보여주는 아주 명확한 사진 증거이기도 하다.

아폴로 우주인들이 달에 남기고 온 중요한 실험 장비 중 하나는 레이저 반사판이다. 구 소련에서 시도했던 달까지의 거리 측정 시도보다 더 정밀하게 재기 위해서 아폴로 우주인들은 특별하게 만든

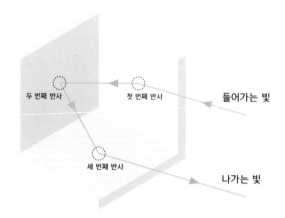

어느 방향에서 빛을 쏘건 빛이 날아왔던 방향으로 돌아오도록 만든 반사경.

아폴로 탐사선이 달에 설치한 반사판. 수백 개의 반사경을 모아 제작했다.

반사판을 달 표면에 설치했다. 달에 레이저를 발사해서 그 빛이 지구로 되돌아오기까지 걸리는 시간을 측정해서 달까지의 거리를 구한다는 아이디어는 말이 쉽지 실제로는 굉장히 까다롭다. 거울의 방향이 조금만 틀어져도 지구에서 쏜 레이저는 원래 방향으로 돌아오지 못한다. 전혀 다른 각도로 반사된다. 그렇다고 달에 매번 우주인을 보내, 레이저를 쏠 때마다 거울 각도를 세심하게 바꿔가면서 실험을 할 수도 없는 노릇이다. 그래서 천문학자들은 기발한 방법을 생각해냈다. 어느 방향에서 레이저를 쏴도 다시 원래 방향으로 반사되어 돌아올 수 있도록 마법의 거울을 만들었다.

방법은 간단하다. 평평한 거울 세 개를 마치 상자 모서리처럼 서로 90°로 붙였다. 이렇게 하면 조금 다른 각도로 레이저가 날아와도 바로 옆에 90°로 붙어 있는 다른 두 번째, 세 번째 거울 면에 빛이 반복해서 반사되면서 결국 원래 레이저가 날아왔던 방향으로 되돌아가게 된다. 이렇게 작은 거울 세 개로 만능 거울 조각을 만든 다음, 이들을 여러 개 모아서 하나의 커다란 반사판을 만들었다. 그 결과 지구 어디에서 레이저를 쏘아도 결국 다시 원래 방향으로 레이저가 돌아올 수 있게 되었다. 달의 앞면 곳곳에 설치한 반사판 덕분에 이제 우리는 지구에서 달까지 거리를 아주 정밀하게 잴 수 있다.

달은 지구 곁을 살짝 찌그러진 타원 궤도를 그리며 돌고 있다. 그래서 시기에 따라 달은 지구에 좀 더 가까이 다가오기도 하고, 멀어지기도 한다. 거리가 미세하게 변하기는 하지만 평균적으로 현재 지구와 달 사이 거리는 약 38만 4,400km 정도다. 이제 이 거리를 무려 100억 분의 1 수준의 정밀도로 측정할 수 있다. 달까지 거리를 마치 줄자로 직접 재듯 mm 단위까지 잴 수 있다.

흔히 달이 지구와 굉장히 가까운 천체라고 생각하지만 사실은 그렇지 않다. 지구에서 달까지의 거리는 그 사이에 지구 서른 개를 늘어놓을 수 있을 정도로 꽤 멀다. 아폴로 미션 때 우주인들이 타고 갔던 새턴 V 로켓은 놀랍게도 최근 스페이스X의 팰컨 헤비 로켓이 등장하기 전까지 지구 역사상 가장 강력한 로켓이었다.

1960년대에 제작된 로켓이 무려 반 세기 동안 가장 강력한 로켓이라는 명성을 유지했으니 당시 엔지니어들이 얼마나 혹독한 환경에서 일했는지 짐작할 수 있다. 그 강력한 로켓의 힘으로도 지구에서 달까지 가는 데만 3일이 걸린다.

1mm의 차이가 만든 달 탐사의 운명

아폴로 미션이 남기고 온 반사판은 지금도 아주 유용하게 쓰이고 있다. 반사판이 있어 달의 위치와 궤도 변화를 아주 정밀하게 추적할 수 있다. 100억 분의 1에 달하는 정밀도라니, 보통 천문학 분야에서는 상상할 수 없는 엄청난 정밀도다. 별을 연구하는 천문학이 아니라 박테리아나 미생물을 연구하는 분야에서나 들어볼 법한 정밀도다. 덕분에 이제 우리는 과거 3,500년 전부터 앞으로 3,500년 후까지 일식과 월식이 정확히 언제 어디에서 어떤 모습으로 관측될지를 예측할 수 있다. 이제 더 이상 일식이 진행되는 시간을 15분 잘못 예측해서 곤장을 맞을까 걱정할 필요가 없다(1422년, 세종대왕은 일식 시점을 1각, 약 14.4분 틀리게 예측한 관리에게 곤장을 치는 벌을 내린 적이 있다. 사실 이건 관리의 잘못이 아니었다. 애초에 중국의 역법을 그대로 가져다 쓰던 상황이었기 때문에 발생한 일종의 시차였다. 이러한 경험은 세종대왕이 조선의 하늘을 찾아야겠다고 다짐을 하는 계기가 되었을 것이다).

달 곳곳에 설치된 반사판은 아폴로 우주인들이 정말 달에 다녀왔다는 것을 보여주는 증거가 되기도 한다. 또한 음모론을 일축시키는 증거품일 뿐 아니라, 오차투성이였던 천문학을 무려 mm 스케일의 정밀 과학으로 끌어올린 자랑스러운 전리품이라 할 수 있다.

그래서일까? 2013년 오바마 정부 당시 미국 의회는 흥미로운 시도를 한 적이 있다. 아폴로 11호부터 17호까지(실패한 13호를 제외하고) 우주인들의 다양한 전리품이 남아 있는 달 착륙지 여섯 곳을 미국 국립공원으로 지정하겠다는 움직임이다. 지구 바깥 우주에 국립공원을 만들겠다니! 정말 미국스러운 대담한 제안이었다.

물론 국제우주조약에 따르면 특정 국가가 달을 비롯한 우주 공간과 천체에 대해 소유권이나 영토권을 주장할 수 없다. 현재의 조약에 따르면 실현될 수 없는 제안이었다. 하지만 나름 의미가 있는 제안이기도 했다.

머지않은 미래에 우주 여행이 대중화되고 더 많은 사람들이 달을 오고가는 시대가 되면, 오래전 아폴로 우주인들이 달에 남기고 온 발자국과 실험 장비를 비롯한 다양한 흔적들은 우주 고고학적으로 아주 특별한 가치를 지니는 문화재가 될 것이다. 아폴로 착륙지를 둘러보는 프로그램은 꽤 괜찮은 우주 관광 상품이 될 것이다.

너무 많은 관광객들이 달을 찾기 시작하면 부작용도 생길 것이다. 이미 지구 곳곳의 관광지에서 흔히 벌어지고 있는 문제가 달에서도 벌어질 것이다. 누군가는 울타리를 넘어 장비를 건드릴 수 있고, 닐 암스트롱이 남긴 발자국을 자기 발자국으로 덮어버릴지도 모른다! 그래서 일부 사람들은 이런 불상사가 벌어지기 전에 아폴로 유적지를 보호하기 위한 방법으로 미리 착륙지 주변 영역을 국립공원으로 지정해야 한다고 주장했다. 정말 달로 자유롭게 여행갈 수 있는 시대가 온다면, 아폴로 미션이 남기고 온 반사판 앞에서 거울 셀카를 찍어볼 것을 추천한다. 인스타그램에 올리기 좋은 최고의 인증샷이 될 것이다.

세밀한 mm 수준으로 달의 위치를 파악하는 것은 오늘날 우주 탐사에서 큰 도움이 된다. 단 몇 초, 단 몇 mm의 오차만으로도 우주 탐사의 운명은 완전 갈릴 수 있기 때문이다. 탐사선이 아예 달의 중력을 벗어나 우주의 암흑 속으로 날아가버릴 수도 있고, 달 표면으로 곤두박질치면서 값비싼 장비를 가득 실은 탐사선이 그대로 운석이 되어버릴 수도 있다.

2023년 8월 11일 러시아의 소유즈 로켓이 힘차게 지구를 떠났다. 로켓에는 러시아에서 만든 새로운 달 착륙선 루나 25호가 실려 있었다. 1976년에 발사된 루나 24호 이후 러시아에서 무려 50년 만에 이루어지는 달 탐사 미션이었다. 오랜만의 시도인 만큼 루나 25호는 특별한 목적지를 향했다. 이전까지 누구도 착륙해본 적 없는 달 남극이다. 루나 25호는 지름 약 100km의 보구슬라브스키 크레이터를 향했다.

달 남극과 북극에 있는 크레이터에는 항상 태양 빛이 들지 않는 음영 지역이 있다. 계속 차가운 온도가 유지되기 때문에 그림자 진

지역에는 많은 얼음이 얼어 있다. 루나 25호에 긴 로봇 팔이 있었기 때문에 크레이터 표면 50cm 정도를 파고 들어가 직접 달 남극에 있는 얼음을 채취할 계획이었다. 하지만 너무 오랜만이어서였을까? 러시아의 시도는 처참한 실패로 끝나고 말았다. 달 표면에 안착하기 위해 궤도를 서서히 낮추던 중 달 코앞에서 교신이 끊어졌다. 속력을 줄이기 위해 작동하던 엔진이 몇 초 더 빠르게 꺼진 것으로 추정된다.

러시아는 루나 25호가 달 표면에 추락했을 것이라고 발표했다. 공교롭게도 루나 25호의 실패 소식이 있은 지 바로 며칠 만에 인도의 찬드라얀 3호가 달 착륙에 성공했다. 그것도 하필이면 러시아가 목표로 삼았던 달 남극이었다. 한때 우주를 두고 미국과 최전선에서 경쟁을 벌였던 러시아는 잠시 자존심을 구겨야 했다.

2024년 1월 20일에는 일본에서 쏘아올린 달 착륙선 **슬림** Smart Lander for Investigating Moon, SLIM이 달 표면에 안착했다. 슬림은 1972년 아폴로 16호 미션 당시 우주인들이 착륙했던 지점에서 약 250km 떨어진 곳을 목표로 했다. 놀랍게도 슬림은 목표점에서 겨우 55m 벗어난 지점에 안착했다.

앞서 아폴로 12호 우주인들은 자신들보다 앞서서 달에 착륙했던 무인 착륙선 서베이어 3호가 있는 지점에 착륙을 시도한 적이 있다. 그리고 부품 일부를 다시 지구로 갖고 돌아오기도 했다. 당시 아폴로 12호 우주인들은 서베이어 3호가 있던 자리에서 약 160m 벗어난 지점에 착륙하면서 당시로서는 아주 정밀한 착륙에 성공했다. 그런데 슬림은 그보다 훨씬 더 정밀한 100m도 안 되는 작은 오차로 착류에 성공했다.

  그러나 완벽한 성공은 아니었다. 달 표면을 겨우 50m 남겨두고 착륙선의 엔진 두 개가 작동을 멈췄다. 속도를 충분히 늦추지 못한 착륙선은 거꾸로 뒤집힌 채 달 표면으로 곤두박질쳤다. 추락 직전 다행히 정상 분리된 로봇에 장착되어 있던 특수 카메라로 거꾸로 뒤집힌 슬림 착륙선의 안타까운 상황을 확인할 수 있다. 이 사고로 슬림의 태양광 패널은 태양 쪽을 제대로 겨냥할 수 없게 되었다. 태

일본에서 쏘아올린
달 착륙선.

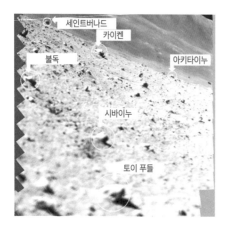

달 표면 돌멩이들에 붙여진 이름.

양 빛이 비스듬하게 비칠 때만 겨우 운 좋게 각도를 맞춰 천천히 전력을 충전할 수 있는 상황이었다.

다행히 교신이 완전히 끊기지는 않았다. 천문학자들은 이 와중에도 뒤집힌 착륙선과 끈질기게 신호를 주고받으면서 뒤집어진 카메라로 주변 달 지형의 사진을 촬영했다. 원래 탐사선은 짧은 다리를 가진 웰시코기처럼 달 표면을 딛고 선 채로 탐사를 실시할 예정이었다. 안타깝게도 잘못된 각도로 고꾸라지는 바람에 탐사선은 발바닥이 아닌 코를 달 표면에 박고 있다. 미션을 진행한 일본의 천문학자들은 추락 직후 촬영한 흐릿한 사진 속에 담긴 돌멩이들에게 푸들, 불독, 시바이누, 아키타이누와 같은 강아지의 이름을 지어주었다. 비록 탐사선은 추락했지만 유머 감각은 잃지 않았다.

현대인보다 더 바빴던 공룡의 하루

수 mm 단위로 달까지 거리를 정밀하게 측정하면서 알게 된 흥미로운 사실이 있다. 달이 꾸준하게 지구로부터 멀어지고 있다는 사실이다. 달의 궤도는 크게 나선을 그리며 조금씩 커지고 있다. 레이저 관측에 따르면 달은 매년 3.8cm씩 도망가는 중이다. 굉장히 느리게 도망가는 것 같지만 100년만 지나도 3.8m나 더 멀어지니 은근히 빠른 셈이다.

달이 지구를 서서히 벗어나는 이유는 달과 지구가 서로 주고받는 중력 때문이다. 언뜻 생각하면 이상하게 들릴지 모른다. 중력은 보통 서로를 끌어당기는 방향으로 작용하는 힘인데, 중력 때문에 오히려 달과 지구가 이별하고 있다니 말이다. 보통 과학 시간에 달과 지구가 주고받는 힘을 계산할 때 지구와 달을 단순한 작은 점으로 표시한다. 그래야 계산이 간단하기 때문이다. 하지만 실제로는 그렇지 않다. 지구와 달 모두 크기가 0이 아니다. 모두 부피를 갖고 있다. 그래서 엄밀하게 보면 지구와 달의 각 부분마다 느끼는 서로에 의한 중력의 세기는 다르다.

지구를 바라보고 있는 달의 앞면과 지구를 등지고 있는 달의 뒷면을 생각해보자. 달의 앞면은 달 뒷면에 비해 지구에 좀 더 가깝다. 그 거리는 달의 지름만큼 차이가 난다. 지구에 더 가까운 달 앞면에서는 그만큼 지구의 중력을 더 강하게 느낀다. 반대로 달 뒷면은 앞면에 비해 지구의 중력을 더 약하게 느낀다. 달의 입장에서 생각해보면 앞면과 뒷면이 서로 다른 중력으로 잡아당겨지는 듯한 느낌이 들 것이다.

이 효과는 지구에서도 똑같이 벌어진다. 지구도 마치 양쪽으로 잡아당겨지는 듯한 느낌을 받는다. 단단한 지구 암석에 비해 물렁한 바닷물은 중력에 더 잘 끌려간다. 그래서 지구의 바닷물은 달을 바라보는 쪽과 달을 등지고 있는 쪽, 양쪽으로 볼록하게 쏠리게 된다. 그래서 항상 하늘에 달이 높게 떠 있을 때, 그리고 지평선 아래 달이 정반대 방향에 놓여 있을 때, 바닷물이 해안가 위로 밀려 올라오는 밀물을 경험하게 된다. 이처럼 물체가 작은 점이 아니라 어느 정도 부피를 갖고 있기 때문에 각 부분마다 중력의 세기를 다르게 느끼는 것을 **차등 중력** Differential Gravity 또는 **조석력** Tidal Force라고 한다.

지구 자체의 자전 주기는 하루, 24시간이다. 즉 지구의 몸통은 하

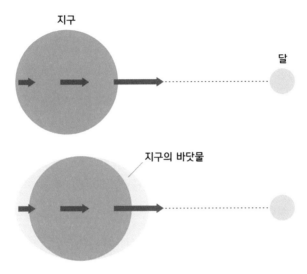

지구 표면에서 달을 향한 쪽은 달을 등지고 있는 쪽에 비해 더 강한 중력을 받는다.
지구는 마치 양쪽으로 잡아당겨지는 듯한 효과를 받게 된다.

루 만에 360°를 회전하려고 한다. 반면 지구 주변을 맴도는 달의 공
전 주기는 약 한 달이다. 달은 공전 궤도를 따라 360°를 모두 돌기까
지 30일 가까운 시간이 걸린다. 양쪽으로 볼록하게 쏠려 있는 지구
의 바닷물은 빠르게 자전하는 지구에 담긴 채 함께 빠르게 움직이
려고 한다. 훨씬 느리게 움직이는 달을 앞질러서 빠르게 움직인다.

볼록하게 쏠린 바닷물 덩어리 역시 멀리서 궤도를 돌고 있는 달에
게 중력을 가한다. 자신보다 앞질러서 빠르게 움직이는 바닷물 덩
어리가 잡아당기는 중력 효과로 인해 달은 조금씩 속도가 더 빨라
지는 효과를 얻게 된다. 공전 속도가 빨라지면 그만큼 공전 궤도도
넓어진다. 그래서 달은 조금씩 지구에게서 멀어진다.

한편 달이 천천히 지구로부터 멀어지는 동안, 지구에서도 중요한

변화가 벌어진다. 자전하는 지구에 실린 바닷물 덩어리의 중력이 달을 잡아당기듯, 뒤처진 달 역시 지구의 바닷물 덩어리를 자신 쪽으로 잡아당긴다. 이것은 오히려 바닷물 덩어리를 싣고 빠르게 돌고 싶어하는 지구의 자전을 늦추는 효과를 일으킨다. 빠르게 돌아가는 턴테이블 위에 손가락을 살포시 올려놓고 회전 속도를 늦추면서 음악 소리를 길게 늘어지게 만드는 DJ의 모습을 상상해보자. 조석력으로 인해 속도가 느려지는 일종의 마찰이 발생하는 것이다. 이것을 **조석 마찰**Tidal Friction이라고 한다. 달이 멀어지는 동안 지구는 서서히 회전력을 잃어가며 자전 속도가 느려진다.

그리고 하루의 길이도 계속 길어지고 있다. 실제로 지구의 하루 길이가 어떻게 변해왔는지 지구의 화석 증거를 통해 확인할 수 있다. 바닷속 산호는 매일 성장하면서 하루에 한 줄씩 성장선을 남긴다. 일종의 나이테라고 할 수 있다. 특히 계절에 따라 성장 속도가 달라진다. 그래서 성장선 사이 간격이 좁아지고 넓어지는 변화를 통해 1년 단위로 성장 시기를 구분할 수 있다.

고생대 산호의 화석을 보면 1년 동안 만들어진 성장선의 개수가 확연하게 다르다. 약 4억 년 전에 살았던 산호는 1년 동안 성장선을 400개 정도 남겼다. 하지만 그보다 1억 년이 지난 3억 년 전에 살던 산호는 1년 동안 10개가 줄어든 390개의 성장선을 보인다. 4억 년 전에는 1년이 약 400일이나 되었지만, 1억 년이 지난 3억 년 전에는 1년이 390일 정도로 줄었다는 뜻이다.

지구가 태양 주변을 도는 데 걸리는 전체 시간인 1년의 길이에는 큰 변화가 없다. 즉 1년의 일수가 줄었다는 것은 각 하루의 길이가

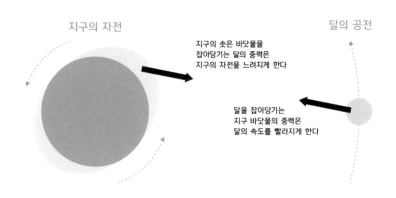

더 길어졌다는 것을 의미한다.

45억 년 전 지구는 지금보다 훨씬 빠르게 자전했다. 당시의 하루는 겨우 여섯 시간뿐이었다! 정말 끔찍하지 않은가! 이후로 지구의 자전 속도는 꾸준히 느려졌고, 하루의 길이도 길어졌다. 100년마다 평균 약 2ms(밀리초), 대략 10만 년마다 하루가 1초씩 길어지고 있다. 일이 많이 밀려 있어서 하루가 너무 짧다고 불평해본 경험이 있다면 이제 행복해해도 좋다. 하루가 조금만 더 길어졌으면 좋겠다는 현대인의 바람은 아주 천천히 이루어지는 중이다.

하지만 지금처럼 바쁜 하루는 공룡에 비하면 아무것도 아닐지 모른다. 약 1억 년 전 지구에 살던 공룡들은 지금보다 무려 한 시간이나 짧은 23시간의 하루를 보냈다. 21세기를 살아가는 현대인이 아무리 바쁘다 한들 23시간밖에 안 되는 하루를 살아야 했을 공룡보다 바쁘다고 이야기할 수 있겠는가!

달이 계속 지구 곁을 떠나고 있다면 한 가지 고민이 생긴다. 달이 언제까지 지구의 위성 자격을 가질 수 있을까 하는 문제다. 2006년

천문학자들은 굉장히 애매한 입장에 놓여 있던 명왕성을 결국 투표
를 통해 행성의 지위에서 끌어내렸다. 명왕성은 크기도 작다. 궤도
도 크게 찌그러진 타원을 그리는 데다 행성이 아닌 혜성인 양 굉장
히 비스듬하게 기울어져 있다.

　하지만 이런 이유는 명왕성을 끌어내릴 만큼 충분한 명분이 되지
못했다. 나머지 수성·금성·지구·화성·목성·토성·천왕성·해왕성은
그대로 행성으로 남겨두고 마음에 들지 않는 명왕성만 행성의 지위
를 박탈할 묘안이 필요했다.

　천문학자들은 명왕성이 자신의 작은 덩치에 맞지 않게 자기 절반
만 한 크기를 갖고 있는 위성 카론을 거느리고 있다는 점을 공략했
다. 작은 덩치에 맞지 않게 그리 작지 않은 위성을 거느리고 있다 보
니 명왕성과 카론, 둘의 질량 중심은 명왕성 내부가 아닌 외부에 놓
인다. 그래서 카론은 가만히 있는 명왕성을 중심에 두고 그 주변을
맴돌지 않는다. 대신 명왕성과 카론 모두 명왕성 바깥 허공에 놓이
는 둘의 질량 중심을 가운데 두고 함께 서로의 곁을 맴돈다. 그래서
명왕성의 지위를 두고 한창 투표가 벌어지던 당시, 일부 명왕성의
열렬한 지지자들은 아예 명왕성과 카론을 둘 다 묶어서 이중 행성
으로 인정해달라는 이상한 대안을 제시한 적도 있다. 물론 받아들
여지지는 않았다.

　결국 명왕성은 자신에게 너무 과분한 위성을 거느리고 있다는 것
을 빌미로 행성의 지위를 박탈당했다. 흥미로운 점은 명왕성을 강
등시킨 논리라면 똑같은 기준을 적용했을 때 우리 지구도 머지않아
위험한 입장이 될 수 있다는 점이다. 지구도 사실 자신에 비해 그리

작지 않은 꽤 부담스러운 위성을 거느리고 있다. 달의 지름은 지구 지름의 4분의 1 정도다. 정말 다행히도 아직은 지구와 달, 둘의 질량 중심이 지구 내부에 놓인다. 하지만 꽤 아슬아슬하다. 지구와 달의 질량 중심은 지구 표면에서 겨우 1,700km 깊이에 있다. 지구 반지름이 6,400km인 것을 생각해보면, 지구 반지름의 겨우 3분의 1이 조금 안 되는 꽤 얕은 깊이에 놓여 있다.

문제는 달이 지금도 조금씩 지구 곁을 떠나고 있다는 점이다. 그러면서 지구와 달의 질량 중심도 조금씩 지구 표면 바깥 쪽으로 이동하고 있다. 달이 조금만 더 멀리 벗어나면 결국 둘의 질량 중심은 지구 표면을 벗어나 지구 바깥 허공에 놓이는 순간이 올 것이다. 그때가 되면 우리의 먼 후손들은 다시 새로운 고민을 마주해야 할지도 모른다. 고대 천문학자들이 내렸던 행성의 정의를 그대로 적용해서 과감하게 지구도 명왕성을 따라 행성으로서의 지위를 박탈할지, 아니면 지구만 행성의 지위를 유지할 수 있는 묘안을 찾아낼지, 과연 어떤 길을 따라가게 될지 궁금하다.

이렇게 별것 아닌 것처럼 보이지만 지구와 달 사이 거리를 재는 일은 굉장히 중요하고 복잡한 문제를 품고 있다. 우리보다 더 바쁜 나날을 보냈을 공룡의 하루를 상상할 수 있는 것도, 또 언젠가 명왕성과 같은 취급을 받게 될지 모를 지구의 미래를 걱정할 수 있게 된 것도, 모두 달까지의 거리를 mm 단위로 정밀하게 측정할 수 있게 된 덕분이다.

손가락 하나로 달까지 거리 재기

원래 달은 지구에 훨씬 가까웠다. 당시는 하늘에 떠 있는 달이 훨씬 더 크게 보였을 것이다. 그리고 지난 40억 년 간 꾸준히 멀어지면서 지금의 위치에 놓이게 되었다. 그러는 사이 하늘에서 보이는 달의 크기도 천천히 작아졌다. 그 과정에서 우리는 마침 특별한 시기를 보내고 있다.

실제 태양 지름은 달에 비해 400배 크다. 그리고 마침 지금의 달은 지구로부터 태양에 비해 400배 더 가까운 거리에 놓여 있다. 그래서 절묘하게도 지구의 하늘에서 보이는 태양과 달의 겉보기 크기는 거의 비슷하다. 하늘을 향해 팔을 쭉 뻗은 다음 엄지손가락을 하나 세워보자. 태양과 달 모두 쭉 뻗은 팔 끝에 세운 엄지손가락 정도로 가려진다. 우리는 현재 태양과 달 모두를 엄지손가락으로 꾹 눌러줄 수 있는 시기를 살고 있다.

지구의 하늘에서 태양과 달이 거의 비슷한 크기로 보이는 덕분에 우리는 가끔씩 멋진 우주 쇼를 감상할 수 있다. 달 원반이 아슬아슬하게 태양 원반 앞을 가리고 지나가면서 완벽하게 태양이 가려지는 개기일식의 순간이다. 밝았던 낮 하늘이 순식간에 깜깜해지면서 태양 빛에 파묻혀 보이지 않던 별들이 잠시 모습을 드러내는 개기일식의 클라이맥스, 그 순간은 죽기 전 지구에서 꼭 봐야 하는 가장 아름다운 풍경 중 하나로 손꼽힌다.

달 원반의 어두운 실루엣 가장자리가 밝게 빛나고 있던 태양 원반의 가장자리에 완벽하게 들어맞는 순간, 마치 우연히 새로 산 가구가 방의 빈 공간에 딱 들어맞을 때처럼 편안한 기분이 든다. 태양을 동그랗게 가리고 있는 어두운 달 원반 가장자리 너머로 태양 표면에서 일렁이는 화염들이 아슬아슬하게 보이는 경우도 있다. 오히려 평소에는 태양이 너무 밝아서 잘 보이지 않지만, 절묘하게 태양 원반만 싹 가려지면 태양 표면의 불꽃을 더 뚜렷하게 볼 수 있다.

달이 지금보다 지구에 더 가까웠던 과거에는 더 크게 보이는 달이 태양을 가리는 모습만 반복되었을 것이다. 반대로 달이 더 멀리 도망간 미래에는 훨씬 작아진 달 원반이 결코 태양을 완벽하게 가릴 수 없다. 그저 작은 반점 하나가 태양 앞을 지나가는 모습만 보일 것이다(실제로 화성에서는 이런 일식이 벌어지고 있다. 화성 곁을 맴도는 두 위성 포보스와 데이모스는 크기가 아주 작다. 너무 작아서 모양이 둥글지도 않고 소행성처럼 울퉁불퉁하다. 화성 탐사선들은 가끔 머리 위에 떠 있는 태양 앞으로 화성의 위성이 가리고 지나가는 화성 버전의 일식을 목격하곤 한다. 탐사선들이 찍은 사진을 보면 동그란 태양 원반 앞에 감자, 고구마 같은 울퉁불퉁하고 작은 실루엣이 지나가는 모습을 볼 수 있다).

우리는 개기일식을 보는 것이 가능한 아주 절묘한 시기를 살고 있다. 태양과 달이 꼭 비슷한 크기로 보여야 할 아무 이유도 없다. 이건 천문학적으로 정말 특별한 행운이자 절묘한 우연이다.

개기일식의 클라이맥스는 겨우 몇 분밖에 안 되는 짧은 순간이지만, 그 모습을 보기 위해 지구 전역에서 관광객들이 비싼 비행기 티켓을 끊을 만큼 충분히 황홀하다. 개기일식은 인류가 태양과 달의 움직임에 관심을 갖게 해준 중요한 계기 중 하나였을 것이다. 만약 지금처럼 극적인 개기일식 순간을 볼 수 없었다면, 인류의 천문학 역사는 한참 뒤처졌을 것이다.

개기일식이 천문학적으로 중요한 이유는 우주가 입체적인 공간이라는 사실을 보여주기 때문이다. 인류는 오랫동안 우주를 그저 투명하고 둥근 수정 구슬, 즉 스노볼 같은 세계라고 생각했다. 하늘에 떠 있는 모든 존재는 투명한 구슬 벽에 붙어 있는 보석과 같은 존재였다. 모두 같은 거리에 놓여 있다고 생각했다. 애초에 어떤 별이 더 가깝고 먼지 고민할 필요가 없었다.

그런데 개기일식은 달이 태양 앞을 가리고 지나가는 현상이다. 지구로부터 달과 태양까지의 거리가 마냥 같지만은 않다는 사실을 보여준다. 지구에서 봤을 때, 달과 태양은 앞과 뒤라는 개념이 존재한다. 정확한 거리를 알 수는 없었지만 분명 앞을 지나가는 달이 뒤에 가려지는 태양보다 더 가까운 거리에 놓여 있어야 한다. 이 사실은 인류를 오랫동안 가두고 있던 수정 구슬 벽에 금이 가게 만들었다. 우주는 더 이상 평면적인 캔버스가 아닌, 각기 다른 거리에 다양한 천체들이 놓여 있는 거대한 입체적 무대가 되었다.

기원전 189년 3월 14일, 오늘날 튀르키예 에게해와 마르마라해를 잇는 다르다넬스 해협 부근에서 개기일식이 벌어졌다. 태양 앞으로 달 원반이 거의 완벽하게 가리고 지나가는 아주 멋진 개기일식이었다. 그런데 같은 날, 조금 멀리 떨어진 이집트의 알렉산드리아 지역에서는 완벽한 개기일식이 관측되지 않았다. 달 원반이 태양 원반을 가장 많이 가린 순간에도 태양 지름은 최대 80%까지만 가려졌다. 미처 가려지지 않은 태양 원반의 나머지 부분은 얇은 초승달 모양으로 보였다. 분명 다르다넬스 해협과 알렉산드리아에서 관측된 개기일식은 같은 날 동시에 벌어진 현상이었다. 그런데 지구의 어디에서 보는지에 따라 태양이 숨는 정도가 다르게 보였다. 달과 태양을 어디에서 보는지에 따라 하늘에 떠 있는 그 둘의 위치가 살짝 어긋나 보인다는 것을 의미했다.

고대 그리스 천문학자 히파르코스는 이에 대해 태양이 달보다 훨씬 멀리 떨어져 있기 때문에 생긴 결과라고 생각했다. 달은 태양에 비해 더 가깝다. 그래서 지구의 어느 위치에서 달을 보는지에 따라 달의 겉보기 위치가 더 많이 다르게 보인다. 반대로 태양은 더 멀다. 그래서 태양의 겉보기 위치는 비교적 조금 다르게 보인다.

쭉 뻗은 팔 끝의 엄지손가락으로 가릴 수 있는 태양은 지구의 하늘에서 약 0.5° 크기로 보인다. 당시 알렉산드리아에서 태양이 최대로 가려진 순간, 태양의 지름은 80%만 가려졌다. 나머지 20%는 미처 달의 원반으로 다 가려지지 못했다. 0.5° 크기의 태양 원반 지름의 20%는 0.1° 정도에 해당한다. 즉, 다르다넬스 해협에서 본 달과 알렉산드리아에서 본 달의 겉보기 위치가 약 0.1° 정도 어긋나 보였다는 것을 의미한다.

이미 히파르코스가 활동하던 시기에도 사람들은 배를 타고 지중해를 오고갔다. 각 지역에서 보이는 북극성의 고도 차이를 활용해 이집트와 튀르키예, 그리스의 위도가 얼마나 다른지 잘 이해하고 있었다. 다르다넬스 해협의 위도는 북위 약 40° 20′이다. 더 남쪽에 있는 이집트 알렉산드리아의 위도는 북위 약 31° 12′이다. 두 지점의 위도 차이는 약 9° 정도다.

간단한 계산을 위해, 다르다넬스 해협과 알렉산드리아가 거의 같

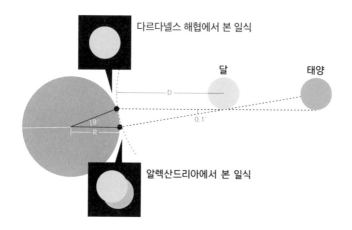

다르다넬스 해협에서 본 일식

달   태양

알렉산드리아에서 본 일식

은 경도상에 있다고 가정해보자. 지구 위를 360° 한 바퀴를 다 돌면 지구 둘레만큼의 길이를 걷게 된다. 따라서 위도 9°만큼 차이가 나는 다르다넬스 해협과 알렉산드리아 사이의 거리는 지구 전체 둘레의 360분의 9 정도에 해당한다. 지구의 반지름을 R이라고 하면 지름은 그 두 배인 2R이다. 그리고 둘레는 지름에 원주율 π를 곱한 $2\pi R$이다. 따라서 다르다넬스 해협과 알렉산드리아 사이의 거리는 지구 전체 둘레의 360분의 9에 해당하는 $2\pi R \times 9/360$으로 표현할 수 있다.

이번에는 지구에서 달까지 거리를 반지름으로 하는 거대한 원을 상상해보자. 다르다넬스 해협과 알렉산드리아, 두 지점에서 본 달의 가장자리는 약 0.1° 어긋나 보였다. 따라서 반대로 생각하면 두 지점 사이의 거리는 지구에서 달까지 거리를 반지름으로 하는 거대한 원의 둘레에서 360분의 0.1에 해당하는 길이라고 볼 수 있다. 지구에서 달까지 거리를 D라고 하면, 이 거리는 $2\pi D \times 0.1/360$으로 표현할 수 있다.

결국 이렇게 계산한 두 값 모두 다르다넬스 해협과 알렉산드리아, 두 지점 사이의 거리를 의미한다. 따라서 둘 다 값이 같아야 한다. 간단하게 생각하면 이런 식을 얻을 수 있다.

$$2\pi D \times 0.1/360 = 2\pi R \times 9/360$$

계산하면 D = 90R 즉 지구에서 달까지 거리는 지구의 반지름에 비해 약 90배 더 크다는 결과를 얻을 수 있다. 하지만 이 결과는 사실 아주 정확하지는 않다. 더 엄밀한 계산을 위해 지구 자체도 둥근 곡률을 갖고 있다는 사실을 고려해보자.

앞의 단순한 계산에서는 다르다넬스 해협과 알렉산드리아, 각 위치에서 모두 달이 정수리 위에 보인다고 가정했다. 하지만 실제로는 그렇지 않다. 둥근 지구 위에서 하늘을 보기 때문에 서 있는 위치의 위도에 따라 달이 보이는 고도가 달라진다. 정확한 계산을 하려면 둥근 지구 표면을 따라 측정한 두 지점 사이의 지리적 거리가 아니라, 두 지점 사이의 수직 거리를 고려해야 한다.

다음 그림에서 더 높은 위도에 있는 다르다넬스 해협이 B, 낮은 위도에 있는 알렉산드리아가 A다. 맨 처음 계산에서 사용했던 두 지점 사이의 실제 지리적 거리는 둥근 지구 표면을 따라 걸어가면서 잴 수 있는 거리 AB에 해당한다. 하지만 실제로 두 지점에서 보게 되는 달의 겉보기 위치 차이는 두 지점에서 달을 바라보는 시선의 수직 거리인 AF에 의해 결정된다.

더 북쪽에 있는 다르다넬스 해협의 위도는 북위 약 40° 20′다. 다음

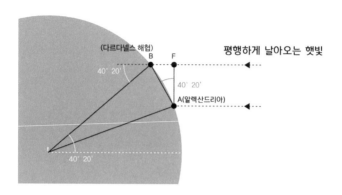

그림에서 볼 수 있듯이, 지구 중심을 기준으로 적도에서부터 B 지점
사이의 각도가 40° 20′다. 따라서 간단한 삼각비를 활용하면, 거리
AF는 거리 AB에 cos 40° 20′을 곱한 만큼의 거리가 된다.

AF = AB × cos 40° 20′ = AB × 0.766 = (2πR × 9/360) × 0.766

이렇게 구한 AF 거리는 맨 처음의 계산에서 설명했듯이, 지구에
서 달까지 거리 D를 반지름으로 하는 거대한 원의 둘레에서 각도 약
0.1°에 해당하는 짧은 거리다.

AF = (2πR × 9/360) × 0.766 = 2πD × 0.1/360

R × 9 × 0.766 = D × 0.1

R × 90 × 0.766 = D

위 식을 계산하면 지구에서 달까지 거리 D는 지구의 반지름 R에

비해 90 × 0.766 = 약 69배 정도 더 크다는 결과가 나온다. 당시 히파르코스는 이런 놀라운 접근을 통해 지구에서 달까지 거리가 지구 반지름에 비해 약 62배에서 73배 사이쯤 된다는 결과를 얻었다. 실제로 달은 지구 주변에서 완벽한 원이 아닌 살짝 찌그러진 타원 궤도를 돈다. 그래서 시기에 따라 지구에서 달까지 거리는 좀 더 멀어지기도 하고, 가까워지기도 한다.

현재 정확하게 알려진 지구에서 달까지 평균 거리는 약 38만 km다. 이는 실제 지구 반지름 6,400km와 비교했을 때 약 60배 정도 더 큰 값이다. 인공위성도, 센서도 전혀 존재하지 않았던 기원전에 이미 히파르코스는 꽤 그럴듯한 수치를 얻었다.

우주의 지도를 그리는 첫 번째 관문, 시차

조금씩 다른 위치에서 같은 대상을 바라볼 때, 겉보기 위치가 조금 어긋나 보이는 것을 시점의 차이란 뜻에서 **시차**Parallax라고 한다. 시차의 효과는 지금도 당장 아주 간단한 실험으로 확인할 수 있다.

잠시 책을 내려놓고 눈 옆에 한쪽 팔을 쭉 뻗어보자. 그리고 팔 끝의 엄지손가락을 세운다. 이제 왼쪽 눈과 오른쪽 눈을 하나씩 번갈아가면서 한쪽 눈으로만 손가락을 바라보자. 분명 손가락은 가만히 있지만, 어느 쪽 눈으로 보는지에 따라 손가락이 보이는 위치가 다르게 느껴진다. 왼쪽 눈으로만 보면 손가락은 뒷배경에 비해 좀 더 오른쪽으로 치우쳐 보인다. 반대로 오른쪽 눈으로만 보면 손가락은 좀 더 왼쪽으로 치우쳐 보인다. 이것은 미간을 사이에 두고 오른쪽과 왼쪽으로 살짝 벌어져 있는 눈의 위치 차이로 시차가 발생했기 때문이다.

시차는 바라보는 대상이 더 멀어질수록 그 정도가 작아진다. 대상이 가까울수록 시차는 더 커진다. 팔을 최대한 얼굴 앞에 붙여놓고 아까의 실험을 반복해보자. 오른쪽 눈과 왼쪽 눈을 번갈아 뜰 때마다 손가락이 보이는 위치가 더 크게 변하는 것처럼 느껴질 것이다.

반대로 팔을 최대한 쭉 펼친 채 실험을 반복하면 손가락이 보이는 위치는 거의 변하지 않는 것처럼 느껴진다. 만약 애니메이션 〈원피스〉의 주인공 해적 루피처럼 고무고무 열매를 먹고 팔을 아주 멀리까지 늘릴 수 있다면, 아무리 눈을 번갈아 감아도 손가락이 보이는 겉보기 위치는 거의 변하지 않는 것처럼 보일 것이다.

거리가 가까운 대상은 시차가 더 크게 느껴지고, 먼 대상은 시차가 더 작게 느껴진다. 차를 타고 가면서 바깥 풍경을 바라봤던 경험을 떠올려보자. 바로 코앞에 있는 가로등과 나무들은 빠르게 휙휙 시야를 벗어난다. 거리가 가깝기 때문에 차를 타고 움직이면서 보이는 위치의 차이, 시차가 크기 때문이다.

반면 훨씬 멀리 떨어진 배경의 건물과 산은 아주 천천히 지나가는 것처럼 보인다. 더 멀리 떨어진 하늘의 구름은 아예 움직이지 않는 것처럼 느껴진다. 분명 빠른 속도로 달리는 차를 타고 있지만 먼 배경의 대상들은 가만히 멈춰 있는 것처럼 보인다. 한참을 달려도 시야에서 사라지지 않는다. 그래서 지구를 벗어나 38만 km나 되는 거리에 떨어진 달은 사실상 멈춰 있는 것처럼 보이는 것이다.

어릴 때 하늘에 떠 있는 달을 보면서 두려움을 느꼈던 경험이 있는가? 어디를 가든, 심지어 빠르게 달리는 자동차에 타고 있어도 달은 항상 우리를 쫓아온다. 달빛의 감시를 벗어나는 건 불가능해 보인다. 하지만 시차의 원리를 이해하고 나면 더 이상 달빛을 두려워할 필요가 없다. 어린 시절 우리를 두려움에 떨게 했던 달의 끈질긴 미행은 사실 달까지 거리가 너무 멀어서 벌어진 일종의 착각이었다.

  거리가 너무 멀어서, 지구에서 내 위치가 달라져도 달이 보이는 겉보기 위치는 거의 변하지 않는다. 차를 타고 이동해봤자 얼마나 많이 이동할 수 있겠는가? 지구에서 달까지 거리 38만 km에 비하면 한 뼘도 안 되는 짧은 거리를 이동한 수준에 불과할 것이다. 그 정도의 작은 차이로는 시야에서 달을 사라지게 만들 수 없다. 이 시차는 이제 달을 너머 은하수의 지도를 그릴 수 있게 해준 첫 번째 관문이다.

2장

외계 생명체
죽느냐 사느냐,
거리가 문제로다

금성에 외계 생명체가 있을 것이라는 소문

태양계에서 지구 바깥 외계 생명체를 찾게 된다면 어디가 가장 유력할까? 아마 화성이 떠오를 것이다. 수억 년 전까지 물이 흘렀던 흔적이 발견되고 있는 화성은 적어도 과거에는 원시 생명체가 존재했을 것이라고 추정한다.

천문학에 조금 더 관심이 있는 사람이라면 목성과 토성 곁을 맴도는 유로파와 타이탄 같은 얼음 위성을 떠올릴 수도 있다. 표면은 꽁꽁 얼어붙은 얼음으로 덮여 있지만, 그 아래에는 지구의 바닷물을 다 모은 것에 버금가는 많은 양의 액체 물이 채워진 지하 바다가 존재하는 것으로 알려져 있다.

물론 두 위성이 지구에 비해 태양과의 거리도 멀고 두꺼운 얼음으로 덮여 있어서 따스한 햇빛은 거의 비치지 않을 것이다. 하지만 지구에서도 햇빛이 거의 들지 않는 깊은 바닷속에 별 괴상하고 못생

긴 생명체들이 꿋꿋하게 존재하는 것처럼, 이곳에서도 비슷한 방식으로 외계 생태계가 조성되었을지 모른다.

그런데 천문학자들이 가장 먼저 외계 생명체의 존재 가능성을 높게 점쳤던 무대는 따로 있었다. 화성도, 유로파도, 타이탄도 아니었다. 뜻밖에도 금성이었다. 오늘날 우리가 알고 있는 금성의 실체를 생각해보면, 얼마 전까지 금성이 가장 유력한 생명의 보고로 거론되었다는 사실이 굉장히 어색하게 느껴진다. 크기만 보면 금성은 지구와 비슷하다. 하지만 둘 사이에는 큰 차이가 있다.

금성은 행성 전체가 화산 지대다. 아직도 활발하게 화산 활동이 이어지고 있다. 화산 폭발은 땅속 깊이 매장되어 있던 많은 양의 이산화탄소를 밖으로 배출시켰다. 문제는 금성에는 지구와 달리 바다가 없다는 점이다. 지구의 경우, 대기로 새어나온 이산화탄소가 다시 바닷물에 녹아 들어가면서 대기 중 이산화탄소 농도를 일정 수준으로 유지시켜준다. 하지만 금성에서는 이런 작용이 불가능하다. 대기 중으로 새어나온 이산화탄소는 계속 남아 있게 되고, 계속해서 농도도 짙어진다. 지나치게 높은 밀도로 채워진 이산화탄소 대기로 인해 금성 표면의 기압은 거의 100기압에 달한다. 지구에서 심해 1,000m 깊이에 들어갔을 때 받게 되는 수압과 맞먹는 수준이다! 게다가 이산화탄소는 아주 효과적인 온실 가스 중 하나다. 지구에서도 과도한 이산화탄소는 기후 온난화의 주범으로 손꼽힌다. 그렇지 않아도 금성은 지구에 비해 태양에 훨씬 바짝 붙어 있다. 게다가 폭발적인 온실 효과까지 겹치면서 금성의 표면 온도는 500℃를 육박한다. 이토록 두꺼운 대기권은 금성에 비치는 태양 빛을 아주 효과

금성 표면에서 바라본 색이 반영된 사진.

금성의 대기 효과를 제거하고 색을 보정한 사진.

적으로 반사한다. 덕분에 지구의 밤하늘에서 보이는 금성은 유독 아주 밝고 아름답다. 그래서 먼 옛날부터 금성은 미의 여신을 의미하는 아프로디테Aphrodite, 즉 비너스Venus로 불렸다. 하지만 아름다운 겉모습과 달리 그 속살은 태양계 최악의 불지옥이나 다름없다.

1970년대 구 소련은 사람을 달에 보내는 경쟁에서 뒤처진 이후, 태양계 행성 탐사로 눈길을 돌려 금성을 집중 공략했다. 연이은 금성 탐사 계획을 통해 탐사선 베네라Venera를 금성 표면에 착륙시키는 시도를 했다. 하지만 금성은 결코 호락호락하지 않았다. 베네라 착륙선은 금성 표면에 닿자마자 끔찍한 온도와 기압을 버티지 못하고 그대로 짓눌려버렸다. 채 한 시간도 버티지 못한 채 교신이 끊겼다. 교신이 끊어지기 직전 겨우 건진 사진 몇 장이 지금껏 인류가 금성 표면에서 직접 금성을 촬영한 유일한 사진으로 남게 되었다. 탐사선이 납작하게 눌린 쥐포 구이가 되기 직전 마지막으로 보낸 다잉 메시지인 셈이다.

금성의 끔찍한 실체가 밝혀지기 전까지, 금성은 전통적으로 천문학자들에게서 가장 주목받는 행성이었다. 천문학자들은 금성에 외계 생명체가 있을 것이라고 기대했다. 이러한 기대는 20세기 중반까지 이어졌다. 천문학자 칼 세이건 역시 화성 이전에 금성을 생명체가 존재할 만한 가장 유력한 후보지로 거론한 적이 있다. 그 이유는 이미 17세기부터 금성이 두꺼운 대기권으로 덮여 있다는 사실이 잘 알려져 있었기 때문이다.

당시까지만 해도 지구 바깥 다른 행성이 지구처럼 두꺼운 대기권으로 덮여 있을 것이라는 기대 자체가 어려웠다. 모두 달처럼 별다른 대기를 갖고 있지 않은 메마른 세계일 것이라고 생각했다. 하지만 금성은 달랐다. 아주 특별했다. 하늘에 떠 있는 금성은 뿌옇고 두꺼운 구름으로 덮여 있었다. 금성에서 확인된 두꺼운 대기권은 그곳에 생명체가 존재할 수도 있다는 기대를 갖게 했다.

특히 금성의 대기권은 금성이 태양 원반 앞을 가리고 지나갈 때 두드러져 보인다. 금성은 지구보다 더 작은 궤도를 그리며 태양 주변을 맴돈다. 그래서 더 바깥 궤도를 도는 지구에서 봤을 때, 안쪽 궤도를 도는 금성이 태양 앞을 가리고 지나가는 순간을 가끔 볼 수 있다. 금성의 작고 둥근 실루엣이 태양 원반 앞을 빠르게 가르고 지나가는 현상을 금성의 태양면 통과라고 부른다.

18세기 천문학자들은 주기적으로 벌어지는 금성의 태양면 통과를 관측했다. 이것은 금성이 태양으로부터 얼마나 멀리 떨어져 있

금성의 태양면 통과 모습.

는지, 또 지구와 금성 사이 거리는 어느 정도인지를 알려주는 중요
한 기회였다. 특히 태양을 중심으로 한 금성과 지구의 궤도 크기를
우리에게 익숙한 km 단위로 알 수 있게 해준 소중한 계기가 되었
다. 이를 정밀하게 계산하려면 금성이 정확히 몇 시, 몇 분, 몇 초, 어
느 시점부터 태양 원반에 진입하기 시작하는지, 또 정확히 어느 시
점에 태양 원반을 가로질러 반대편으로 벗어나는지를 재야 한다.

    그런데 난감한 문제가 있었다. 금성이 태양 원반 앞으로 진입하는
순간, 또 태양 원반을 벗어나는 순간, 태양 원반의 가장자리에 금성
이 딱 겹쳐 보일 때마다 금성의 실루엣은 아주 이상한 모습으로 관
측되었다. 금성이 태양 원반 한가운데를 지나갈 때는 아무 문제가
없었다. 그냥 평범하게 작고 둥근 검은 실루엣이 보였다. 하지만 태

양 원반의 가장자리에 딱 겹쳐 있을 때만큼은 금성의 검은 실루엣이 마치 찐득한 검은 물방울이 맺히듯 길게 늘어져서 찌그러져 보였다. 흡사 태양 원반 가장자리에 작고 검은 물방울이 맺히는 듯했다. 천문학자들은 이 현상을 **검은 물방울 효과** Black Drop Effect라고 부른다.

검은 물방울 효과가 난감한 이유는 금성의 실루엣이 찌그러져 보이면서 금성이 태양 원반 앞으로 정확히 어느 시점부터 진입하기 시작하는지 파악하기 어려워진다는 데 있다. 하필이면 금성이 태양 원반 앞에 진입하는 순간과 벗어나는 순간, 금성의 실루엣이 태양 원반 가장자리에 만나는 가장 중요한 순간에 이 효과가 제일 두드러진다.

왜 이런 일이 벌어지는 것일까? 왜 금성은 태양 원반 가장자리와 만날 때 찐득한 젤리처럼 늘어져 보이는 것일까? 이에 대해서는 다양한 해석이 제시되었다. 한동안 많은 천문학자들은 금성이 두꺼운 대기권으로 덮여 있기 때문에 벌어지는 현상이라고 설명했다. 금성이 아무런 대기가 없는 메마른 행성이었다면 태양 원반 앞을 지나가는 동안 금성의 실루엣은 계속 작고 둥글며 매끈한 모습으로 보여야 한다고 생각했다.

그런데 실제로는 금성이 지구처럼 두꺼운 대기권으로 덮여 있다. 행성의 대기는 칼로 자르듯 명확하게 하늘과 우주의 경계를 가르지 않는다. 대기권의 밀도는 행성 표면에서 높이 올라갈수록 조금씩 옅어진다. 그래서 금성의 밀도가 옅은 상층 대기권이 먼저 태양 원반 가장자리를 가리고 지나가면서, 그 실루엣이 물방울처럼 부드럽게 늘어져 보이는 일종의 착시 효과가 일어나는 것이라고 생각했다.

이를 근거로 탐사선이 금성을 직접 방문하기도 한참 전인 18세기

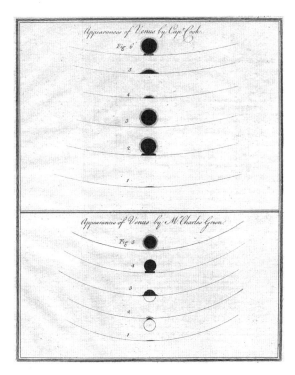

1769년 제임스 쿡의 원정대가 타히티에서 관측했던 금성의 태양면 통과 과정을 기록한 그림. 태양 원반 가장자리에 진입한 금성의 실루엣이 물방울처럼 늘어지는 모습이 자세히 기록되어 있다.

부터 이미 천문학자들은 금성에 대기권이 존재하는지 궁금해했다. 그리고 자연스럽게 대기를 갖고 있는 행성이라면 지구처럼 생명체가 살 수 있지 않을까 기대했다. 특히 두꺼운 구름으로 덮여 있다는 점에서 금성의 기후가 지구의 열대 지역과 비슷할 것이라고 기대하기도 했다. 오랫동안 천문학자들은 두꺼운 대기권 아래, 밀림이 우거진 지상 낙원이 펼쳐지는 금성을 상상했다. 물론 그 꿈은 이뤄지지 않았다.

한 가지 재밌는 점은, 금성이 태양면을 통과할 때 관측되는 검은 물방울 효과가 정작 금성의 대기권과는 아무런 상관이 없는 현상이라는 점이다. 검은 물방울 효과는 대기권이 전혀 없는 수성이 태양 원반 앞을 지나갈 때도 똑같이 목격된다. 검은 물방울 효과가 나타나는 진짜 이유는 태양이 납작한 원반이 아니라 둥근 공 모양으로 빛나는 거대한 가스 구름이기 때문이다. 태양 원반도 가장자리로 가면서 부드럽게 밝기가 어두워진다. 그래서 태양 원반의 가장자리에 작은 행성의 실루엣이 겹치게 되면, 희미한 태양 원반의 가장자리 일부가 행성의 검은 실루엣을 둥글게 감싸는 듯한 착시 효과를 일으킨다.

이 원리는 아주 간단한 실험으로 확인할 수 있다. 방 안에서 밝게 빛나는 형광등을 바라보자. 형광등 앞에 엄지손가락과 검지손가락을 두고, 두 손가락을 서로 천천히 맞붙여보자. 그러면 손가락 사이로 스며들어오는 형광등 불빛이 퍼져 보이면서 손가락이 실제로 닿기도 전에 펑퍼짐하게 퍼진 두 손가락의 실루엣이 살짝 미리 겹쳐지는 것처럼 보인다. 금성이 태양 원반 앞을 가리고 지나갈 때마다 보였던 검은 물방울 효과도 이런 사소한 이유로 벌어진 일종의 착시였다.

재밌게도 18세기 천문학자들은 검은 물방울 효과라는 완전히 잘못된 현상을 근거로 금성에 대기권이 있을 것이라는 올바른 결론에 도달했다. 모로 가도 서울만 가면 된다고 했던가? 전혀 상관없는 잘못된 현상을 근거로 엉겁결에 진리에 다다를 수 있었던 흥미로운 사례다.

2012년 6월 5일 관측된 금성의 태양면 통과 모습. 다음 태양면 통과는 2117년 12월이다.

금성의 또 다른 이름, 샛별 또는 개밥바라기

금성의 태양면 통과를 활용해서 태양으로부터 지구와 금성까지 거리를 정확히 구하려면 먼저 알아야 할 것이 있다. 태양을 중심으로 한 지구와 금성의 궤도 크기 비율이다. 금성에 비해서 지구가 태양으로부터 몇 배 더 멀리 떨어져 있는지 그 상대적인 비율을 먼저 알아야 한다.

이 비율은 쉽게 구할 수 있다. 이른 새벽 태양이 지평선 위로 떠오르기 직전 동쪽 하늘에서 금성이 나타날 때, 또는 초저녁 태양이 저문 직후 서쪽 하늘에서 금성이 보일 때를 활용하면 된다.

　금성은 지구보다 태양계 안쪽을 도는 내행성이다. 그래서 지구의 하늘에서 금성은 태양에서 멀리 벗어나지 않는다. 금성은 절대 한밤중에 태양 정반대편 하늘에서 보이지 않는다. 항상 태양 주변 언저리에서만 보인다. 그래서 보통 금성을 가장 쉽게 찾을 수 있는 시간대는 태양이 뜨기 직전 새벽이나 저문 직후 초저녁이다. 한낮에도 태양과 비슷한 방향 어딘가에 금성이 떠 있겠지만 밝은 낮 하늘에 파묻혀서 보이지 않는다.

　태양이 지평선 아래에 살짝 걸쳐 있을 때, 아직 밝은 태양 빛이 지구의 하늘을 덮기 전에 금성을 볼 수 있다. 가끔 초저녁에 지평선 근처에서 유독 밝게 빛나는 작은 별을 본 적이 있을 것이다. 꽤 많은 사람들이 그 모습을 보고 UFO가 나타났다고 착각하기도 한다. 하지만 지구가 외계인의 침략을 받고 있을까봐 걱정할 필요는 없다. 그건 금성일 테니까.

　흥미로운 점은 오랫동안 인류는 새벽 동쪽 하늘에서 보이는 금성과 저녁 서쪽 하늘에서 보이는 금성이 다른 천체라고 생각해왔다는 사실이다. 똑같은 천체가 시간에 따라 다른 방향의 지평선 위에 나타나고 있다는 사실을 눈치채지 못했다. 그래서 금성은 새벽에 뜰 때와 저녁에 뜰 때, 각기 다른 이름으로 불렸다. 이른 새벽 동쪽 하늘에서 뜨는 금성은 새벽의 별이라는 뜻에서 샛별이라고 불렀다. 반대로 저녁 서쪽 하늘에서 뜨는 금성은 배고픈 강아지가 저녁 시간을 기다리며 밥그릇 주변을 서성거릴 즈음 나타나는 별이라는 뜻에서 개밥바라기라는 재밌는 별명으로 불렸다. 즉 두 가지 모두 금성의 또 다른 이름이다.

금성과 지구 궤도의 비율을 조금 더 간단하게 구하기 위해서, 두 행성 모두 태양을 중심으로 완벽한 원에 가까운 궤도를 그린다고 가정해보자. 매일 지구와 금성은 각자의 궤도를 따라 위치를 바꾼다. 그래서 지구의 하늘에서 보이는 금성의 위치도 조금씩 변한다. 지구의 하늘에서 봤을 때 어떤 행성이 태양으로부터 얼마나 멀리 벗어나 보이는지, 즉 지구를 중심으로 태양과 그 행성 사이의 각도 차이를 이각이라고 한다. 금성 역시 태양에서 멀리 벗어난 각도에서 보이면 이각이 커진다.

금성이 그리는 궤도는 지구보다 작다. 그래서 지구의 하늘에서 봤을 때, 금성이 태양으로부터 벗어날 수 있는 이각의 범위에는 한계가 있다. 한 내행성이 태양으로부터 가장 멀리 벗어날 수 있는 이각을 최대이각이라고 부른다. 금성의 최대이각은 약 48°로 거의 일정하게 관측된다. 실제로도 금성의 궤도는 거의 완벽한 원에 가깝기 때문이다.

태양을 중심으로 돌고 있는 금성과 지구의 궤도를 위에서 내려다본다고 생각해보자. 그러면 금성의 최대이각이 정확히 무엇을 의미하는지 더 직관적으로 이해할 수 있다. 태양을 중심으로 완벽한 원을 그리는 금성의 안쪽 궤도가 있다. 그리고 지구의 위치에서 그 원에 접하는 선을 하나 그을 수 있다. 방금 그은 접선과 금성의 원 궤도가 만나는 지점이 바로 지구에서 봤을 때 금성이 태양으로부터 가장 멀리 벗어나 보이는 위치다.

따라서 금성의 최대이각은 지구에서 태양을 향한 선과 지구에서

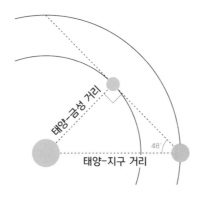

금성 원 궤도에 접하는 접선 사이의 각도에 해당한다. 원에 접하는 접선은 항상 원 중심으로부터 그은 선에 수직이다. 따라서 금성이 최대이각에 놓이는 지점에 있을 때, 지구-금성-태양 사이의 각도는 90°다. 그렇다면 문제는 아주 간단해진다. 태양, 지구, 그리고 최대이각일 때의 금성의 위치, 세 곳을 꼭지점으로 하는 직각삼각형을 생각할 수 있다. 삼각법에서 직각삼각형 끝의 뾰족한 한 각도를 θ라고 하면, 그 각도의 빗변과 높이의 길이 비율은 사인으로 정의된다.

[태양-금성 사이 거리] ÷ [태양-지구 사이 거리]

= [금성의 공전 궤도 반지름] ÷ [지구의 공전 궤도 반지름] = sin θ

여기서 θ는 금성의 최대이각에 해당하는 48°를 대입하면 된다. 따라서 [금성의 공전 궤도 반지름] = [지구의 공전 궤도 반지름] × sin 48° = [지구의 공전 궤도 반지름] × 약 0.7이다.

태양을 중심으로 각 행성까지 거리를 쉽게 표현하기 위해 천문학에서는 한 가지 새로운 단위를 만들었다. 태양과 지구 사이의 평균 거리를 1로 하고, 다른 행성까지의 거리를 비율로 표현한다. 이러한 단위를 **천문 단위**AU, Astronomical Unit라고 정의한다. 태양과 지구 사이의 실제 거리는 약 1억 5,000만 km다. 이것을 AU 단위로 표현하면 태양과 지구 사이 거리는 1AU다. 태양을 중심으로 한 금성 궤도 반지름은 약 0.7AU다. AU 단위는 태양계처럼 별 하나를 중심에 두고 그 주변에 행성들이 맴도는 행성계의 스케일을 표현할 때 아주 유용하다. 행성계를 표현하기에 km 단위는 너무 작고, 광년 단위는 불필요하게 너무 크다. 그래서 태양계 바깥 외계 행성의 궤도를 표현할 때도 AU 단위를 많이 활용한다.

이제 모든 준비는 끝났다. 금성이 태양면을 통과할 때, 금성은 정확히 태양과 지구 사이를 지나간다. 따라서 금성의 태양면 통과가 관측되는 날, 지구와 금성 거리는 지구의 공전 궤도 반지름에서 금성의 공전 궤도 반지름을 뺀 만큼이다. 즉 1AU - 0.7AU = 0.3AU가 된다. 이때 지구에서 금성까지의 실제 거리는 지구 표면에서 각기 다른 위치에서 금성을 관측하면서 지구의 하늘에서 보이는 금성의 겉보기 위치가 얼마나 어긋나 보이는지 시차를 활용하면 알 수 있다. 따라서 0.3AU에 해당하는 천문학적인 단위로 표현되는 거리가 실제 km 단위로는 어느 정도에 해당하는지를 알 수 있다. 이를 통해 1AU 단위를 km 단위로 환산할 수 있게 되고, 이제 태양을 중심으로 도는 다른 행성들까지의 거리도 더 정확하게 이야기할 수 있게 되었다.

수차례 시도된 금성의 태양면 통과 관측

금성이 태양 원반 앞을 가리고 지나가는 순간, 태양으로부터 지구와 금성까지의 거리를 구하는 아이디어 자체는 아주 간단하다. 원과 그에 접하는 접선, 그리고 삼각법이라는 꽤 간단한 수학으로도 충분하다(지금까지의 계산에서 미분, 적분 같은 고급 수학은 전혀 등장하지 않았다는 점에 주목하라). 하지만 원리가 간단한 데 비해, 실제로 그것을 관측으로 확인하는 건 훨씬 까다롭다. 17세기부터 지구 전역에서 금성의 태양면 통과를 관측하려는 시도가 있었지만, 매번 다른 이유로 난관에 부딪혔다. 결과도 썩 만족스럽지 않았다. 마치 하늘이 금성의 태양면 통과를 관측하지 못하게 막는 것 같았다.

16~17세기 독일의 천문학자 요하네스 케플러는 수학에 미친 수학 천재였다. 현실 세계의 수학 귀신이었다 해도 과언이 아니었다. 계산기도 없던 시절, 전지 크기의 거대한 종이 위에 직접 복잡한 계산을 써내려가면서 태양계 행성들의 움직임을 연구했다. 그 과정에서 케플러는 다양한 수학적 법칙을 발견했다.

케플러는 금성이 지구와 태양 사이를 주기적으로 지나가면서, 지구에서 봤을 때 금성이 태양 원반 앞을 가리고 지나가는 모습을 관측할 수 있을 거라고 예측했다. 당시 그는 1631년과 1761년, 두 번에 걸쳐 금성의 태양면 통과를 볼 수 있을 것이라고 예측했다. 실제로 1631년, 케플러가 예측했던 현상이 벌어졌다. 하지만 아쉽게도 계산에 약간의 오차가 있어 그의 예상과 달리 시간대가 살짝 빗나가는 바람에 유럽 지역에서는 금성의 태양면 통과를 볼 수 없었다. 다른 계산은 다 맞았지만, 금성의 우주 쇼를 볼 수 있는 최적의 뷰포인트에 대한 예측이 어긋났다.

금성의 태양면 통과를 공식적으로 처음 관측한 건 1639년이었다. 영국 출신의 젊은 천문학자 제러마이아 호록스는 앞서 케플러가 남긴 예측을 다듬었다. 그리고 케플러가 원래 예측했던 두 번의 시기 사이, 1639년 12월 4일에 한 번 더 금성의 태양면 통과가 벌어진다는 사실을 발견했다. 수학 귀신 케플러조차 놓쳤던 예측이었다. 호록스의 계산에 따르면 이날 금성은 오후 3시쯤부터 태양 원반 앞을 통과할 것으로 예상되었다. 그는 예측한 시간이 되기 전부터 망원경으로 태양을 조준해놓고 기다렸다.

그런데 갑자기 하늘에 구름이 끼기 시작했다. 태양은 결국 구름 속에 숨어버렸다. 호록스는 애타는 마음으로 구름이 걷히기만을 기다렸다. 다행히 30분 정도가 지나자 다시 구름 속에서 태양이 모습을 드러냈다. 호록스는 서둘러 태양 원반 속을 꼬물거리며 지나가는 금성의 작은 실루엣을 확인했다. 그리고 불과 30분 만에 태양은 지평선 아래로 저물었다. 12월 겨울이었던 데다 영국은 고위도 지역이기 때문에 낮이 유독 짧았다. 구름이 30분만 더 늦게 사라졌다면 기다렸던 금성의 태양면 통과를 전혀 못 봤을 것이다.

이 놀라운 계산을 해냈던 당시 호록스의 나이는 겨우 열아홉 살이었다. 안타깝게도 그는 2년 뒤, 너무나 이른 나이에 세상을 떠났다. 그래서 그의 놀라운 계산과 관측 결과는 곧바로 책으로 출간되지 못했고, 오랫동안 묻혀 있었다. 1661년이 되어서야 뒤늦게 발굴된 호록스의 이야기가 세상에 알려졌다.

금성 통과를 관측하는 제러마이아 호록스.

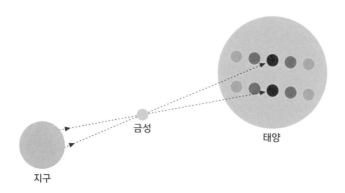

　핼리 혜성으로 유명한 영국의 천문학자 에드먼드 핼리도 금성의 태양면 통과가 벌어지는 동안, 지구의 각 지역에서 관측되는 금성의 시차를 활용해 지구에서 금성까지 거리를 구할 수 있다고 생각했다. 1691년에 발표한 논문에서 핼리는 바로 다음에 있을 금성의 태양면 통과가 1761년에 있을 거라고 예측했다.

　안타깝게도 핼리는 1742년에 세상을 떠났고, 예측했던 금성의 태양면 통과를 직접 보지는 못했다. 하지만 핼리가 남긴 예측은 이후 유럽 전역의 천문학자들을 움직이게 했다. 금성의 시차를 보려면 한 곳이 아닌 여러 장소에서 동시에 금성을 봐야 한다. 이왕이면 서로 멀리 떨어진 지점일수록 좋다. 그래야 관측되는 금성의 시차가 더 커지기 때문에 더 정밀하고 정확한 관측이 가능하다.

　당시 영국과 프랑스에서는 경쟁적으로 금성의 태양면 통과를 관측하기 위한 천문학 원정대를 꾸렸다. 그들은 영국, 프랑스, 오스트리아와 같은 유럽 지역뿐 아니라 시베리아, 캐나다 뉴펀들랜드, 그리고 아프리카의 마다가스카르에 이르기까지 지구 전역으로 떠났다. 오직 금성이 태양 원반 앞을 가리고 지나가는 장면을 보겠다는 일념으로 말이다. 특히 남아프리카 희망봉에서의 관측은 아주 성공적이었다. 이는 단 하나의 현상을 관측하기 위해 여러 나라의 과학자들이 지구 전역에서 협력한 최초의 국제적 과학 프로젝트라고 할 수 있다.

　이런 전 지구적인 협력은 이후로도 이어졌다. 심지어 전쟁도 천문학자들의 열정을 막지 못했다. 1761년에도 금성의 태양면 통과가 벌어졌다. 그런데 당시에는 전 유럽을 배경으로 7년 전쟁이 한창

벌어지고 있던 터라 유럽 전역에서 바다 항해가 금지되었다. 하지
만 천문학자들은 어려움을 무릅쓰고 원정을 떠나 세계 곳곳에서 관
측 데이터를 수집했다. 이후 1769년에도 금성의 태양면 통과가 있
었다. 천문학자들은 남태평양의 타히티섬, 멕시코의 남쪽 해안도시
산호세 델 카보, 노르웨이와 캐나다 등 유럽과 아메리카 대륙 일대
를 돌아다니면서 금성의 태양면 통과를 관측했다.

이후 1771년 프랑스 천문학자 제롬 랄랑드는 1761년과 1769년에
수집된 관측 데이터를 집대성했다. 심지어 남반구 호주와 뉴질랜드
에서 얻은 관측 기록도 있었다. 이를 바탕으로 그는 각 지역에서 관
측된 금성의 시차를 정밀하게 비교할 수 있었다. 그는 태양에서 지
구까지 거리가 약 1억 5,300만 km라는 결과를 얻었다! 오늘날 우리
가 알고 있는 1AU의 정확한 값인 1억 4,959만 7,870.7km와 비교해
도 크게 다르지 않은 꽤 정확한 값이다.

이제는 더 정밀한 레이더 관측과 인공위성, 우주 탐사선들의 데이
터를 바탕으로 태양계 행성들의 거리를 구할 수 있다. 더 이상 태양
과 지구 사이 거리를 가늠하기 위해서 금성의 태양면 통과에 의지
하지 않는다. 하지만 금성의 작고 귀여운 실루엣이 눈부신 태양 원
반 앞을 가로질러 지나가는 모습은 여전히 눈길을 사로잡는 매력적
인 우주 쇼다.

가장 최근에 있었던 금성의 태양면 통과는 2012년 6월 5일에 있
었다. 대한민국을 비롯해 동아시아 전 지역, 호주와 태평양 일대에
서 관측할 수 있었다. 만약 그때의 기회를 놓쳤다면? 바로 다음에
있을 금성의 태양면 통과는 2117년에 있을 예정이다. 거의 100년

뒤다. 다음 기회를 노리는 건 거의 어려워 보인다. 이처럼 가혹하게도 우주 쇼는 자주 찾아오지 않는다. 우리가 매번 하늘에 관심을 갖고 지켜봐야 하는 이유다.

전설 속의 대장장이 행성 벌칸

금성과 비슷하게 지구보다 태양계 안쪽을 도는 첫 번째 행성인 수성도 비슷한 움직임을 보인다. 이른 새벽 동쪽 하늘, 초저녁 서쪽 하늘에서 겨우 볼 수 있다. 다만 수성은 금성과 달리 대기권이 없어서 태양 빛을 많이 반사하지 않는다. 크기도 작아서 훨씬 어둡다. 수성은 금성보다 훨씬 작은 궤도를 그리기 때문에 지구의 하늘에서 봤을 때 태양으로부터 벗어날 수 있는 폭도 훨씬 좁다. 그래서 수성은 거의 태양에 바짝 붙어서 움직이는 것처럼 보인다.

금성에 비해 수성은 하늘에서 맨눈으로 보기 어렵다. 게다가 금성과 달리 수성의 최대이각은 훨씬 크게 들쭉날쭉한다. 약 $18°$에서 $28°$까지 변화가 크다. $48°$ 수준으로 일정한 최대이각을 보이는 금성과는 확실히 다르다. 거의 완벽한 원에 가까운 궤도를 그리는 금성과 달리, 수성은 크게 찌그러진 타원 궤도를 그리기 때문이다. 이게 끝이 아니다. 수성의 궤도 자체도 계속 미세하게 틀어지고 있다.

태양을 중심으로 타원을 그리는 행성의 궤도에서 태양에 가장 가까운 지점을 근일점이라고 한다. 반대로 태양에서 가장 멀어지는 지점을 원일점이라고 한다. 수성은 아주 크게 찌그러진 타원 궤도를 그린다. 그래서 수성이 태양에 가장 가까울 때와 멀 때의 거리 차이가 크다. 태양으로부터 수성의 근일점까지 거리는 4,600만 km지만, 수성의 원일점까지 거리는 7,000만 km 정도다. 거의 1.5배 가까운 큰 차이다.

그런데 19세기 천문학자들은 수성의 궤도를 면밀하게 관측하면서 한 가지 더 흥미로운 사실을 발견했다. 수성이 그리는 타원 궤도의 근일점 방향 자체가 계속 틀어지고 있다는 점이다. 그 정도는 미미했지만 분명 무시할 수 없는 수준이었다. 이 현상을 수성 궤도의 근일점 이동이라고 한다. 지구에서 관측했을 때, 수성의 근일점은 100년에 약 5,600″씩, 대략 1.5°씩 틀어진다.

단순히 수성을 붙잡고 있는 태양의 중력만 생각하면, 수성의 궤도 방향이 틀어지는 이유를 설명하기 어렵다. 수성이 말썽을 부리기 전까지 뉴턴의 중력 법칙은 아주 견고한 패러다임이었다. 태양과 행성이 서로 주고받는 중력과 궤도를 가장 명쾌하게 설명하는 이론이었기에 천문학자들은 설마 뉴턴의 중력 법칙에 문제가 있을 거라고는 생각하지 못했다. 대신 태양이 아닌 다른 행성들끼리의 중력적 상호작용을 최대한 동원해서 수성의 이상한 움직임을 설명하려고 시도했다.

우선 지구 자체의 움직임이 큰 영향을 준다. 지구의 자전축도 항상 같은 방향만 향하지 않는다. 쓰러지기 직전 팽이의 회전축이 조금씩 뒤틀리는 것처럼 지구의 자전축도 약 2만 6,000년을 주기로 천천히 뒤틀린다. 이를 세차 운동이라고 하는데, 이 효과로 인해 지구에서 보이는 수성의 겉보기 위치가 조금씩 틀어질 수 있다. 하지만 지구의 세차 운동으로 설명할 수 있는 것은 100년에 5,025″ 정도

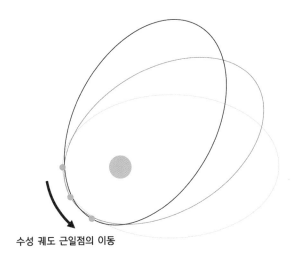

수성 궤도 근일점의 이동

의 뒤틀림뿐이었다. 실제 관측되는 100년에 5,600″씩 틀어지는 수성 궤도의 변화를 모두 설명할 수 없었다.

수성 근처를 지나가는 금성과 지구, 또 조금 멀기는 하지만 덩치 큰 목성과 토성에 의한 중력 효과도 생각해볼 수 있다. 수성에 작용하는 중력은 단순히 태양에 의한 중력만이 아니다. 더 바깥에서 함께 태양 곁을 맴도는 다른 행성들과도 중력을 주고받는다. 이러한 섭동으로 수성의 궤도가 조금 틀어질 수 있다. 하지만 아무리 계산해봐도 다른 행성들의 중력에 의해 수성의 근일점이 틀어질 수 있는 수준은 525″ 정도였다. 지구의 세차 운동과 다른 행성들의 중력까지 모두 고려해도, 여전히 해결되지 않는 40″의 미세한 틀어짐이 남아 있었다.

프랑스 수학자 위르뱅 르베리에는 흥미로운 가능성을 제시했다. 지구와 태양, 그리고 다른 행성들을 다 고려해도 수성 궤도의 틀어짐을 설명할 수 없다면, 아직 발견되지 않은 또 다른 행성이 숨어 있다는 뜻일 수도 있지 않을까? 르베리에는 수성보다 더 안쪽에 또 다른 행성이 태양에 바짝 붙어서 궤도를 돌고 있을 가능성이 있다고 생각했다. 수성이 첫 번째 행성이 아니라, 사실 두 번째 행성이라는 뜻이다. 정말 이런 행성이 존재한다면 태양 코앞에 있을 테니 아주 뜨거울 것이다. 그래서 르베리에는 이 가상의 첫 번째 행성에게 신화 속 대장장이 신의 이름을 빌려서 **벌칸** Vulcan이라는 이름을 지어 주었다. 이후 오랫동안 천문학자들은 벌칸을 찾아 헤맸다.

1859년 놀라운 광경이 목격된 적이 있다. 금성보다 더 작은 반점 하나가 태양 원반 앞을 지나가는 모습이 포착되었다. 처음에 천문학자들은 드디어 전설 속의 또 다른 행성, 벌칸이 발견된 것이라고 생각했다. 하지만 애석하게도 수성의 실루엣이었다. 이후로도 벌칸 사냥은 계속 이어졌지만 아직까지 별다른 소식은 없다.

우리는 여전히 태양계 행성의 순서를 외울 때, '수금지화목토천해'라고 한다. '벌수금지화목토천해'라고는 하지 않는다. 물론 명왕성은 진작에 빠졌다. 설령 수성보다 더 안쪽 궤도를 도는 벌칸이 진짜 존재하더라도 그 존재를 관측으로 확인하는 건 만만치 않을 것이다. 태양에 워낙 바짝 붙은 작은 궤도를 그려야 하기 때문에 사실상 태양과 거의 같은 방향에서만 보일 것이다. 지금도 극소수의 천문학자들에 의해서 끈질기게 벌칸을 찾는 시도가 간간이 이루어지고 있다.

적어도 아직까지 벌칸은 없다. 결국 뉴턴의 중력 법칙은 수성의 타원 궤도가 왜 계속 미세하게 틀어지고 있는지를 설명하는 데 실패했다. 2만 3,000년이 지나면 수성 궤도의 근일점은 완벽하게 한 바퀴를 돌아 다시 원래 자리로 돌아온다. 아주 미세한 변화지만, 수성을 비롯해 태양계 행성까지의 거리 변화를 정밀하게 잴 수 있게 되면서 그냥 무시하기에는 뭔가 석연치 않다.

수성의 틀어짐 속에서 피어난 아인슈타인의 이론

미처 설명할 수 없었던 수성 궤도 40″의 틀어짐을 해결한 인물은 뜻밖에도 물리학자 알베르트 아인슈타인이다. 그는 1915년 수성 궤도의 틀어짐에 대해 완전히 다른 방식의 물리학으로 해답을 제시하는 **일반 상대성 이론을 통한 수성의 근일점 이동에 대한 설명**Erklärung der Perihelbewegung des Merkur aus der allgemeinen Relativitätstheorie이라는 제목의 놀라운 논문을 발표했다. 아인슈타인 하면 가장 먼저 떠오르는 그 유명한 상대성 이론은 사실 수성 궤도에서 시작된 이론이다.

아인슈타인의 일반 상대성 이론의 핵심은 중력의 본질을 전혀 다르게 해석한다는 점이다. 뉴턴 때까지만 해도 중력은 단순히 멀리 떨어진 두 물체가 허공을 가로질러 주고받는 어떤 마법 같은 힘이었다. 원리는 모르지만 어쨌든 질량을 갖고 있는 두 물체가 서로 끌어당긴다는 것만 파악하고 있었다.

하지만 아인슈타인은 시간과 공간이 함께 얽혀 있는 시공간이라는 무대 위에 우주가 존재한다는 사실을 깨달았다. 질량을 갖고 있는 물체는 주변 시공간을 움푹하게 왜곡할 수 있다. 그는 우주의 시공간이 마치 탄성력이 좋은 매트리스와 같다고 생각했다. 매트리스 위에 볼링공을 두면 매트리스는 움푹하게 파인다. 그 주변에 작은 구슬을 하나 더 올리면 어떻게 될까? 구슬은 움푹하게 파인 매트리스의 곡률을 따라 굴러 내려간다. 마치 볼링공 쪽으로 구슬이 끌려 들어가는 것처럼 보인다. 사실 볼링공은 구슬을 잡아당기지 않는다. 단지 휘어진 매트리스의 곡률을 따라 구슬이 굴러 내려갈 뿐이다.

이처럼 아인슈타인은 무거운 천체 주변 시공간이 왜곡되면서 그 휘어진 곡률을 따라 흘러가는 것을 중력이라고 인식할 뿐이라는 놀라운 통찰력을 보여주었다. 중력은 휘어진 시공간의 무대 위에서 느끼는 일종의 허상이었던 것이다.

태양도, 지구도, 당신도 모두 우주 시공간을 왜곡한다. 질량이 무거울수록 그 정도는 커진다. 실제로 태양 주변에 휘어진 시공간을 확인할 수 있는 방법이 있다. 태양 곁을 스쳐 지나가는 별빛을 보는 방법이다.

멀리 떨어진 별을 지구에서 관측하는 상황을 생각해보자. 일반적인 경우, 별빛은 우주 공간을 가로질러 곧게 날아온다. 그런데 지구와 배경 별 사이에 태양이 끼어들면 상황이 달라진다. 태양 주변에 휘어진 시공간을 따라 그 곁을 스쳐지나가는 배경 별의 별빛도 경로가 휘어진다. 이 현상을 마치 중력이 렌즈처럼 빛의 경로를 휜다는 뜻에서 **중력 렌즈** Gravitational Lensing라고 부른다.

지구에서 별을 보는 우리는 그 별빛이 휘어져 날아왔다는 사실을 모른다. 약간 틀어진 다른 방향에서 별빛이 곧게 날아왔다고 착각한다. 그래서 실제 별이 있던 위치에서 약간 틀어진 다른 위치에 별이 있다고 착각한다. 마치 사막에서 보는 신기루와 비슷하다. 사막의 뜨거운 모래 때문에 공기의 밀도가 달라지고, 빛의 경로가 굴절된다. 그래서 실제로는 오아시스가 없는데 마치 그곳에 오아시스가 있는 것처럼 착각한다.

　휘어진 시공간을 따라 빛의 경로가 함께 휘어져 왜곡되는 현상도 일종의 중력 버전의 신기루라고 할 수 있다. 그래서 같은 방향의 하늘이라 하더라도, 태양이 없는 밤에 볼 때와 태양이 끼어든 낮에 볼 때 주변 별이 보이는 위치는 살짝 틀어지게 된다. 태양이 있을 때와 없을 때, 하늘에서 보이는 별의 겉보기 위치에 차이가 있는지를 확인하면 태양 주변 시공간이 정말 휘어져 있는지를 확인할 수 있다.

　그런데 문제가 있다. 태양에 의한 중력 렌즈 효과로 그 너머의 배경 별이 조금 다른 위치에서 보이는 것을 확인하기 위해서는 결국 낮에 태양 바로 옆에 있는 별을 봐야 한다는 뜻인데 그건 불가능하기 때문이다. 낮에는 밝은 태양 빛에 파묻혀서 별을 볼 수 없다.

　영국의 천문학자 아서 에딩턴은 이 문제를 아주 기발한 아이디어로 해결했다. 낮이지만 잠시 태양만 가려지면서 밤하늘처럼 어두워지는 순간이 있다. 바로 달에 의해 태양이 가려지는 개기일식이다. 개기일식 순간을 활용하면, 낮에도 태양 너머 배경 별의 모습을 포착할 수 있다. 마침 아인슈타인의 가설이 발표되고 나서 얼마 지나지 않아 1919년 개기일식이 벌어졌다. 에딩턴은 이 기회를 놓칠 수 없었다. 그래서 두 팀의 원정대를 꾸려서 개기일식이 관측되는 남아프리카와 남아메리카 두 대륙으로 보냈다.

　각 원정대는 밀림 한복판에서 태양이 달 뒤로 숨는 순간, 깜깜해진 낮 하늘에서 보이는 태양 주변 배경 별들을 관측했다. 놀랍게도

낮 동안 보인 별의 위치는 밤에 봤을 때와 미세한 차이가 있었다. 정확히 아인슈타인의 이론이 예측한 만큼 틀어져 보였다. 1919년의 개기일식 관측 역시 지구 곳곳에서 동시에 단 하나의 천문 현상을 관측하기 위해 힘을 모은 국제 협력 과학 프로젝트의 자랑스러운 역사적 사례 중 하나다.

태양이 자기 주변 시공간을 왜곡하고 있다는 이 검증된 사실을 통해 드디어 수성 궤도의 미세한 틀어짐을 해결할 수 있게 되었다. 곧게 날아가던 빛의 경로가 태양 주변 시공간에서 태양 쪽으로 휘어져 들어가듯이, 수성의 궤도도 태양 곁을 지나갈 때 더 크게 태양 쪽으로 휘어진다. 그래서 수성이 그리는 타원 궤도의 근일점 자체가 조금씩 틀어지면서, 타원 궤도의 방향이 변한다.

좀 더 정확히 말하면 수성은 일종의 시간 여행을 하고 있다고도 할 수 있다. 수성은 유독 크게 찌그러진 타원 궤도를 그리고 있기 때문에 근일점과 원일점을 오고가면서 태양으로부터 떨어진 거리가 크게 변한다. 태양에 가까이 지나갈 때는 더 강한 중력으로 주변 시공간이 크게 휘어지게 되고, 수성은 조금 더 시간이 느리게 흘러가는 우주를 경험한다. 반면 태양에서 멀리 벗어나면 더 약한 중력으로 시공간은 조금만 휘어지고, 수성은 조금 더 시간이 빠르게 흘러가는 우주를 경험한다. 근일점을 지날 때마다 수성의 시간이 조금씩 느리게 흘러가면서, 수성의 궤도는 조금씩 틀어지고 있다.

이 놀라운 발견을 통해 아인슈타인의 상대성 이론은 학계의 주목을 받았다. 뉴턴의 중력 법칙만으로는 이해할 수 없었던 중력의 본질을 꿰뚫는 새로운 패러다임으로 자리잡았다. 뜻밖에도 태양계에서 가장 하찮게 보이는 작은 행성, 수성이 보여준 미세한 어긋남은 우주 전체의 시공간을 설명하는 상대성 이론이라는 꽃을 피웠다.

우연이라기에는 너무 잘 들어맞는 우연

여전히 태양계에는 완벽하게 풀리지 않는 많은 질문들이 남아 있다. 대표적으로 하필이면 왜 행성들이 태양으로부터 딱 지금 정도의 거리를 두고 떨어져 있는가에 대한 질문이 있다. 케플러 이후로 많은 천문학자들은 태양계 행성들이 배치되어 있는 지금의 모습에서 우주를 만든 조물주의 창조 원리를 밝혀낼 수 있기를 바랐다. 특히 그 안에는 수학적으로 조화롭고 심미적으로도 아름다운 화성학 이론과 같은 법칙이 숨어 있을 거라고 기대했다.

독일의 수학자 요한 티티우스는 태양을 중심으로 도는 각 행성들의 궤도 사이에 어떤 신비로운 비밀이 있을 거라고 생각했다. 각 행성이 태양으로부터 얼마나 떨어져 있는지, 각 행성들의 궤도 크기를 비교하면 간단한 배수나 사칙연산 정도로 쉽게 표현할 수 있는 규칙이 숨어 있을 것이라고 생각했다. 정말로 그런 규칙이 존재한다면 심지어 아직 발견되지 않은 다음 행성은 또 어느 정도 거리에 숨어 있을지까지도 예측이 가능해진다. 당시까지 알려져 있던 태양계 행성은 맨눈으로 볼 수 있는 '수금지화목토'까지였다. 태양에서 지구 사이 거리를 1AU라고 했을 때, 태양을 중심으로 각 행성들이 그리는 공전 궤도의 평균 반지름은 다음과 같다.

수성 = 0.4AU

금성 = 0.7AU

지구 = 1.0AU

화성 = 1.6AU

목성 = 5.2AU

토성 = 10.0AU

이 숫자들 속에서 규칙을 찾을 수 있는가? 얼핏 보면 별다른 규칙이 보이지 않는다. 하지만 놀랍게도 티티우스는 기발한 규칙을 찾아냈다. 수성의 궤도 반지름 0.4에 0.3을 한 번만 더하면 금성 궤도 반지름 0.7이 나온다. 여기에 다시 0.3을 한 번 더 더하면 지구 궤도 반지름 1.0이 나온다. 이번에는 여기에 0.3을 한 번이 아닌 두 번을 더해보자. 그러면 화성 궤도 반지름 1.6이 나온다. 그 다음은? 이번에는 0.3을 네 번, 총 1.2를 더하면 1.6 + 1.2 = 2.8이 나온다. 그런데 태양에서 2.8AU 거리에 떨어진 행성은 없다. 티티우스는 화성과 목성 사이, 태양으로부터 2.8AU 거리를 두고 있는 또 다른 행성이 아직 발견되지 않고 숨어 있다고 생각했다. 이제 2.8에 다시 0.3을 여덟 번, 2.4를 더하면 2.8 + 2.4 = 5.2, 정확히 목성 궤도 반지름이 나온다. 또다시 5.2에 0.3을 열여섯 번 더하면 5.2 + 4.8 = 10.0, 또 이번에는 토성 궤도 반지름이 나온다. 정말 놀랍지 않은가!

티티우스가 발견한 일종의 법칙을 간단하게 하나의 식으로 표현하면 이렇게 쓸 수 있다. 태양으로부터 N번째 행성의 거리는 $0.4+0.3\times2^N$다(단, 수성은 $N = -\infty$이고 금성부터 $N = 0$으로 시작한다).

이후 1781년 토성 너머 천왕성이 발견되었다. 맨눈으로는 볼 수 없고, 망원경이 있어야만 볼 수 있는 최초의 행성이었다. 만약 티티우스가 주장한 법칙이 사실이라면 토성 다음의 행성은 태양으로부터 약 19.6AU 정도 거리에 있어야 한다. 그리고 놀랍게도 새로 발견된 천왕성은 정말 딱 그 자리에 있었다. 1801년 1월 1일, 이번에는 화성과 목성 사이 2.8AU 정도 거리를 둔 위치에서 작은 소행성 세레스가 발견되었다. 당시 사람들은 이것이 바로 화성과 목성 사이에 숨어 있던 또 다른 행성이라고 생각했다.

이처럼 두 번이나 연달아 새로운 행성의 위치를 예측하는 데 성공하면서 티티우스의 장난 같은 법칙은 큰 주목을 받기 시작했다. 당시에는 태양계에서 새로운 행성을 발견하는 것만으로도 집안을 일으킬 수 있는 아주 중요한 업적으로 평가받았다. 그래서 많은 행성 사냥꾼들은 티티우스가 제안한 이 법칙 같지 않은 법칙에 의지해서 새로운 행성을 찾아나섰다.

하지만 뒤이어 해왕성과 명왕성 등 태양계 외곽 천체들이 새롭게 발견되면서 티티우스의 예측은 어긋나기 시작했다. 해왕성과 명왕성이 실제로 발견된 위치는 티티우스의 법칙이 예측한 자리에서 멀찍이 떨어져 있다. 그래서 오늘날 많은 천문학자들은 티티우스의 법칙이 별다른 물리학적인 근거가 없는 그저 우연이었을 뿐이라고 추정한다. 그저 운좋게 초반에 행성 몇 개에 대해서만 값이 맞아떨어졌을 뿐, 지금은 전혀 진지한 이론으로 받아들여지지 않는다. 그저 천문학 역사 속의 재밌는 에피소드로 남아 있다.

다시 주목받는 천문학의 흑역사

20세기까지만 해도 인류가 알고 있는 행성은 태양 곁을 맴도는 태양계 행성이 전부였다. 당연히 다른 별 주변에도 외계 행성들이 있을 거라 생각은 했지만 그 존재를 확인하지는 못했다. 그러다가 1990년이 지나면서 외계 행성을 품고 있는 것으로 의심되는 별들이 하나둘 발견되기 시작했다. 이제 인류는 공식적으로 5,000개가 넘는 외계 행성 목록을 갖고 있다. 앞으로 더 면밀한 검증을 거쳐야 하는 외계 행성 후보까지 생각하면 그 수는 1만 개를 넘는다.

특히 외계 행성을 찾는 천문학자들의 가장 큰 관심사는 지구처럼 생명이 살 만한 곳을 찾는 것이다. 아직까지는 실제 살아 숨쉬는 외계 생명체를 생포한 적은 없다. 우리가 알고 있는 생태계는 지구가 유일하다. 따라서 지구에서의 경험을 반영할 수밖에 없다.

지구에서 생명이 탄생할 수 있었던 가장 중요한 배경 중 하나는 드넓은 액체 바다. 최초의 생명체는 바다 깊은 곳에서 탄생했고 바다를 벗어나 육지로 올라오면서 지금의 아름다운 생태계로 번창했다. 그래서 천문학자들은 외계 행성을 발견하면 가장 먼저 액체 물이 존재할 수 있는 환경인지부터 확인한다.

지구에 액체 물로 채워진 바다가 존재할 수 있는 이유는 지구가 태양으로부터 너무 멀지도, 가깝지도 않은 딱 적당한 거리를 두고 떨어져 있기 때문이다. 만약 지구의 공전 궤도가 지금보다 더 작았다면 지구에는 과도한 태양 빛이 비치면서 바다가 모두 메말랐을 것이다. 반대로 지구의 공전 궤도가 더 컸다면 충분한 태양 빛을 받지 못해 지구는 차갑게 얼어버렸을 것이다.

현재 지구가 태양으로부터 떨어져 있는 거리 1AU는 참 절묘하다. 마찬가지로 다른 별 곁을 맴도는 외계 행성도 액체 바다가 존재하려면 그 중심 별에서 너무 멀지도, 가깝지도 않은 적당한 거리를 두고 있어야 한다. 결국 중심 별에서 행성까지의 거리, 그 행성이 그리는 공전 궤도의 크기가 외계 행성의 생명 거주 가능성을 결정한다. 중심 별에서 적당한 거리를 두고 떨어져 있어서 행성 표면에 액체 물로 채워진 바다가 존재할 수 있는 거리 범위를 **생명 거주 가능 구**

역Habitable zone 또는 **골디락스 존**Goldilocks zone이라고 부른다.

참고로 골디락스라는 이름은 영국의 한 동화에서 기원했다. 골디락스라는 이름의 소녀가 숲속에서 길을 잃고 헤매다 곰 세 마리가 사는 집을 발견하고 몰래 들어간다. 마침 비어 있던 집에서 소녀는 테이블 위에 남아 있는 수프가 담긴 그릇을 발견한다. 아빠 곰이 먹던 수프는 너무 뜨거웠고, 엄마 곰이 먹던 수프는 너무 차가웠다. 반면 아기 곰이 먹던 수프는 적당히 미지근해서 맛있게 먹을 수 있었다. 이 이야기에서 유래하여 외계 행성이 너무 뜨겁지도, 차갑지도 않은, 적당한 온도 조건을 가질 수 있는 범위를 골디락스 존이라고 부른다.

골디락스 존은 지나치게 뜨거운 별빛이 비치지 않을 정도로 중심 별에 가장 가까이 접근할 수 있는 범위에서부터 너무 춥지 않을 만큼 너무 멀지 않은 거리 범위까지, 별을 중심으로 도넛 모양으로 정의된다. 중심 별 자체가 어둡고 미지근하면 별에 좀 더 바짝 붙어 있어야 적당한 별빛을 받을 수 있다. 그래서 골디락스 존도 더 작아진다. 반대로 크고 밝은 별 곁에서는 조금 멀리 도망가 있어야 적당한 별빛을 받을 수 있다. 그만큼 골디락스 존도 더 크게 형성된다.

이제는 외계 행성의 존재 자체를 확인하는 건 그리 어려운 일이 아니게 되었다. 게다가 태양계처럼 중심 별 곁에 하나 이상의 여러 행성들이 함께 맴도는 경우도 많이 발견되고 있다. 대표적으로 행성 일곱 개가 한꺼번에 발견된 **트라피스트-1**TRAPPIST-1 행성계가 있다. 특히 이곳에서는 중심 별 주변 골디락스 존에 들어오는 암석 행성이 무려 세 개나 발견되었다. 그래서 많은 천문학자들은 이곳에서 어쩌면 외계 문명의 신호가 날아오고 있는 것은 아닐까 하는 순진한 기대를 갖기도 한다. 이처럼 여러 외계 행성이 함께 하나의 별 곁을 맴도는 다중 행성계는 지금까지 800개 넘게 발견되었다.

물론 관측 기술의 한계로 인해, 지금까지 발견된 다중 행성계 대부분은 행성을 두세 개 거느린 경우가 많다. 태양계나 트라피스트-1 행성계처럼 한꺼번에 일곱 개, 여덟 개가 발견된 경우는 아주 드물다. 우리는 더 많은 외계 행성을 찾아야 한다. 더 많은 수의 외계 행성을 확보해야 그중에서 생명체가 살고 있을지 모르는 후보지를 더 높은 확률로 추려낼 수 있다.

그래서 천문학자들은 현재까지 두세 개의 외계 행성만 발견된 별 주변에서도 아직 발견되지 않고 숨어 있는 또 다른 행성이 있지는 않은지 고민한다. 18~19세기 천문학자들이 티티우스가 만든 이상한 법칙에 의지하며 아직 발견되지 않은 태양계 행성을 찾아 헤맸던 것처럼 말이다. 흥미롭게도 21세기에 외계 행성을 찾고 있는 사냥꾼들은 오래전 케케묵은 티티우스의 법칙에 다시 주목했다.

만약 티티우스가 제안했던 법칙이 태양계 안쪽 여섯 개, 일곱 개 행성까지는 부분적으로 얼추 적용할 수 있는 법칙이었다면 어떨까? 태양에서 지나치게 멀리 떨어진 천체들에 대해서는 적용할 수 없지만, 태양계 안쪽을 도는 행성들에게는 어느 정도 적용해볼 수 있는 근사 법칙이었다면? 일부 천문학자들은 티티우스의 법칙이 그저 우연이 아니었을지 모른다는 실낱 같은 희망을 버리지 않고 있다. 만약 그렇다면 티티우스의 법칙은 태양계뿐 아니라 다른 외계 행성에도 똑같이 적용되어야 한다. 그래야 우주에 존재하는 모든 별과 행성계에 공평하게 적용되는 진정한 법칙이라고 할 수 있다.

흥미롭게도 최근 분석에 따르면 여러 개의 행성을 거느리고 있는 일부 외계 행성계들에서도 티티우스의 법칙이 적용되는 것처럼 보이는 경우들이 있다. 물론 아직 대다수의 외계 행성계는 이제 겨우 두세 개의 행성만 발견된 경우들이 많기 때문에, 앞으로 더 많은 행성이 발견되면서 결과는 충분히 달라질 수 있다. 하지만 200년 전에 일찍이 단순한 숫자 놀이 취급을 받으면서 사장되었던 티티우스의 주장이 21세기가 되면서 외계 행성의 발견과 함께 재조명을 받고 있다는 점은 굉장히 흥미롭다.

티티우스의 장난 같은 법칙을 그저 우연의 일치로 취급했던 건 오히려 우리가 태양계밖에 몰랐기 때문일지도 모른다. 비로소 태양이 아닌 다른 별 곁에도 행성이 돌고 있다는 사실을 알게 되면서, 이제 우리 태양계도 다른 외계 행성계들과 대등한 조건에서 비교할 수 있는 시대가 되었다.

각 행성들은 왜 하필 중심 별에서 딱 지금의 거리를 두고 떨어져 있는 걸까? 여기에 정말 아무런 법칙도, 원리도 없을까? 오래전 태양계에 숨어 있는 행성들을 찾으려는 행성 사냥꾼들의 희망이었던 티티우스의 법칙이 이제 더 머나먼 암흑 속 외계 행성을 찾아 헤매는 21세기 행성 사냥꾼들에게 새로운 가이드가 될지도 모르겠다.

태양계가 우주의 전부였던 시절, 인류는 외계 생명체를 찾기 위해 금성과 화성 정도에만 주목했다. 금성을 덮고 있는 두꺼운 구름, 화성 표면에 남아 있는 오래전 물이 흐른 흔적을 보면서 혹시 그들 중 어딘가에 외계 생명체의 흔적이 있지 않을지 희망의 끈을 놓지 않았다. 하지만 태양계는 너무 좁다. 우주 전체에 비하면 점에 불과한 세계다. 외계 생명체를 찾기 위해서는 더 넓은 우주까지 샅샅이 뒤져야 한다.

　이제 태양계를 떠날 시간이 되었다. 은하수로 눈길을 돌려보자. 밤하늘에서 빛나는 헤아릴 수 없이 많은 별까지 거리를 재고 지도를 그리고자 했던 또 다른 몽상가들의 이야기가 시작된다.

3장

은하수를 여행하는
히치하이커를 위한
지도 그리기

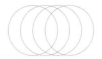

도굴꾼이 훔쳐간 우주를 담은 유물

1999년 독일에서 한 도굴 사건이 벌어졌다. 헨리 베스트팔과 마리오 레너는 금속 탐지기를 들고 이곳저곳을 들쑤시며 유물을 찾았다. 독일 작센안할트 네브라라는 작은 시골 마을에 있는 숲에서 금속 탐지기가 울렸다. 그들은 그 밑에서 푸르스름한 금속 원반 하나를 발견했다. 지름 30cm 정도의 작은 원반이었다. 그 위에는 독특한 패턴으로 금박이 박혀 있었다.

도굴꾼들은 이게 얼마나 위대한 유물인지 미처 알지 못했다. 그들은 주변에서 함께 찾은 유물과 묶어서 이 금속 원반을 3만 마르크에 팔아치웠다(환율을 적용하면 대략 2,000만 원 정도다). 독일 정부는 뒤늦게 이 유물이 암시장에서 거래되고 있다는 사실을 알아챘다. 독일 검찰은 한 고고학 교수를 구매자로 위장시켜 무려 70만 마르크를 지불하고 유물을 회수하는 데 성공했다. 스파이 영화 뺨치는 작전이었다.

　이후 유물을 처음 발견한 도굴꾼들이 체포되었는데, 독일 검찰은 그들에게 유물을 처음 발견한 위치에 관한 정보를 받는 대가로 약간의 형을 줄여주는 플리 바겐을 제안했다. 유물의 발견 장소를 정확히 파악하는 건 고고학적으로 아주 중요하다. 그 주변에서 또 다른 유물을 추가로 발견할 수도 있고, 조사를 진행해야 유물이 그 장소에서 어떤 지리적, 천문학적 의미를 갖고 있는지 파악할 수 있기 때문이다.

　네브라 지역의 숲에서 발견된 이 금속 원반은 이제 **네브라 스카이 디스크** Nebra Sky Disk라는 이름으로 더 잘 알려져 있다. 조사 결과 이 금속 원반은 지금으로부터 약 3,000~4,000년 전, 기원전 1700년에서

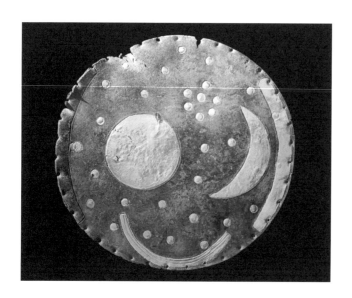

1500년 사이에 제작된 것으로 밝혀졌다. 원반의 주 재료는 오스트리아 알프스 산맥에서 채취한 구리로 추정된다. 그 위에 금을 입혀서 다양한 그림을 표현했는데, 놀랍게도 이 그림에는 우주의 모습이 아주 다양하고 자세하게 묘사되어 있다.

우선 원반의 가장자리에는 일정한 간격으로 48개의 작은 구멍이 뚫려 있다. 당시 유럽에서는 1년을 12개월, 그리고 1달을 4주로 구분해서 총 48주로 나누는 전통이 있었다. 48개의 절기를 나타내기 위해서 원반 가장자리에 구멍을 뚫은 것으로 보인다. 원반의 아래쪽에는 넙적한 그릇 모양의 금박이 입혀져 있다. 고고학자들은 이것이 고대 이집트에서 유래한 태양신 라Ra의 신앙을 바탕으로 하고 있다고 추정한다. 이집트 사람들은 라가 배에 태양을 싣고 움직이기 때문에 해가 떠오르고 저문다고 생각했다. 원반에 새겨진 넙적한 그릇 모양은 신화 속 라가 태양을 싣던 배의 모습을 형상화한 것으로 보인다. 이미 기원전 1500년 즈음부터 고대 이집트 신앙과 문화가 중부 유럽까지 전파되었을 가능성을 보여주는 문화 교류의 증거로 여겨진다.

놀라운 점은 이뿐만이 아니다. 원반의 양쪽 가장자리를 보면 약 82° 너비로 이어진 원호 모양의 금박이 입혀져 있다. 원래는 양쪽에 하나씩, 총 두 개가 있었는데 한쪽은 떨어져나가면서 그 자국만 남았다. 82°라는 각도는 아주 중요한 의미를 갖는다. 원반이 발견된 네브라 지역에서 동지와 하지에 태양이 떠오르는 방향의 위치가 딱 82°만큼 차이가 난다. 즉, 이 원반을 제작했던 고대인들은 정확하게 자신이 살던 지역에서 태양이 언제 어디에서 떠오르는지 알고 있었다는 뜻이다.

네브라 스카이 디스크에서 가장 먼저 눈을 사로잡는 패턴은 원반 한가운데 크게 박혀 있는 태양과 초승달 모양의 금박, 그리고 초승달 왼쪽에 작은 원들이 옹기종기 모여 있는 모습이다. 고대인들은 달의 움직임으로 날짜를 셌다. 하늘에서 달의 모양과 위치가 변하는 것을 기준으로 한 태음력, 그리고 태양의 움직임을 반영한 태양력을 섞어서 사용했다.

달이 초승달에서 반달과 보름달을 거쳐 다시 처음의 초승달로 돌아가기까지 걸리는 주기는 약 29.5일이다. 이 한 달을 12번 반복하면 총 354일이 된다. 그런데 문제는 1년의 길이가 정확하게 354일이 아니라는 점이다. 태양력을 기준으로 한 1년의 길이는 대략 365.24일 정도다. 태양력으로 한 1년의 길이는 태음력을 기준으로 한 1년의 길이보다 무려 11일 정도 더 길다. 이 차이를 제대로 보정해주지 않으면 불과 3년 만에 두 달력은 33일, 거의 한 달 가까이 틀어져버린다.

절기를 제대로 파악하는 것은 고대 농경 사회에서 아주 중요한 문제였을 것이다. 제때 비가 오지 않거나, 애써 땅에 뿌려놓았던 씨앗들이 얼어버린다면 한 해 농사를 망치게 된다. 그래서 당시 사람들은 태음력과 태양력의 차이를 주기적으로 보정해주기 위해 윤달 개념을 만들었다.

고대 그리스 지역의 인류는 겨울철 밤하늘에서 밝은 별 일곱 개가 가까이 모여 있는 **플레이아데스 성단**Pleiades cluster을 기준으로 윤달을 맞췄다. 플레이아데스 성단 근처로 초승달이 가까이 지나가는 시기가 오면 그 해에 윤달을 추가했다. 오늘날의 고고학자와 천문학자들은 네브라 스카이 디스크에 그려진 초승달, 그리고 그 옆에 옹기종기 모여 있는 작은 점들이 바로 플레이아데스 성단 옆에 초승달이 지나가는 모습을 표현하고 있다고 추정한다. 작은 실수로 한 해 농사를 망치지 않기 위해, 언제 윤달을 추가해야 할지 잊지 않기 위해 큰 그림으로 새겨놓았던 것일지 모른다.

이 유물이 제작되었던 때로 추정되는 시기에, 당시 유럽 중부 지역은 겨우 청동기 시대에 머무르고 있었다. 태양과 달을 비롯해 여러 천체들의 움직임을 표현한 이집트 문명의 유물들도 네브라 스카이 디스크보다 1세기나 더 늦게 등장했다. 심지어 퀄리티도 더 조악하다.

그런데 이 유물은 태양과 달의 모습뿐 아니라, 플레이아데스 성단과 같은 밤하늘의 특정한 별자리, 태양신 라에 대한 종교적 숭배의 흔적, 그리고 윤달을 추가했던 체계적인 역법 체계까지, 밤하늘과 관련된 과학적이고 종교적인 거의 모든 것을 총체적으로 담고 있다. 겉보기에는 단순하지만 고대 우주관의 다양한 모습을 한 화면에 담고 있는 아름다운 종합 예술 작품이라고 볼 수 있다.

그래서 많은 고고학 팬들은 이 원반을 보고 시대를 많이 앞서나간 듯한 유물을 의미하는 **오파츠**OOPArts, Out-Of-Place Artifacts의 대표적인 사례라고 이야기한다(참고로 오파츠는 고고학 분야에서 공식적으로 사용하는 학술적 표현은 아니다). 고대 인류는 아주 낮은 수준에 머물렀을 거라는 우리의 고정관념과 달리, 인류는 일찍이 우주에 대해 꽤 깊이 이해하고 있던 것으로 보인다.

오리온을 피해 밤하늘로 도망간 일곱 자매

오래전부터 윤달의 기준이 되었던 플레이아데스 성단은 지금도 맨눈으로 쉽게 볼 수 있다. 겨울철 황소자리 부근의 밤하늘을 보면 별이 하나가 아니라 여러 개 모여 있는 듯한 모습을 볼 수 있다. 오래전부터 우리나라에서는 이곳에 작은 별들이 옹기종기 모여 있다는 뜻에서 좀생이별이라고 불렀다. 일본에서도 비슷한 뜻의 **스바루**昴라고 불렀다. 아마 스바루라고 하면 오토바이 브랜드가 먼저 떠오른 사람도 있을 것이다. 실제로 그 브랜드도 이 플레이아데스 성단의 일본식 표현에서 이름을 따왔다. 그래서 별 여섯 개가 모여 있는 모습의 독특한 로고를 갖고 있다.

유럽과 호주를 비롯한 많은 문화권에서는 플레이아데스 성단을 밤하늘에 살고 있는 신화 속 일곱 공주, 일곱 자매로 불렀다. 그리스 신화에 따르면 바다의 신 아틀라스와 바다 요정 플레이오네 사이에 일곱 명의 딸이 있었다. 각각의 이름은 알키오네, 켈라이노, 엘렉트라, 마이아, 메로페, 아스테로페, 타이게테였다. 플레이아데스 성단 속 가장 밝은 일곱 개의 별에는 이 일곱 자매의 이름이 하나씩 붙어 있다. 그런데 밤하늘의 사냥꾼 오리온은 이 일곱 자매를 탐했다. 일곱 자매는 오리온이 두려워 계속 도망다녔다. 결국 일곱 자매를 불쌍히 여긴 제우스는 그들을 보호하기 위해 밤하늘의 별로 변신시켰고 지금의 플레이아데스 성단이 되었다는 전설이 전해진다.

플레이아데스 성단이 있는 황소자리 바로 옆에 거대한 오리온자리가 함께 떠 있다. 매년 겨울이 오면 밤하늘이 천천히 흘러가면서

황소자리 성운에 있는 대형 성단 플레이아데스의 모습.

플레이아데스 성단의 뒤를 쫓아 움직이는 오리온자리의 모습을 볼 수 있다. 안타깝게도 플레이아데스 일곱 자매의 뒤를 쫓은 오리온의 스토킹은 지금도 끈질기게 이어지고 있다.

플레이아데스 성단의 슬픈 전설은 여기에서 끝나지 않는다. 제우스의 도움으로 무사히 하늘로 도망친 일곱 자매는 모두 신들과 사랑에 빠졌다. 하지만 메로페만은 신이 아닌 평범한 인간과 사랑에 빠졌다. 그래서 메로페의 별은 다른 자매들에 비해 유독 어둡게 빛나고 어지간히 어두운 하늘이 아니면 맨눈으로 확인하기 쉽지 않다. 플레이아데스 성단을 일곱 자매라고 부르지만 막상 실제 하늘에서 그 모습을 바라보면 밝은 별 일곱 개가 아니라 여섯 개만 보이는 이유가 바로 이 때문이다.

플레이아데스 성단은 비교적 갓 태어난 어린 별들이 모여 있는 산개 성단이다. 뜨겁게 빛나는 푸른 별들 1,000여 개가 모여 있다. 별빛을 받아 푸르스름하게 달궈진 가스 구름이 성단 속 별들을 포근하게 감싸고 있다. 어리고 뜨거운 별에서 나오는 강렬한 자외선 빛을 받으면서 주변 가스 구름은 아주 선명한 푸른 빛을 반사한다.

플레이아데스 성단은 지금으로부터 약 1억 년 전에 형성된 것으로 추정된다. 성단을 이루는 별들은 지금도 천천히 성단 바깥으로 흩어지고 있다. 그래서 앞으로 약 2억 년 정도가 더 지나면 성단은 해체될 것이라 추정한다. 다행히 아직은 자매들의 사이가 그리 나쁘지 않다. 플레이아데스 일곱 자매를 비롯한 1,000여 개의 별들 역시 서로 크게 다투지 않고 잘 모여서 살고 있다.

플레이아데스 성단은 밤하늘에서 별이 하나가 아닌 여러 개가 모여 있는 모습을 맨눈으로도 쉽게 관측할 수 있는 몇 안 되는 명소 중 하나다. 그래서 고대 로마에서는 군인을 징집할 때 이 성단을 시력 검사에 활용하기도 했다. 플레이아데스 성단 속에서 별이 몇 개까지 보이는지 물어 지원자의 시력을 판단했다고 전해진다. 전쟁에 끌려가기 싫었던 누군가는 어쩌면 별이 더 적게 보인다고 거짓말을 했을지도 모른다.

플레이아데스 성단은 흥미롭게도 오늘날 다양한 지상 및 우주 망원경들의 시력 검사를 위한 타깃으로도 쓰인다. 플레이아데스 성단은 훨씬 먼 다른 별들에 비해 비교적 가까운 거리에 놓여 있다. 그래서 더 먼 우주까지의 지도를 그리기 전에 우주 지도의 축척을 바로 잡는 용도로 쓰기 좋다.

또 플레이아데스 성단의 별들은 대부분 천문학적으로 갓 태어난 아기 별들이다. 그래서 별이 어떻게 탄생하는지, 또 비교적 최근에 태어난 어린 별들이 어떤 진화 단계를 거치는지를 꽤 선명한 해상도로 확인할 수 있다. 그래서 많은 망원경들은 본격적인 관측을 하기 앞서 우선 플레이아데스 성단을 겨냥한다. 그리고 플레이아데스 성단까지의 거리를 얼마나 정확하게 잴 수 있는지를 통해 새로 만들어진 망원경의 성능을 점검한다.

20세기 후반, 지구를 벗어나 우주를 맴도는 다양한 우주 망원경의 시대가 시작되면서 천문학자들은 예상치 못한 당황스러운 문제에 부딪히게 되었다. 사실 난감하게도, 천문학자들은 여전히 플레이아데스 성단까지의 정확한 거리를 알지 못한다. 어떤 방식으로, 어떤 망원경으로 거리를 측정하는지에 따라 성단까지의 거리가 조금씩 다르게 나온다! 우주 지도를 그리기 위한 가장 첫 번째 기준점으로 사용하는 성단이건만, 정작 그 성단까지의 정확한 거리를 아직 알지 못한다니…. 오리온의 스토킹으로부터 벗어나려는 플레이아데스 성단의 일곱 자매들이 자신들의 은신처를 숨기기 위해 거리를 헷갈리게 만들기라도 한 걸까? 천문학자들의 신세가 굉장히 애처롭고 우습게 느껴질지 모른다. 하지만 여기에는 그럴 수밖에 없는 나름의 이유가 있다.

진짜 별이 쏟아지는 진정한 별똥별

겨울철 밤하늘에서 플레이아데스 성단의 바로 왼쪽을 보면 유독 노랗게 빛나는 별을 찾을 수 있다. 황소자리의 매서운 노란 눈동자 별 **알데바란**Aldebaran이다.

황소자리를 벗어나 왼쪽 아래로 눈길을 돌리면 또 다른 대표적인 겨울철 별자리 쌍둥이자리도 볼 수 있다. 이름에 걸맞게 똑같이 생긴 두 성좌가 맞붙어 있다. 그리스 로마 신화에 등장하는 디오스쿠로이 형제가 밤하늘에 올라가면서 만들어졌다고 전해지는 별자리다. 이 별자리에는 두 쌍둥이 형제의 머리에 해당하는 가장 밝은 두 별 **카스토르**Castor와 **폴룩스**Pollux가 있다. 원래는 카스토르가 더 밝았다. 그래서 옛날부터 카스토르가 쌍둥이자리의 알파 별이었다. 하지만 카스토르는 점점 나이를 먹으면서 빛을 잃었다. 지금은 오히려 베타 별인 폴룩스가 더 밝게 보인다. 동생이 형을 거스르는 밤하늘의 하극상이 벌어진 셈이다.

쌍둥이자리는 매년 12월 13일에서 15일 즈음, 수백 개의 별똥별이 한꺼번에 쏟아지는 명소다. 흔히 별똥별, 즉 유성에 대해 많은 사람들이 오해하는 부분이 있는데, 바로 별똥별이 가만히 있는 지구를 향해 우주 돌멩이가 날아오면서 벌어지는 현상으로 알고 있다는 것이다. 하지만 실상은 정반대다. 오히려 우주 공간에 가만히 떠 있던 우주 돌멩이 부스러기를 향해 지구가 직접 돌진하면서 벌어지는 현상이다.

소행성과 혜성들은 뒤로 부스러기를 흘리면서 태양 주변 궤도를 돈다. 이들이 흘리고 간 부스러기들은 마치 동화 속 헨젤과 그레텔이 흘린 빵가루처럼 우주 공간에 길게 남는다. 부스러기의 흐름이 우연히 태양 주변을 도는 지구 궤도와 겹칠 때가 있다. 아무것도 모르는 지구는 그저 자신의 궤도를 따라 갈 길을 간다. 지구는 우연히 자신의 궤도 위에 흩뿌려져 있는 부스러기 구름을 통과한다. 지구의 입장에서는 마치 자신을 향해 크고 작은 부스러기들이 쏟아지는 것처럼 보인다. 이것이 바로 별똥별이 떨어지는 진짜 이유다.

얼핏 보면 별똥별은 아무렇게나 떨어지는 것 같지만 그렇지 않다. 밤새 쏟아진 모든 별똥별들의 궤적을 모아보면 재밌는 사실을 알 수 있다. 각각의 별똥별이 그린 궤적을 거꾸로 쭉 연장하면 밤하늘에서 한 점에 수렴한다! 마치 이 한 점에서부터 별똥별들이 사방으로 퍼지면서 날아온 것처럼. 이 점을 별똥별의 **방사점**Radiant이라고 부른다.

가끔 뉴스를 보면 계절마다 찾아오는 유성우에 항상 특정한 별자리의 이름이 붙어 있는 것을 알 수 있다. 페르세우스자리 유성우, 물

2024년 캘리포니아 상공에서 페르세우스 유성우의 유성이 하늘을 가로지르는 모습.

병자리 유성우, 이런 식이다. 하늘에서 쏟아지는 별똥별들의 궤적을 거꾸로 연장했을 때 수렴하는 방사점이 어느 별자리에 있는지를 기준으로 유성우에 이름을 붙인다.

각 유성우의 방사점이 다른 별자리에 형성되는 이유는, 계절에 따라 지구가 공전 궤도에서 이동하는 방향이 달라지기 때문이다. 태양을 중심으로 궤도를 그리면서 지구가 향하는 방향은 계속 변한다. 지구가 어떤 별자리를 향해 움직이면서 부스러기 구름을 통과했는지에 따라 그 시기에 볼 수 있는 유성우의 방사점이 달라진다. 매년 12월 중순에 지구는 공전 궤도를 따라 쌍둥이자리 방향으로 향한다. 그래서 이 시기에 지구의 밤하늘에 쏟아지는 별똥별의 궤적은 쌍둥이자리에 있는 방사점을 중심으로 퍼져나간다.

유성우의 방사점은 화가들이 캔버스 위에 입체적인 원근감을 표현하기 위해 사용하는 **소실점**Vanishing point과 비슷한 개념이다. 캔버스는 2D 평면이다. 그 위에 3D 입체감을 담아내기 위해 화가들은 일종의 착시를 활용한다. 소실점을 활용해 원근감을 표현하는 기법은 14세기 이탈리아의 건축가 브루넬레스키에 의해 고안되었다고 전해진다.

1409년 브루넬레스키는 피렌체 두오모 성당 앞 광장에서 묘한 실험을 하고 있었다. 한 손에는 성당의 풍경을 사실적으로 그린 작은 그림을 하나 들고 있었다. 다른 한 손에는 거울을 들고 있었다. 그는 그림이 그려진 면이 실제 성당 쪽을 향하게 했다. 그리고 그 앞에 거울을 마주보게 했다. 그림 아래에는 작은 구멍이 있었다. 그 작은 구멍에 눈을 대고 들여다봤다. 구멍 너머 멀리 배경에는 실제 성당이 있는 풍경이 보였다. 그리고 그 앞에 다른 한 손으로 들고 있는 거울에 반사된 그림이 비쳐보였다. 뒷배경의 실제 성당의 풍경과 그 앞에 있는 거울에 반사된 그림 속 성당의 모습이 겹쳐 보이면서, 무엇이 진짜 성당이고 무엇이 그림인지 헷갈리는 묘한 경험을 할 수 있었다.

브루넬레스키는 어떻게 해야 평면 캔버스 위에 실제 눈으로 본 것처럼 원근감을 반영한 그림을 그릴 수 있는지를 연구했다. 만약 그림 속 성당의 모습이 실제 눈으로 보는 것과 차이가 있다면, 거울에 비쳐본 그림 속 성당의 모습은 조금 어긋나고 어색하게 느껴질 것이다. 실험을 반복하면서 가장 완벽하게 원근감을 표현하는 방법을 터득했다. 가까이 있는 물체는 더 크게 보인다. 멀리 있는 물체는 더 작게 보인다. 계속해서 물체가 더 멀어진다면 결국 한 점으로 수렴하면서 작게 사라지는 것처럼 보인다. 바로 이 점이 소실점이다.

브루넬레스키의 소실점은 아주 쉽게 입체적인 원근감을 표현할 수 있게 해준다. 그냥 평면 캔버스 위에 점 하나만 찍으면 된다. 그 소실점을 중심으로 사방으로 뻗어나오는 선을 그리고 그 선에 맞춰서 멀고 가까운 풍경을 그려넣으면 된다. 점 하나만으로 평면 캔버스 위에 입체적인 실제 세계를 표현할 수 있게 만든다니, 진정한 화룡점정이다.

밤하늘에 쏟아지는 유성우들의 방사점도 캔버스 위에 찍히는 소실점과 같다. 부스러기 구름이 아직 멀리 떨어져 있을 때는, 지구의 하늘에서 부스러기들이 거의 한 점에 모여 있는 것처럼 보인다. 점점 부스러기 구름을 향해 지구가 돌진하면서 구름 속 부스러기 입자들이 그 점을 중심으로 위, 아래, 오른쪽, 왼쪽, 다양한 방향으로 퍼지고 하나하나 구분되어 보이기 시작한다.

　지구가 멀찍이 떨어져 있던 부스러기 구름 속을 돌진하는 내내 지구의 하늘에서 보이는 부스러기 입자들이 지나가는 궤적을 쭉 그려본다면, 방사점을 중심으로 사방으로 퍼져나가는 모습으로 보일 것이다. 유성우의 방사점이 캔버스 위의 소실점과 비슷한 개념이라는 점에서 유성우는 우주가 평면 세계가 아닌 입체적인 공간 세계라는 사실을 보여주며 우주의 원근감을 느낄 수 있게 해주는 가장 대표적인 현상이라고 볼 수 있다.

　유성은 별똥별이라는 귀여운 애칭으로 불린다. 마치 하늘에서 새가 싼 똥이 비처럼 떨어지듯, 별이 싸놓은 똥이라는 꽤 더럽고 귀여운 별명이다. 그런데 사실 유성을 별똥별이라고 부르는 건 천문학적으로 봤을 때 적절치 않다. 천문학에서 별은 태양처럼 핵융합 반응을 통해 스스로 에너지를 발산하면서 빛을 내는 뜨거운 가스 덩어리를 의미한다. 조금 더 엄밀하게 말하면 천문학에서의 별은 스스로 빛나는 항성만을 의미한다. 하지만 전통적으로 우리말에서 사용되는 별이라는 단어의 의미는 그것과 조금 차이가 있다. 우리말에서 별은 우주 공간에 있는 모든 것을 일컫는다. 심지어 지구도 지구별이라고 부르지 않는가. 사실 우리말에서의 별은 모든 천체라는 더 넓은 의미로 쓰인다.

　하지만 천문학자의 엄밀한 잣대로 봤을 때, 유성은 별이 아니다. 밤하늘에서 별처럼 밝게 빛나는 모습으로 보이기는 하지만 유성이 밝게 보이는 건 핵융합 반응 때문이 아니다. 단지 작은 부스러기가 빠른 속도로 지구의 상층 대기를 통과하면서 불타버리기 때문이다.

물론 별이 싼 똥이라는 귀여운 별명을 나도 싫어하지는 않는다.

그런데 유성처럼 이름만 별일 뿐인 가짜 별똥별이 아니라, 진짜 별들이 소나기처럼 쏟아지는 진정한 유성우, 별똥비도 볼 수 있다. 작은 부스러기가 떨어지는 게 아니라 실제로 태양과 같은 별들이 한꺼번에 쏟아지는 진정한 별똥별이 있다. 물론 지구의 종말을 걱정할 필요는 없다. 다행히 이 진짜 별똥별은 지구에서 100광년 넘게 떨어진 먼 우주에서 쏟아지고 있으니 말이다.

태양은 슬프게도 주변에 가까운 별이 별로 없다. 거의 50억 년째 홀로 외롭게 타고 있다. 하지만 대부분의 별들은 혼자 살지 않는다. 수천 개에서 수백만 개에 이르는 많은 별들이 한데 모여서 살고 있는 경우가 많다. 이를 별의 집단이라는 뜻에서 성단이라고 부른다. 하나의 거대한 분자 구름이 수축하면서 그 속에서 한꺼번에 많은 별들이 만들어진다. 그래서 비슷한 장소에서 비슷한 시기에 한꺼번에 태어난 별들은 마치 집성촌처럼 하나의 작은 마을을 이루고 모여서 살아간다.

오래전에 태어난 나이 많은 수백만 개의 별들이 높은 밀도로 둥글게 모여 있는 경우 공 모양의 성단이라는 뜻에서 구상성단이라고 부른다. 나이 어린 별들 수천 개가 낮은 밀도로 듬성듬성 성기게 모여 있는 경우 별들이 흩어져 있는 성단이라는 뜻에서 산개성단이라고 부른다. 밤하늘의 사냥꾼 오리온의 스토킹을 피해 밤하늘로 달아난 플레이아데스 공주들도 대표적인 산개성단이다.

밤하늘의 모든 별들은 계속 한 자리에 가만히 박혀 있는 것처럼 보인다. 하지만 사실 별들도 모두 움직이고 있다. 은하수 속의 별들은 우리은하의 한가운데를 중심으로 각자의 궤도를 그리며 움직인다. 우리 태양도 마찬가지다. 태양계가 우리은하를 크게 한 바퀴 도는 데 걸리는 시간은 약 2억 5,000만 년이다. 지구가 태양 주변 궤도를 한 바퀴 완주하는 데 걸리는 주기를 1태양년이라고 하는데, 비슷하게 태양계가 우리은하 주변 궤도를 완주하는 데 걸리는 주기를 1은하년Galactic year으로 정의한다.

공룡이 지구에서 군림했던 때가 대략 1억 년 전이다. 우리 태양계가 지금으로부터 은하년으로 정확히 반 년 전이었을 때다. 즉, 태양계가 우리은하 한가운데를 중심으로 지금의 위치에서 정반대편에 놓여 있던 무렵, 공룡이 한창 지구 위를 뛰놀고 있었다. 지난 0.5은하년 동안, 즉 태양계가 우리은하 주변 궤도를 반 바퀴 도는 동안 거대한 운석이 멕시코 유카탄 반도 해안가에 떨어졌고, 그 사이 지구의 지배자는 거대 파충류에서 영악한 영장류로 바뀌었다.

이처럼 모든 별들이 각자의 궤도를 따라 움직이기 때문에 오랜 시간 동안 밤하늘을 관측하면 별들의 자리도 조금씩 변하는 것을 알 수 있다. 특히 한데 모여서 함께 비슷한 속도로 움직이는 성단의 움직임은 흥미롭다. 한데 모여 있던 부스러기 구름을 향해 지구가 돌진하면서 하나의 방사점을 중심으로 유성우가 쏟아지는 모습으로 보이는 것처럼, 한데 모여서 함께 움직이는 성단 속 별들도 지구의 하늘에서 보면 하나의 점을 향해 일제히 움직이는 것처럼 보인다.

하늘 위로 쏟아지는 별똥별 하나하나의 궤적을 거꾸로 연장하면 결국 밤하늘에서 특정한 한 점에 수렴하듯이, 성단 속 별들의 움직임을 쭉 연장하면 하나의 점에 수렴한다. 이 수렴점을 활용하면 멀리서 일제히 움직이고 있는 성단까지의 거리를 잴 수 있다.

은하수를 부유하는 유목민

별이 우주 공간을 가로질러 움직이면 밤하늘에서 보이는 별의 위치도 변한다. 매일 밤하늘에서 보이는 별의 위치가 조금씩 바뀌는 것을 비교하면 별이 실제로 어느 방향으로 얼마나 빠르게 움직이고 있는지를 아주 쉽게 알 수 있을 것 같다. 하지만 그렇지 않다. 별은 우주 공간에서 입체적으로 움직인다. 지구에서 봤을 때 별은 옆으로 움직일 뿐 아니라, 우리를 향해 다가오거나 멀어지는 쪽으로도 움직인다. 하지만 우리는 밤하늘을 입체가 아닌 평면으로 느낀다. 오래전 고대 인류가 상상했던 것처럼 여전히 밤하늘을 평면적으로 투영되는 거대하고 투명한 수정 구슬이 덮고 있다고 느끼기 때문이다.

가로등 조명 아래에서 파리 한 마리가 날아다니는 상황을 생각해보자. 바닥에 가로등 불빛이 밝게 비치고 있다. 파리가 그 위를 날아다니면서 작은 파리의 그림자가 그려진다. 파리가 오른쪽 왼쪽으로 움직이면 바닥 위에 그려진 파리의 그림자도 오른쪽 왼쪽으로 움직인다.

그런데 만약 파리가 바닥에서부터 수직으로 아래에서 위로 움직인다면 어떨까? 위에서 수직으로 비치는 가로등 불빛 아래에서 파리가 거꾸로 아래에서 위로 일직선으로 날아간다면 바닥에 그려진 파리의 그림자는 가만히 있는 것처럼 보일 것이다. 분명 파리는 움직이고 있는데 말이다. 이번에는 파리가 아래에서 위로 약간 비스

든한 각도로 날아올라간다고 생각해보자. 마찬가지로 가로등 불빛
이 정확하게 위에서 아래로 수직으로 비치고 있다면, 파리의 그림
자는 바닥에 수평한 방향의 움직임만 보여준다. 수직 방향의 움직
임은 보이지 않는다.

결국 그림자만 봐서는 실제 입체적인 공간에서 파리가 어떤 각도
로 기울어져서 얼마나 빠르게 이동하고 있는지 알기 어렵다. 바닥
에 그려진 그림자는 입체적인 파리의 움직임을 바닥에 투영한 결과
일 뿐이기 때문이다.

밤하늘에서 관측하는 별의 움직임도 가로등 불빛 아래 파리의 그
림자가 움직이는 것과 같다. 우리가 별을 바라볼 때 그 방향을 시선
방향이라고 한다. 이 방향을 따라 별이 움직이면 별은 우리를 향해
다가오거나 멀어지는 방향으로 이동한다. 시선 방향을 따라 별이
얼마나 빠르게 움직이는지를 **시선 속도**Radial velocity라고 한다. 밤하늘
에 투영된 별의 위치 변화만으로는 시선 속도를 알 수 없다. 가로등
불빛 아래에서 수직으로 움직이는 파리가 빠르게 날아가든, 느리게
날아가든 여전히 바닥에 그려진 그림자는 움직이지 않는 것처럼 말
이다.

대신 우리가 밤하늘에서 볼 수 있는 별의 겉보기 위치 변화는 별
을 바라보는 시선 방향에 수직으로 이동하는 별의 움직임이다. 가
로등 불빛 아래 파리가 비스듬하게 날아갈 때, 옆 방향으로 날아
다니는 움직임만 그림자에 반영되는 것과 같다. 이처럼 시선 속도
에 수직한 방향으로 얼마나 빠르게 움직이는지를 **접선 속도**Tangential
velocity라고 한다. 시선 속도와 접선 속도, 두 가지를 모두 입체적으

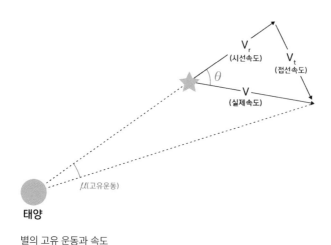

별의 고유 운동과 속도

로 반영해야 실제로 우주 공간에서 별들이 입체적으로 어떻게 움직이는지를 알 수 있다.

접선 속도를 재는 건 훨씬 간단하다. 밤하늘에서 보이는 별의 겉보기 위치가 얼마나 빠르게 변하는지만 재면 된다. 밤하늘에서 별이 보이는 위치가 변하는 움직임을 **고유 운동** Proper motion이라고 한다. 반면 시선 속도는 조금 까다롭다. 별까지 거리가 워낙 멀어 아무리 오랜 시간 별을 관측해도 별이 우리를 향해 다가오는지 멀어지는지를 알기 어렵다. 별은 여전히 똑같은 크기의 작은 점으로 보이기 때문이다.

별이 우리를 향해 얼마나 빠르게 다가오고 있는지, 멀어지고 있는지를 구별할 수 있는 한 가지 방법이 있다. 재밌게도 사이렌을 울리면서 빠르게 지나가는 앰뷸런스에서 힌트를 얻을 수 있다.

횡단보도에서 신호를 기다리는 동안 앰뷸런스가 빠르게 지나가는 상황을 상상해보자. 눈을 감고 앰뷸런스 사이렌 소리만 들어도 우리는 앰뷸런스가 다가오고 있는지 멀어지고 있는지를 파악할 수 있다. 앰뷸런스가 다가오는 동안에는 사이렌 소리가 훨씬 높은 주파수로, 마치 고막을 찢을 듯한 날카로운 음색으로 들린다. 반면 앰뷸런스가 멀어지는 동안 사이렌 소리의 음색은 길게 늘어진 낮은 주파수로 변한다. 단순히 소리의 볼륨이 변하는 게 아니라, 그 음색 자체가 변한다. 앰뷸런스가 움직이는 동안 우리의 고막에 도달하는 사이렌 소리의 파장이 실제로 변하기 때문이다.

만약 앰뷸런스가 가만히 서서 소리를 내보내고 있다면 우리는 계속 일정한 간격의 파장으로 소리를 듣게 된다. 앰뷸런스가 다가오는 쪽에서는 소리의 파장이 계속 압축되고 짧게 변한다. 반대로 앰뷸런스가 멀어지는 쪽에서는 계속 앰뷸런스 자체가 멀어지면서 소리의 다음 파장을 내보내기 때문에 더 긴 파장으로 늘어난 소리를 듣게 된다. 잔잔한 호수 위에서 움직이는 보트 주변에 퍼지는 물살의 모양을 생각하면 쉽다. 보트가 나아가는 앞쪽에서는 물살이 더 좁은 폭으로 생기는 반면, 보트가 멀어지는 뒤쪽에서는 물살이 더 긴 간격으로 퍼진다.

소리를 퍼뜨리는 전파원 자체가 움직이면서 관측되는 파장이 변하는 현상을 **도플러 효과**Doppler effect라고 한다. 덕분에 우리는 눈을 감고 소리에만 집중해도, 앰뷸런스가 지금 얼마나 빠르게 다가오는지 또는 멀어지는지를 파악할 수 있다.

소리처럼 파동의 형태로 전파되는 빛도 마찬가지다. 빛을 볼 때도 도플러 효과를 경험한다. 별이 우주 공간에 가만히 멈춰서 움직

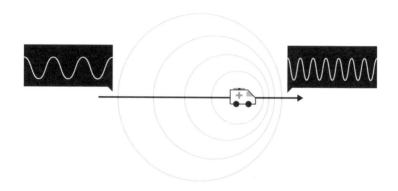

이고 있지 않다면, 우리는 계속 같은 파장의 빛을 본다. 별이 우리를 향해 다가오면서 빛을 내보낸다면, 앰뷸런스가 다가오면서 사이렌 소리의 파장이 더 짧아지듯, 원래보다 더 짧아진 파장의 빛을 보게 된다. 반대로 별이 우리에게서 멀어지는 쪽으로 움직이면, 멀어지는 앰뷸런스의 사이렌 소리가 더 긴 파장으로 늘어지듯 원래보다 더 긴 파장으로 변한 빛을 보게 된다.

　빛은 파장이 짧을수록 푸르다. 파장이 길어지면 더 붉게 변한다. 그래서 별이 우리로부터 멀어지면서 별빛의 파장이 더 길게 보이는 현상을 **적색이동** Redshift이라고 한다. 반대로 별이 우리를 향해 다가오면서 별빛의 파장이 더 짧게 보이는 현상을 **청색이동** Blueshift이라고 한다. 천문학자들은 별빛의 도플러 효과를 활용해서 멀리 떨어진 별이 우리를 향해 다가오고 있는지 멀어지고 있는지, 그 시선 속도를 파악한다.

　이제 모든 준비는 끝났다. 밤하늘에 투영된 별의 겉보기 위치가 어떻게 변하는지를 보여주는 고유 운동을 통해 접선 속도를 쉽게 구할 수 있다. 그리고 별빛의 파장이 달라 보이는 도플러 효과를 통해 별의 시선 속도를 알 수 있다. 이 두 가지 속도를 종합하면 실제로 우주 공간에서 별이 입체적으로 어떻게 움직이고 있는지를 알 수 있다. 앞서 설명했듯이 시선 속도는 이름 그대로 지구에서 별을 바라보고 있는 시선 방향을 따라가는 속도 성분이다. 접선 속도는 그 시선 방향에 수직한 방향의 성분이다. 즉, 시선 속도 성분과 접선 속도 성분은 서로 수직이다. 이 간단한 원리를 활용하면 지구에서 그 별까지의 거리를 쉽게 구할 수 있다.

　지구에서 멀리 비스듬한 방향으로 움직이는 별을 관측하는 상황을 생각해보자. 지구에서 별을 바라보는 방향을 쭉 연장한 시선 방향을 따라 움직이는 별의 시선 속도 성분 V_r과 그에 수직으로 움직이는 별의 접선 속도 성분 V_t를 정의할 수 있다. 별의 시선 속도 성분과 접선 속도는 서로 수직하게 90°를 이룬다. 따라서 시선 속도 성분과 접선 속도 성분이 서로 90°로 만나는 직각삼각형을 생각할 수 있다. 실제 우주 공간에서 별이 입체적으로 움직이는 전체 움직임 V는 이 직각삼각형의 빗변에 해당한다.

　한편 지구의 밤하늘에서 별이 보이는 겉보기 위치가 변하는 정도는 접선 속도 성분 V_t에 의해 결정된다. 밤하늘에서 별이 보이는 위치가 각도로 얼마나 변하는지를 재면 고유 운동 μ를 알 수 있다. 지구에서 별까지 거리를 D라고 하면, 지구의 하늘에서 관측되는 별의 겉보기 위치 변화에 해당하는 접선 속도 성분 V_t는 지구에서 별까지의 거리 D를 반지름으로 하는 거대한 원에서 각도 μ만큼에 해당하는 아주 가느다란 부채꼴 호의 길이에 해당한다고 볼 수 있다.

보통 밤하늘에서 별이 보이는 겉보기 위치가 변하는 고유 운동의 정도는 굉장히 미세하다. 각도로 1°도 채 되지 않는다. 그래서 보통 별들의 고유 운동은 1°를 3,600으로 나눈 아주 작은 각도 단위인 ″로 표기되는 경우가 많다. 이처럼 고유 운동 μ가 워낙 작은 값이다 보니, 접선 속도 성분은 간단하게 가느다란 부채꼴의 반지름과 그 사이 끼인각을 곱한 Vt = Dμ라고 표현할 수 있다.

우주 공간에서 별이 입체적으로 움직이는 실제 속도 성분 V와 시선 속도 성분 V_r이 이루는 각도를 θ라고 해보자. 시선 속도 성분 V_r과 접선 속도 성분 V_t가 서로 90°로 만나는 직각삼각형에서 실제 속도 성분 V는 빗변에 해당하기 때문에, 시선 속도와 접선 속도 성분의 비율 V_t / V_r은 방금 정의한 각도 θ에 대한 탄젠트에 해당한다.

V_t / V_r = tanθ

그런데 앞에서 계산했듯이 V_t = Dμ다. 따라서 위 식은 이렇게 바꿀 수 있다.

Dμ / V_r = tanθ

따라서 최종적으로 구하고 싶은 별까지의 거리 D를 구해보면 D = tanθ V_r / μ로 표현할 수 있다. 시선 속도 성분 V_r은 도플러 효과를 활용하면 바로 구할 수 있다. 고유 운동 μ은 간단하게 밤하늘에서 별의 겉보기 위치가 얼만큼 변하는지만 재면 된다. 따라서 별까지의

3장 은하수를 여행하는 히치하이커를 위한 지도 그리기

거리 D를 구하기 위해 더 알아야 하는 값은 단 하나, 별의 실제 속도 성분과 시선 방향 속도 성분 사이의 각도에 해당하는 θ다. 이 값은 앞에서 말한 별똥별의 원리를 활용하면 구할 수 있다.

하나의 성단을 이루는 별들은 서로의 중력으로 엮여 있다. 그래서 함께 움직인다. 지구가 부스러기 구름 속으로 지나가는 동안 별똥별들이 하나의 방사점을 중심으로 사방으로 쏟아지는 것처럼 보이듯이, 성단 속 별들이 일제히 움직이는 모습을 보면 지구의 밤하늘에서 각 별들이 하나의 점을 향해 수렴하는 것처럼 보인다.

유성우의 방사점은 지구가 부스러기 구름을 향해 돌진하는 방향으로 무한하게 연장한 선 끝의 가상의 점으로 정의된다. 원근법에서의 소실점과 같은 원리다. 마찬가지로 멀리서 움직이는 성단 속 별들의 수렴점도 정의할 수 있다. 지구에서 봤을 때, 성단 속 별들이 일제히 흘러가는 방향으로 무한하게 연장한 선 끝에서 가상의 점을 생각할 수 있다. 지구의 하늘에서 보면 성단 속 별들은 바로 이 가상의 점을 향해 일제히 수렴해가는 것처럼 보인다. 이것이 바로 우주 공간을 부유하는 성단의 수렴점이다.

지구에서 가상의 수렴점을 향한 선은 별들의 실제 속도 성분에 나란하다. 따라서 실제 우주 공간에서 각 별들이 이동하는 전체 속도 성분과 지구에서 별을 바라보는 방향을 따라 별이 움직이는 시선 속도 성분 사이의 각도 θ는 지구를 기준으로 하면, 지구에서 별을 향하는 선과 지구에서 가상의 수렴점을 향한 선 사이의 각도와 같다. 지구의 밤하늘에서 관측되는 각 별들의 겉보기 움직임을 추적해 모든 별들이 어떤 지점을 향해 수렴해가는 것처럼 보이는지를 관측

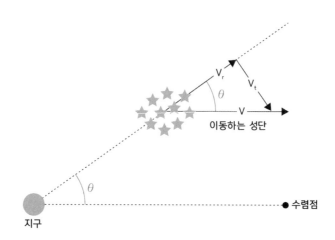

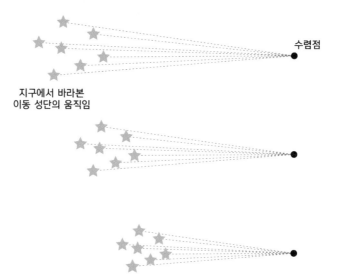

하면 밤하늘에서 정의되는 가상의 수렴점 위치를 찾을 수 있다. 이렇게 찾은 수렴점으로부터 현재 별들이 관측되는 위치가 어느 정도 각도 차이를 보이는지를 재면 그것이 바로 θ다.

이제 별까지의 거리 D를 구하기 위해 필요한 모든 값을 다 구했다. 앞에서 구한 마지막 식 $D = \tan\theta \, V_r \, / \, \mu$에 θ만 대입하면 성단 속 별까지의 거리 D를 구할 수 있다.

은하수를 함께 부유하는 성단 속 별들의 움직임을 통해 그 성단까지의 거리를 구하는 방법은 비교적 간단한 겉보기 관측만으로 거리를 알 수 있는 장점을 갖고 있다. 하지만 가까운 성단에 대해서만 유용하다는 치명적인 한계가 있다. 그나마 거리가 가까워야 지구의 밤하늘에서 보이는 별들의 겉보기 위치의 변화가 더 확연하게 느껴지기 때문이다.

성단 속 별들의 겉보기 위치가 거의 변하지 않는 것처럼 보이는 너무 먼 거리에 떨어진 성단에 대해서는 활용하기 어렵다. 비행기가 실제로는 아주 빠르게 움직이고 있지만 하늘 높이 떠 있을 때는 그 겉보기 움직임이 훨씬 느리게 움직이는 것처럼 보이는 것과 같다. 그래서 사실 이 유용한 방법을 써먹을 수 있는 성단은 그리 많지 않다. 대표적으로 오리온을 피해 밤하늘로 도망간 일곱 자매가 살고 있는 플레이아데스 성단, 그리고 그 옆의 노란 별 알데바란에 바로 붙어 있는 또 다른 가까운 산개성단인 히아데스 성단 정도가 가능하다. 특히 히아데스 성단은 지구에서 겨우 153광년 거리를 두고 떨어져 있는, 지구에서 가장 가까운 산개성단이다.

그래서 일찍이 천문학자들은 우주 공간에서의 별의 겉보기 움직임을 활용해서 이곳까지의 거리를 측정해왔다. 하지만 여전히 더 먼 별까지의 지도를 그리는 데는 적합하지 않았다. 또 성단처럼 여러 개의 별들이 한데 모여 있는 경우에만 쓸 수 있다는 단점도 있다. 우리 태양처럼 홀로 우주를 떠도는 외톨이 별이라면 아예 이 방법을 쓸 수 없다. 주변에 함께 있는 별 자체가 없다 보니, 별들이 일제히 같은 수렴점을 향해 모여 들어가는 모습 자체를 볼 수 없기 때문이다.

뒤늦게 입증된 갈릴레오의 지동설

일제히 흘러가는 성단 속 별들의 움직임을 활용해 거리를 재는 이 방법에는 또 다른 치명적인 문제가 있다. 태양을 중심으로 1년에 한 바퀴씩 공전하는 지구 자체의 움직임 때문에 지구의 하늘에서 보이는 별의 겉보기 위치가 더 미세하게 흔들리는 것처럼 보인다는 점이다.

앞장에서 확인했듯이, 지구는 태양으로부터 1억 5,000만 km 거리를 두고 있다. 지구는 그 거리를 반지름으로 하는 거대한 원을 그리면서 1년에 한 바퀴씩 공전한다. 6개월 간격으로 지구는 공전 궤도의 정반대편에 놓인다. 예를 들어, 1월의 지구는 7월의 지구에 대해 공전 궤도의 정반대편에 놓인다. 이때 두 지구의 위치 사이의 거리는 지구 공전 궤도의 전체 지름인 2AU, 즉 3억 km가 된다. 그 비좁은 지구 안에서도 어디에서 천체를 보는지에 따라 하늘에서 보이는 겉보기 위치가 살짝 어긋나는 시차를 보인다.

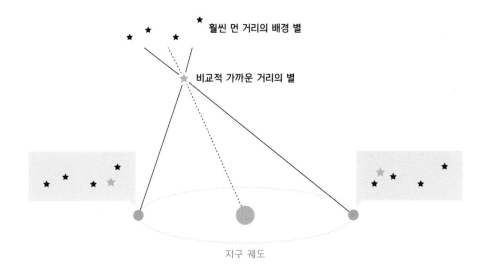

그렇다면 무려 3억 km나 떨어진 두 지점에서 우주를 본다면? 각 위치에서 보게 되는 우주의 모습은 더 크게 어긋나 보인다. 1년 동안 지구가 태양 곁을 맴돌면서 하늘에서 보이는 별들의 겉보기 위치는 주기적으로 틀어진다. 이 현상을 1년 주기로 벌어지는 시차라는 뜻에서 **연주 시차**Stellar parallax라고 한다.

사실 연주 시차라는 현상 자체는 아주 오래전 우주의 중심이 태양인지 지구인지조차 확신하지 못하고 있던 시절부터 추측하고 있었다. 과거 인류는 당연히 우주의 중심에 지구가 가만히 고정되어 있다고 생각했다. 하지만 일부 용감한 선구자들은 지구가 아닌 태양이 우주의 중심이라고 생각했다. 그런데 정말 지구가 고정되어 있지 않고 태양을 중심으로 움직이고 있다면, 지구의 위치 자체가 계속 변하면서 지구에서 관측되는 별들의 겉보기 위치도 조금씩 틀어지는 모습이 보여야 했다.

　헬레니즘 시대에 활동했던 고대 그리스의 천문학자 히파르코스는 밤하늘에서 보이는 별들의 겉보기 위치가 정말로 미세하게 틀어지고 있는지를 확인할 수만 있다면, 지동설과 천동설 중 무엇이 맞는지 깔끔하게 결판낼 수 있다고 생각했다. 하지만 실제 별들의 연주 시차는 굉장히 미세하다. 연주 시차가 가장 큰 별조차 그 정도는 $1°$는커녕 $1″$도 안 된다!

　망원경도 없이 오직 맨눈으로만 별을 봐야 했던 당시에 이런 미세한 별들의 겉보기 위치 변화를 감지한다는 건 불가능했다. 그래서 당시의 많은 천문학자들은 연주 시차라는 현상 자체가 벌어지고 있지 않다고 판단했다. 그리고 오히려 이것이 지구가 우주 한가운데 가만히 고정되어 움직이고 있지 않다는 것을 보여주는 천동설의 증거라고 생각했다.

　이후 2,000년 가까운 긴 세월이 흐르는 동안 연주 시차는 관측으로 입증되지 못했다. 지구 자체의 움직임 때문에 밤하늘에서 보이는 별의 겉보기 위치가 다르게 보인다는 사실이 실제 관측으로 확인된 건 무려 19세기가 되어서다. 19세기 독일의 천문학자 프리드리히 베셀은 처음으로 실제 밤하늘에서 별이 보이는 위치가 미세하게 변하고 있다는 사실을 발견했다. 그가 이 미세한 별들의 연주 시차를 확인할 수 있었던 건 특수 제작된 망원경 덕분이었다. 한 가지 재밌는 점은 사실 베셀이 사용했던 망원경은 연주 시차가 아니라 전혀 다른 목적으로 제작된 도구였다는 점이다.

　당시 베셀이 사용했던 망원경은 독일의 물리학자 요제프 폰 프라운호퍼가 개발한 발명품이었다. 프라운호퍼는 유리 가공에 뛰어난 재능이 있었다. 그는 원래 하늘에서 보이는 태양 원반의 정확한 겉보기 크기를 재기 위해 특별한 장치를 만들었다.

　보통 일반적인 망원경은 둥글고 얇은 렌즈를 사용하는데 프라운호퍼는 이 렌즈를 반으로 갈랐다. 그리고 그 옆에 작은 나사를 달아서 천천히 나사를 조이면서 반으로 쪼개진 두 렌즈 조각이 조금씩 어긋나도록 만들었다. 그 아래에는 작게 눈금을 새겼다. 나사를 조이면 둘 중 한 조각이 조금씩 옆으로 이동한다. 그리고 그 아래 새겨넣은 눈금을 통해 이동한 거울 조각이 얼마나 움직였는지를 읽을 수 있었다.

　렌즈를 반으로 쪼갠 이 독특한 망원경을 통해 하늘에서 보이는 태양의 겉보기 크기를 재는 방법은 다음과 같다. 우선 처음에는 두 렌즈 조각이 예쁘게 하나의 원으로 잘 모이도록 정렬한다. 그 상태에서 망원경 렌즈로 태양을 정확히 조준한다. 가능한 한 태양 원반의 가장 불룩한 지름이 반으로 갈라진 두 렌즈 조각의 한가운데 위에 놓이도록 한다. 그다음 렌즈 조각 옆에 있는 작은 나사를 조이면서 렌즈 조각 하나를 조금씩 옆으로 움직인다. 그러면 렌즈 조각 하나가 옆으로 밀리면서 그 옆에 붙어 있는 눈금이 새겨진 막대기도 함께 밀려 움직인다. 원래 자리에 가만히 고정되어 있는 나머지 렌즈 조각에는 계속 태양 원반의 절반 부분이 보인다.

　이렇게 계속 나사를 조이면, 가만히 멈춰 있는 렌즈 속에 들어온 반으로 쪼개진 태양 원반의 모습 아래 눈금이 새겨진 막대기가 밀려 들어온다. 그러면 이제 반으로 쪼개진 렌즈 안에 비쳐보이는 태양 원반의 지름의 길이를 눈금을 보고 재면 된다. 이를 통해 프라운호퍼는 하늘에서 보이는 태양의 겉보기 크기를 잴 수 있었다. 프라운호퍼가 만든 발명품을 태양을 측정하는 도구라는 뜻에서 **헬리오미터** Heliometer라고 부른다.

베셀은 프라운호퍼의 발명품이 단순히 태양뿐 아니라 밤하늘에서 보이는 별들의 미세한 위치 변화를 재는 데도 유용하게 쓰일 수 있다는 사실을 깨달았다. 베셀은 앞서 수천 년 동안 어느 누구도 성공하지 못했던 별들의 시차를 측정하는 시도를 했다. 그는 1838년 여름철 은하수 위에 날개를 펼친 백조자리에서 희미하게 빛나는 **백조자리 61** 61 Cygni을 바라봤다.

사실 이 별은 1800년대 초부터 유독 별의 위치가 빠르게 변하는 것처럼 보이는 것으로 알려져 있었다. 그래서 이탈리아의 천문학자 주세페 피아치는 이 별을 **날아다니는 별** Flying star이라고 부르기도 했다. 은하수 위에 기다란 별의 날개를 펼치고 날아가고 있는 백조자리에 속한 별에게 아주 잘 어울리는 별명이다. 하지만 이 별의 겉보기 위치가 변하는 이유가 지구 자체의 움직임으로 인한 일종의 착시인 시차 때문이라는 사실은 미처 파악하지 못했다. 베셀은 프라운호퍼의 헬리오미터를 활용해서 더 정밀하게 이 별의 겉보기 움직임을 관측했다.

태양 원반의 겉보기 크기를 잴 때처럼, 우선 두 개의 갈라진 렌즈 조각을 예쁘게 하나의 원으로 잘 모이도록 했다. 그 상태에서 백조자리 61을 겨냥했다. 반으로 쪼개진 렌즈 조각 중 하나에 별이 정확히 들어왔다. 다른 렌즈 조각에는 바로 옆에 있는 주변 배경 별들이 들어왔다.

베셀은 매일 밤 날이 맑을 때마다 하늘에 떠 있는 백조자리 61이 계속 같은 자리에 고정되어 있는지를 확인했다. 그 과정에서 놀라운 모습을 발견했다. 주변의 다른 배경 별들은 시간이 흘러도 1년 내내 밤하늘에서 보이는 위치가 크게 바뀌지 않았다. 그런데 유독 백조자리 61은 주변의 다른 고정된 별들을 배경으로 1년 사이에 보이는 위치가 조금씩 변했다.

베셀은 렌즈 조각 너머 보이는 백조자리 61의 위치가 조금씩 틀어질 때마다 옆에 있는 나사를 조였다. 그러면서 다시 백조자리 61이 렌즈 한가운데 보이도록 맞췄다. 렌즈 옆에는 눈금이 새겨진 막대기가 붙어 있기 때문에 나사를 조일 때마다 백조자리 61이 보이는 위치가 얼마나 틀어지고 있는지도 바로 측정할 수 있었다.

밤하늘에서 보이는 백조자리 61의 겉보기 위치는 1년 동안 오른쪽으로 이동했다가 다시 왼쪽으로 이동하면서 원래의 자리로 돌아왔다. 만약 별 자체가 그냥 우주 공간을 가로질러 움직이는 중이었다면 밤하늘에서 보이는 별의 겉보기 위치가 굳이 다시 원래 자리로 돌아올 필요가 없다. 즉, 베셀이 본 것은 별 자체의 움직임이 아니라, 지구 자체의 움직임 때문에 보이는 별의 시차라는 뜻이었다. 드디어 지구의 공전 때문에 벌어지는 별의 시차가 관측으로 확인된 것이다!

연주 시차를 활용해서 별까지 거리를 재는 방법은 아주 압도적인 장점을 갖고 있다. 지구에서 별까지 거리를 수학적으로 가장 정확하게 알려준다. 지구는 태양을 중심으로 아주 살짝 찌그러진 타원 궤도를 그린다. 사실상 원이라고 봐도 무방하다.

　이제 우리는 태양에서 지구까지 거리를 정확하게 알고 있다. 1AU, 약 1억 5,000만 km다. 6개월을 사이에 두고 지구는 공전 궤도 상에서 약 3억 km 간격으로 떨어져 있다.

　각 위치의 지구에서 똑같은 별을 바라보면, 지구의 하늘에서 보이는 별의 겉보기 위치가 각도로 얼마나 어긋나 보이는지를 잴 수 있다. 이렇게 잰 별의 겉보기 위치의 각도 차이 α가 시차다. 태양과 지구, 그리고 멀리 떨어진 별을 연결한 거대한 삼각형을 생각해보자. 지구-태양-별의 각도가 정확하게 90°를 이루는 아주 가늘고 기다란 직각삼각형이 만들어진다. 이 직각삼각형에서 이미 우리는 태양과 지구 사이 거리에 해당하는 한 변의 길이를 정확히 알고 있다. 게다가 직각삼각형의 한 각도는 90°로 정해져 있고, 별이 있는 꼭짓점의 각도도 앞에서 측정한 시차의 절반 α/2으로 쉽게 알 수 있다. 우리는 이처럼 직각삼각형의 한 변의 길이, 그에 대응하는 각도를 이미 알고 있다. 우주에서 이러한 직각삼각형은 단 하나만 존재할 수밖에 없다.

　우리가 알고 싶은 별까지의 거리는 지구-태양-별을 연결하는 기다란 직각삼각형에서 밑변의 길이에 해당한다. 아주 간단하게 삼각법을 활용하면 나머지 한 변의 길이, 즉 태양에서 별까지의 거리를 구할 수 있다. 이처럼 연주 시차는 별까지 거리를 수학적으로 가장 정확하게 잴 수 있는 도구다.

　베셀의 정밀한 관측에 따르면 당시 밤하늘에서 보였던 백조자리 61의 겉보기 위치는 1년 동안 0.314″ 정도 변했다. 이를 반영하면

이 별까지의 거리는 약 10광년 정도가 나온다. 우주에서 가장 빠른 빛의 속도로 가도 무려 10년이 걸리는 아주 먼 거리다. 1광년은 대략 9조 4,670억 km다. 즉, 10광년은 90조 km나 되는 엄청나게 먼 거리다. 태양계 스케일을 훨씬 뛰어넘는 거리다. 드디어 인류가 태양계 바깥, 머나먼 별까지 펼쳐진 지도 위에 작은 한 점을 찍기 시작한 역사적인 순간이었다.

오늘날 천문학자들은 백조자리 61이 별 하나가 아니라 별 두 개가 서로의 곁을 맴도는 쌍성이라는 사실을 발견했다. 그래서 지구에서 관측되는 별의 겉보기 위치 변화는 단순히 지구의 공전으로 인한 시차 효과뿐 아니라, 두 별이 서로의 곁을 맴도는 궤도 운동에 의한 효과도 함께 반영된다.

오늘날 더 정밀한 관측에 따르면 백조자리 61을 이루는 두 별의 연주 시차는 각각 0.287″ 그리고 0.286″ 정도다. 이를 반영해서 계산해보면 백조자리 61까지의 거리는 약 11광년 정도다. 100년도 더 전에 베셀이 투박한 발명품으로 추정했던 것과 크게 다르지 않다. 그 차이는 고작 1광년 정도다(물론 실제 km 단위로 비교하면 9조 km 차이다. 고작이라고 하기에는 너무 큰 차이로 느껴질 수도 있다. 앞으로 이런 당황스러운 천문학자의 언어가 계속 이어질 예정이다. 통 큰 천문학자들의 감수성에 익숙해질 필요가 있다).

광년, 사실 천문학에서 쓰지 않는 버려진 단위

1838년 베셀이 연주 시차를 관측하는 데 처음으로 성공할 무렵,

비슷한 시기에 곳곳에서 연주 시차를 관측하기 위한 새로운 경쟁이 이어졌다. 사실 베셀보다 1년 앞선 1837년, 독일의 천문학자 프리드리히 폰 스트루베는 거문고자리에서 가장 밝은 별 베가의 연주 시차를 관측했다. 하지만 당시의 관측 결과는 정밀하지 못했고, 그는 결과를 발표하지 않았다. 이후 새로운 관측을 이어간 끝에 1840년 겨우 만족스러운 결과를 얻었다. 스트루베가 관측했던 베가의 연주 시차는 약 0.261″였다. 그런데 이 값은 오늘날 더 정밀한 관측으로 확인되는 베가의 연주 시차 0.130″에 비해 거의 두 배 정도 크다. 그래서 베가의 실제 거리는 26광년이지만, 당시 스트루베는 두 배 더 가까운 13광년 거리에 놓여 있다고 오해했다.

영국의 천문학자 토마스 헨더슨도 별의 연주 시차 관측에 성공했다. 그는 남아프리카 희망봉에서 센타우르스자리에 있는 프록시마 센타우리를 관측했다. 그는 1830년대 초 이미 별의 연주 시차 관측을 시작했지만, 아쉽게도 베셀보다 한 발짝 늦은 1839년이 되어서야 자신의 결과를 뒤늦게 논문으로 발표했다. 당시 헨더슨이 측정한 프록시마 센타우리의 연주 시차는 무려 1″ 가까이 되었다. 이건 지구의 하늘에서 볼 수 있는 모든 별을 통틀어 가장 큰 연주 시차였다. 그 이유는 실제로 프록시마 센타우리가 태양계 바깥 가장 가까운 거리에 있는 바로 옆집 별이기 때문이다.

앞서 손가락을 세우고 오른쪽 눈과 왼쪽 눈을 번갈아 뜨면서 손가락이 보이는 위치가 달라지는 실험으로 확인했듯이, 손가락을 코앞에 세우면 손가락이 보이는 위치가 더 크게 바뀌는 것처럼 더 가까운 별이 더 큰 연주 시차를 보인다. 운좋게도 헨더슨은 가장 확실하게 연주 시차를 보기 좋은 가장 가까운 별을 목표물로 삼았다.

　오늘날 정확한 관측으로 확인되는 프록시마 센타우리의 실제 연주 시차는 약 0.75″다. 이를 통해 계산하면 프록시마 센타우리의 거리는 겨우 4.2광년이다. 여기가 바로 태양계 바깥 가장 가까운 별이다. 이 별은 태양 다음으로 지구에서 가장 가까운 별이다. 다르게 생각해보면, 태양계를 벗어나 빛의 속도로 4년을 날아가는 동안 우리는 그 어떤 별도 만날 수 없다는 뜻이기도 하다. 그 정도로 우주는 텅 비어 있다.

　이후 20세기를 넘어가면서 연주 시차는 태양계 바깥 주변의 별까지 거리를 재는 방법으로 널리 쓰였다. 1920년대를 넘어가면서 백조자리 61, 베가, 그리고 프록시마 센타우리, 겨우 세 개에 불과했던 텅 빈 우주의 지도 위에 이제 별 2,000개, 8,000개가 찍히기 시작했다.

　흔히 천문학 하면 가장 쉽게 떠올리는 키워드 중 하나가 광년이다. 주인공들이 우주를 누비는 SF 작품에서도 광년이라는 단위는 심심치 않게 등장한다. 하지만 실제 천문학 연구 현장에서는 광년이라는 단위는 사랑받지 않는다. 대신 천문학자들은 연주 시차를 가지고 정의한 새로운 거리 단위를 더 많이 사용한다.

　지구에서 연주 시차가 1″로 관측되는 곳까지의 거리를 1파섹 pc, parsec으로 정의한다. 파섹이라는 이름은 말 그대로 1″의 시차 Parallax of one arcsecond에서 par와 sec을 합쳐서 만든 표현이다. 보통 파섹 단위는 pc로 표기한다. 간단한 삼각법으로 계산하면 1pc은 대략 3.26광년 정도다. 얼핏 더 깔끔한 광년 단위를 쓰는 게 직관적이고 편해 보이지만, 천문학자들이 굳이 파섹 단위를 더 선호하는 데는 나름 이유가 있다.

지구-태양-별을 잇는 직각삼각형에서 태양과 지구 사이 거리가 1AU, 그리고 그에 대응되는 연주 시차 각도가 1″일 때, 즉 모든 값이 1로 딱 떨어질 때 태양에서 별까지 거리가 1pc이다. 따라서 파섹을 쓰면 별까지 거리를 삼각법으로 더 깔끔하게 정의할 수 있다.

또 연주 시차는 밤하늘에서 바로 보이는 별의 겉보기 움직임을 관측해서 구한 결과다. 파섹 단위는 밤하늘에서 보이는 별의 겉보기 위치 변화를 바로바로 거리로 환산해서 가늠할 수 있게 해준다. 그래서 천문학자들은 비교적 거리가 가까워서 연주 시차를 잴 수 있는 별에 대해서는 보통 광년보다 파섹 단위를 더 많이 사용한다.

이처럼 천문학자들에게는 광년보다 파섹이 더 직관적이다. 그래서인지 가끔 천문학자들에게 유명한 천체까지의 거리를 광년으로 물어보면 파섹 단위를 환산하느라 약간 머뭇거리며 선뜻 답을 하지 못하는 경우가 많다. 파섹 단위로 표현하면 가장 가까운 프록시마 센타우리는 1.3pc, 베셀이 최초로 연주 시차를 관측하는 데 성공했던 백조자리 61까지 거리는 3pc이다.

19세기부터 눈이 빠지도록 별을 바라보면서 연주 시차를 측정했던 선구자들의 노력은 훌륭했다. 하지만 아쉽게도 그들의 측정에는 무시하기 어려운 큰 오차가 있었다. 망원경 성능이 지금보다 훨씬 뒤떨어진 탓도 있지만, 더 중요한 원인은 지구 대기권에 있다.

우주에서 날아오는 모든 별빛은 지구 대기권을 통과하면서 흔들린다. 시시각각 요동치는 대기권을 통과하는 동안 별빛의 경로는 미세하게 굴절된다. 우리가 밤하늘에서 별이 반짝거린다고 느끼는 이

별들의 세밀한 연주 시차를 측정하는 임무가 부여된 우주 망원경 '히파르코스'의 모습.

유도 사실 지구 대기권 때문이다. 눈동자로 들어오는 별빛의 경로가 조금씩 요동치면서 별빛의 세기가 미세하게 밝아지고 어두워지기 때문이다. 윤동주의 시처럼 말 그대로 '**별빛이 바람에** 스치운다.'

만약 대기권이 없는 달에 가서 별을 본다면 별은 전혀 반짝거리지 않는다. 이런 대기권의 방해는 밤하늘에서 보이는 별의 겉보기 위치를 정확히 측정하기 어렵게 만든다. 19세기 천문학자들은 렌즈 너머 미세하게 흔들리는 별빛을 보면서 연주 시차를 재야 했다. 그건 손이 떨려서가 아니었다. 지구의 하늘 아래에서 별을 보는 한 어쩔 수 없이 감내해야 하는 한계였다. 지구 대기권의 방해를 벗어나

흔들리지 않는 별빛을 볼 수 있는 방법은 결국 하나뿐이다. 아예 지구 대기권 밖으로 나가 우주에서 별을 보는 것이다.

1989년 8월 8일, 지름 29cm 크기의 그리 크지 않은 렌즈를 장착한 망원경 하나가 로켓에 실린 채 지구를 떠났다. 드디어 지구 대기권을 벗어나 더 선명한 눈으로 별들의 세밀한 연주 시차를 측정할 수 있는 망원경이었다.

이 우주 망원경에는 찰떡 같은 이름이 지어졌다. **고정밀 시차 관측 위성**High Precision Parallax Collecting Satellite, 얼핏 보면 그저 그런 장황한 공대 스타일의 작명 센스 같지만 이 풀네임을 줄이면 이렇게 쓸 수 있다. **히파르코스**Hipparcos! 오래전 지구가 공전한다면 주변 별들의 연주 시차를 관측해서 입증하는 것이 가능할 거라 생각했던 선구자, 고대의 천문학자 히파르코스의 이름이다. 연주 시차라는 개념을 처음으로 구체화했던 고대 천문학자의 꿈이 비로소 20세기 우주 망원경으로 새롭게 이루어진 것이다.

히파르코스는 고도 500km의 낮은 지구 저궤도를 맴돌면서 우주를 관측했다. 지구 곁에서 함께 태양 주변 궤도를 돌면서 지상 망원경보다 더 선명한 눈으로 주변 별들의 연주 시차를 측정했다. 히파르코스는 최소 0.002″의 아주 세밀한 각도 차이까지 감지할 수 있었다. 이 정도 성능이면 태양계 주변 100pc 이내에 들어오는 우리은하 속 10만 개 가까운 별들의 정밀한 지도를 그릴 수 있을 거라 기대했다. 그런데 실제 우주에 올라간 히파르코스가 보여준 성능은 더 뛰어났다. 무려 0.001″ 수준의 아주 작은 각도 차이까지 정밀하게 관측했고, 덕분에 태양계 바깥 12만 개가 넘는 별들의 정확한 거리와 위치를 알려주었다. 지구 대기권 너머 더 선명한 히파르코스의 눈으로 바라본 플레이아데스 성단까지 거리는 약 120pc으로 추정했다.

혼자만 다른 값을 제시하는 히파르코스의 미스터리

플레이아데스 성단까지 거리를 측정한 우주 망원경 히파르코스의 결과가 발표되면서 천문학자들은 큰 혼란에 빠졌다. 히파르코스가 우주에 올라가기 전까지 기존의 지상 망원경 관측으로 추정되었던 플레이아데스 성단까지의 거리는 약 133pc이었다. 그에 비해 히파르코스는 더 가까운 120pc 정도로 추정했다. 약 13pc, 40광년 정도의 차이가 난다. 20세기 후반까지는 이 문제를 심각하게 생각하지 않았다. 당연히 기존의 지상 망원경 관측에 오차가 있었고, 더 최근에 우주로 올라간 히파르코스의 선명한 눈으로 관측한 값이 더 정확할 거라 생각했다. 하지만 문제는 그리 간단하지 않았다.

2014년 천문학자들은 유럽과 아메리카 대륙 전역에 설치된 거대한 전파 망원경 열 대를 함께 활용해서 대대적인 관측을 진행했다. 오래전 북반구와 남반구 전역으로 떠난 천문학자들이 일제히 금성의 태양면 통과를 바라봤던 것처럼 전 지구적인 노력이 모여 하나의 별을 관측하는 시도였다.

미국 웨스트버지니아에 있는 지름 100m 크기의 거대한 그린뱅크 전파 천문대, 푸에르토리코에 있는 지름 300m의 압도적인 크기를 자랑하는 아레시보 전파 망원경(안타깝게도 60년 가까이 지구에서 가장 거대한 크기를 자랑했던 아레시보 전파 천문대는 2020년, 세월의 한계를 넘기지 못하고 결국 무너졌다. 이미 미국 국립과학재단이 천문대의 해체를 준비하고 있던 상황에서 망원경이 먼저 스스로 붕괴해버렸다.), 독일에 위치한 지름 100m 크기의 에펠스버그 전파 망원경, 그리고 하와이에 설치된 전파 망원경까지 총동원되었다.

지구 전역의 전파 망원경들은 일제히 플레이아데스 성단을 겨냥했다. 그리고 18개월에 걸쳐 밤하늘에서 보이는 플레이아데스 성단의 겉보기 위치 변화를 관측했다. 이를 통해 비록 지상에 있는 전파 망원경이었지만 훨씬 선명한 눈으로 플레이아데스 성단까지 거리를 잴 수 있었다.

그런데 그 결과는 당혹스러웠다. 전파 망원경이 총동원된 가장 최근의 결과는 오히려 히파르코스의 결과와 어긋났다. 대신 훨씬 옛날에 이루어졌던 기존의 지상 관측 결과와 더 비슷한 값이 나왔다. 전파 망원경을 총동원한 가장 최근 관측에 따르면 플레이아데스 성단까지 거리는 120pc이 아닌 136pc 정도다. 이것은 오래전 기존 관측 결과들이 제시했던 133pc과 더 비슷한 값이다.

플레이아데스 성단은 비교적 가까운 거리에 있다. 그래서 연주 시차 외에도 앞으로 소개할 다양한 방법으로 거리를 구할 수 있다. 흥미롭게도 기존의 지상 망원경으로 연주 시차를 관측해서 구한 결과뿐 아니라, 다른 다양한 방법으로 구한 거리도 모두 130pc 정도가 나왔다. 유일하게 단 하나, 히파르코스만 동떨어진 값을 내놓았다. 지구 대기권의 방해를 받지 않는 선명한 눈으로 가장 정확한 값을 알려줄 거라 기대했던 히파르코스의 관측 값은 너무 당황스러운 결과였다. 히파르코스의 관측 방식에 무언가 문제가 있을지 모른다는

3장 은하수를 여행하는 히치하이커를 위한 지도 그리기 135

것을 반증하기 때문이다.

더 흥미로운 건 히파르코스가 플레이아데스 성단이 아닌 다른 별들을 관측한 결과에서는 이런 차이가 없다는 점이다. 대체 왜 히파르코스는 플레이아데스 성단의 거리만 유독 다르게 측정하는 걸까?

특히 이 미스터리가 천문학자들을 더 난감하게 만든 이유가 있다. 전파 망원경을 총동원한 관측이 이루어지기 직전, 2013년 12월 이미 천문학자들은 히파르코스의 뒤를 이어 똑같은 원리와 방식으로 주변 별들의 거리를 측정하는 새로운 후속 우주 망원경 **가이아**Gaia를 궤도에 올린 상태였기 때문이다. 만약 히파르코스에 우리가 미처 알지 못했던 결함이 있었다면 그 작동 원리를 그대로 본떠 만들어진 가이아 역시 똑같은 결함을 지닌 채 이미 우주로 보내졌다는 뜻이 된다. 이것은 앞으로 쏟아질 가이아의 관측 데이터를 과연 온전히 믿어도 되는지에 대한 문제를 제기한다.

연주 시차는 똑같은 목표물을 서로 다른 두 지점에서 바라볼 때, 그 목표물이 보이는 겉보기 위치가 조금 어긋나 보이는 현상이다. 따라서 목표물을 보는 두 지점 사이의 간격이 더 멀리 벌어져 있을수록 시차는 더 커지고, 관측 오차도 줄어든다. 기존의 히파르코스는 지구에서 고작 500km 떨어진 저궤도를 맴돌았다. 사실상 지구 표면에 거의 바짝 붙어 있었다. 따라서 히파르코스가 태양을 중심으로 맴돌면서 그린 궤도 너비는 지구의 공전 궤도와 크게 다르지 않다.

6개월 간격으로 히파르코스가 자신의 공전 궤도 상에서 가장 멀

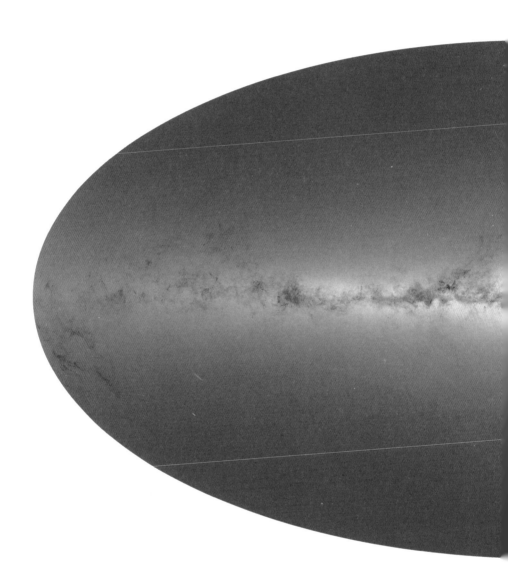

2014년 7월부터 2016년 5월까지 우주 망원경
가이아가 관측한 우리은하와 주변 은하의 모습.
별들의 밀도를 보여준다.

리 떨어져 있을 수 있는 두 지점 사이 거리는 지구의 공전 궤도 지름에 해당하는 2AU 정도다. 더 먼 별까지의 연주 시차를 재기 위해서는 이보다 더 넓은 간격으로 자리를 바꾸면서 별을 관측할 필요가 있다. 그래서 히파르코스 후속 우주 망원경인 가이아는 지구 곁에 바짝 붙어 있는 저궤도가 아닌, 훨씬 멀리 벗어난 궤도를 선택했다. 그 궤도는 지구에서 약 150만 km(달까지 거리보다 네 배 이상)까지 떨어져 있다. 덕분에 가이아는 더 넓은 간격으로 벌어진 위치에서 별을 관측하며, 별들의 연주 시차를 더 확연하게 관측할 수 있다.

당연히 가이아를 설계하고 우주로 올릴 때까지만 해도, 히파르코스의 작동 방식에 아무런 문제가 없을 거라 생각했다. 똑같은 원리에 단지 조금 더 미세한 각도 차이를 감지할 수 있도록 살짝 보완해서 만들었을 뿐이다. 그런데 믿었던 히파르코스가 배신을 하면서, 히파르코스를 똑 닮은 쌍둥이 동생 가이아 역시 잘못된 관측을 하고 있을 가능성이 생겼다. 가이아의 관측을 그대로 믿어도 될지, 아니면 히파르코스에서 확인된 결함의 원인을 파악하고 똑같이 그 효과를 보정해서 데이터를 손봐야 할지 판단해야 했다.

그렇다면 가이아는 과연 플레이아데스 성단까지의 거리를 어느 정도로 추정했을까? 자신을 똑 닮은 히파르코스의 값을 지지했을까? 아니면 더 난감하게도 가이아조차 히파르코스를 배신했을까?

놀랍게도 가이아는 히파르코스를 배신했다. 가이아의 관측 결과도 기존의 다른 지상 관측 결과와 비슷하게 플레이아데스 성단까지 거리를 136pc으로 추정했다. 이러면 문제는 더 이해하기 어려워진다. 히파르코스만이 유일하게 플레이아데스 성단까지 거리를 다르게 추정했다. 똑같은 원리로 작동하는 가이아조차 히파르코스를 배신하고 다른 관측 결과들의 편에 섰다. 대체 왜 히파르코스는 유독 플레이아데스 성단에만 약한 걸까? 고대의 천문학자 히파르코스와 플레이아데스 자매 사이에 우리가 미처 알지 못했던 사연이라도 숨어 있는 걸까?

지구를 벗어나는 순간 쓸모 없는 지구의 별자리

플레이아데스 성단은 약 1,000개의 별들이 모여 있는 산개성단이다. 얼핏 생각하면 이 성단 속 별들은 모두 비슷한 거리에 오밀조밀 모여 있을 것 같다. 하지만 가이아의 최근 관측 결과에 따르면 그렇지 않은 것으로 보인다. 플레이아데스 성단 속 각 별들의 방향과 거리를 고려해서 그 분포를 입체적으로 그려보면 흥미로운 사실을 발견할 수 있다.

플레이아데스 성단 속 별들은 사실 아주 길게 늘어져 분포한다. 우연하게도 지구에서 성단을 바라보는 시선 방향을 따라서 별들이 일렬로 길게 흐트러져 있다. 특히 지구의 밤하늘에서 맨눈으로 보면, 가장 밝게 보이는 일곱 자매 별들은 그중에서도 지구에 더 가까운 거리에 놓여 있다. 그에 비해 훨씬 어두운 다른 나머지 별들은 살짝 먼 130~140pc 정도 거리에 모여 있다. 플레이아데스 성단 속 별들의 비대칭적이고 입체적인 분포를 고려하면, 왜 히파르코스가 성단까지 거리를 이상하게 측정했는지 이해할 수 있다.

1989년에 우주로 올라갔던 히파르코스는 지금의 우주 망원경에 비해 성능에 한계가 있었다. 그래서 비교적 밝은 별들 위주로 관측했다. 어두운 별의 연주 시차까지는 보기 어려웠던 히파르코스는 플레이아데스 성단 속에서 조금 더 가깝고 밝은 별 위주로 관측했다. 하필이면 플레이아데스 성단에서 밝고 큰 별들이 지구 쪽에 더 가까이 놓여 있었던 탓에, 그런 별들만 볼 수밖에 없었던 히파르코스의 눈에는 성단 자체가 더 가깝다는 오해를 하게 된 것이다.

　오랫동안 천문학자들을 괴롭혔던 플레이아데스 성단의 거리를 두고 벌어진 혼란은 히파르코스의 애매한 성능, 그리고 플레이아데스 성단 속 별들의 비대칭적이고 독특한 분포가 함께 만나면서 벌어진 우연한 미스터리였다.

　그렇다면 이제 새로운 질문이 따라온다. 플레이아데스 성단 속 별들은 대체 왜 이렇게 비대칭을 이루며 길게 늘어진 이상한 모습으로 분포하고 있을까? 왜 다른 평범한 성단처럼 별들이 한 영역에 둥그렇게 모여 있지 못한 걸까? 그 이유로 플레이아데스 성단 주변에 다른 육중한 성단이나 천체가 있어서, 근처를 지나가면서 중력의 영향을 받아 성단 속 별들의 궤도가 흐트러졌을 가능성을 생각해볼 수 있다. 인접한 달의 중력으로 지구 표면의 바다가 양쪽으로 볼록하게 부푸는 것처럼, 성단 속의 별들도 인접한 다른 성단의 중력으로 인해 양쪽으로 길게 늘어지는 일종의 조석력을 받을 수 있다.

　하지만 이 가설에는 문제가 있다. 정말 주변의 다른 무거운 성단에 의한 조석력으로 플레이아데스 성단이 양쪽으로 길게 늘어진 상태라면, 밝고 거대한 별들도 양쪽으로 고르게 흩어졌어야 한다. 하지만 지금의 모습을 보면 플레이아데스 성단 속 밝은 별들은 유독 지구에 가까운 쪽으로만 쏠려 있다. 조석력의 영향만으로 우연히 밝은 별들이 한쪽으로 쏠려 있는 모습이 만들어질 확률은 너무 희박하다.

　성단 속 별들의 분포가 흐트러질 수 있는 또 다른 가능성이 있다. 외부의 다른 천체들의 방해가 없어도 성단에 함께 모여 살고 있는 별들끼리 서로 중력을 주고받으면서 궤도가 복잡하게 흐트러지는 경우다. 같은 성단을 이루는 별들이 서로의 중력으로 인해 움직임이 느려지고 궤도가 변하는 것을 **역학적 마찰**Dynamical friction이라고 부른다. 그런데 이 가설에도 문제가 있다. 역학적 마찰로 인해 성단 속 별들의 분포가 변하면, 보통 무거운 별들이 성단 중심으로 이동한다. 반대로 가벼운 별들은 빠르게 성단 외곽으로 튀어나간다. 그래서 시간이 한참 지나면 무거운 별들이 성단 가운데 영역에 가라앉고 가벼운 별들은 외곽으로 쫓겨난 모습을 보인다. 플레이아데스 성단처럼 성단 자체가 길게 찌그러진 모습으로 바뀌는 건 설명하기 어렵다. 게다가 하필이면 왜 무겁고 밝은 별들이 유독 한쪽에만 쏠려 있는지에 대해서도 설명할 수 없다.

　플레이아데스 성단 속 별들이 밤하늘에서 각자 얼마나 빠른 속도로, 어떤 방향으로 움직이면서 우주 공간을 부유하고 있는지를 비교하면 오래전 이곳에 어떤 일이 벌어졌을지 추적할 수 있다. 플레이아데스 성단을 이루는 별 대부분은 지구에서 거리가 가까울수록 하늘에서 더 빠르게 위치가 바뀌는 것으로 보인다. 함께 하나의 성단에 엮여서 일제히 우주 공간을 떠돌고 있는 모습을 보여준다.

　그런데 유독 성단에서 가장 밝은 일곱 자매 별들은 다른 대부분의 별들이 따르는 경향을 크게 벗어난다. 이건 아주 흥미로운 가능성을 제시하는데, 어쩌면 이 일곱 자매 별들이 원래부터 플레이아데스 성단의 멤버가 아니었을지도 모른다는 가능성이다! 수천 년 전부터 플레이아데스 성단의 주인공이라고 생각했던 일곱 자매 별들이 정작 성단과 아무런 상관없는, 그저 우연히 비슷한 방향에 겹쳐 보이는 별이었을 수도 있다는 얘기다. 어쩌면 오리온의 스토킹을 피해 푸른 별들이 모여 있는 플레이아데스 성단 속에 몸을 숨기고 있는 것일지도 모른다.

이처럼 우리가 보는 밤하늘은 각기 다른 다양한 거리에 입체적으로 분포하는 별들을 하늘의 평면에 투영한 결과다. 매일 하늘을 보면서 우리가 쉽게 망각하는 중요한 사실이다. 그리고 이러한 착각은 우주의 모습을 오해하게 만드는 중요한 원인이 된다. 별들은 사실 사방으로 뻥 뚫린 우주 공간에 입체적으로 분포하고 있지만, 우리가 그 별들을 평면적으로 느끼고 있다는 한계는 별자리를 볼 때 가장 크게 두드러진다.

오래전부터 인류는 밤하늘에서 비슷한 방향에 모여 있는 것처럼 보이는 별들을 연결해서 신화 속 다양한 주인공과 동물의 이름을 붙여 불렀다. 그런데 별자리를 볼 때, 우리가 가장 흔히 착각하는 게 있다. 같은 별자리를 이루고 있는 별들은 실제로도 우주 공간에서 비슷한 거리에 모여 있는 별일 거라는 생각이다. 하지만 전혀 그렇지 않다. 별자리를 이루는 별들은 단지 지구의 하늘에서만 비슷한 방향에 있는 것처럼 보일 뿐이다. 실제 각 별까지의 거리를 고려하면, 그중에는 전혀 다른 거리에 동떨어져 있는 경우가 아주 많다.

하나의 별자리를 이루는 별들을 지구를 벗어나 전혀 다른 방향에서 관측하면 지구에서 봤던 모습과는 완전 다르게 배치되어 보인다. 북두칠성이 국자 모양으로 보이는 건 오직 지구의 하늘에서뿐이다.

이처럼 지구에서 그린 별자리 지도는 지구를 벗어나는 순간, 아무 쓸모가 없어진다. 지구가 태양을 중심으로 어느 위치에 놓여 있는지에 따라 지구의 하늘에서 보이는 별의 겉보기 위치가 미세하게 틀어지는 시차가 보이듯이, 아예 지구를 벗어나 다른 곳에서 주변 별들을 바라본다면, 똑같은 별들이 지구의 하늘에서와는 전혀 다른 위치에서 보일 것이다.

그래서 천문학자로서 SF 영화를 볼 때마다 항상 심기를 불편하게 만드는 장면이 있다. 영화 속 태양계를 벗어나 은하계를 누비는 주인공들의 테이블 위에 항상 지구의 하늘에서 본 별자리가 그려진 지도가 펼쳐져 있는 장면이다. 그런데 지구에서 그린 별자리 지도를 보고 은하계를 항해하는 건 너무 이상하다. 별자리 지도는 은하계가 아니라 태평양을 항해하던 중세 항해사들에게나 유용하다. 지구의 하늘에서 본 별자리들이 표현된 지도는 우주 여행에서는 아무런 쓸모가 없다. 그냥 보기 좋은 우주선 인테리어 소품에 지나지 않는다.

이제 인류의 탐사선들은 태양계를 벗어나 별과 별 사이, 진정한 성간 우주로 항해를 시작하고 있다. 그리고 이 탐사선들은 이미 지구에 남아 있는 우리와는 조금 다른 모습의 우주를 보고 있다.

2006년 뉴호라이즌스는 당시까지만 해도 아직 태양계 마지막 행

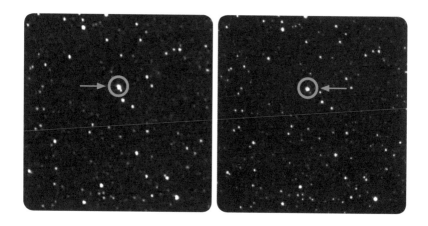

성으로 인정받고 있던 명왕성을 향한 기나긴 여정을 떠났다. 공교롭게도 탐사선이 출발하던 그해 여름, 체코 프라하에 모인 천문학자들은 투표를 통해 명왕성의 행성 지위를 박탈했다. 하지만 명왕성과 뉴호라이즌스는 인간들의 투표 결과에 괘념치 않았다. 아무일 없다는 듯 명왕성도 자신의 궤도를 따라 천천히 움직였고 이미 지구를 떠나버린 뉴호라이즌스도 예정된 경로를 따라 명왕성을 향해 날아갈 뿐이었다. 9년의 긴 시간이 지난 뒤, 2015년 7월 드디어 뉴호라이즌스는 명왕성 곁을 빠른 속도로 스쳐지나갔다.

이전까지 인류는 명왕성의 실제 모습을 단 한 번도 본 적이 없었다. 그때까지 교과서에 있던 모든 명왕성의 모습은 다 상상해서 그린 그림일 뿐이었다. 뉴호라이즌스가 명왕성 곁을 빠르게 지나간 단 하루 동안 촬영했던 사진은 인류가 처음이자 마지막으로 직접 바라본 명왕성의 민낯이었다.

워낙 머나먼 태양계 끝자락을 향해 가다 보니, 조금이라도 여행

시간을 줄이기 위해 천문학자들은 최대한 속도를 높여서 명왕성까지 날아가는 방식을 택했다. 그래서 뉴호라이즌스는 명왕성 곁에 머무르지 못했고, 계속 속도를 줄이지 못한 채 그대로 명왕성 궤도를 지나쳤다. 지금도 계속해서 더 먼 태양계 너머의 암흑을 향해 멀어지고 있다.

　명왕성과의 짧은 조우가 있고 나서, 5년이 지난 2020년 4월 22일 뉴호라이즌스의 작은 카메라는 태양이 아닌 다른 한 별을 겨냥했다. 태양계 바깥 가장 가까운 이웃 별인 프록시마 센타우리였다. 그리고 같은 날 지구에 남아 있던 천문학자들도 똑같은 별을 관측했다. 그 순간, 지구와 뉴호라이즌스는 약 70억 km 거리를 두고 떨어진 채, 각자의 위치에서 똑같은 별을 바라봤다. 멀찍이 떨어진 서로 다른 두 지점에서 한 별을 바라보면서 시차가 발생했다.

　실제로 그날 지구에서 찍은 사진과 뉴호라이즌스가 촬영한 사진을 비교하면, 먼 배경 별에 대해 프록시마 센타우리가 보이는 겉보기 위치가 살짝 어긋난 것을 볼 수 있다. 특히 태양계 바깥 가장 가까운 이웃 별이다 보니 시차의 효과가 가장 극적으로 나타났다. 태양계를 막 벗어나기 시작하고 있는 뉴호라이즌스는 정말로 지구에 남아 있는 우리와 조금씩 다른 모습의 우주를 보고 있는 것이다.

　천문학자들은 프록시마 센타우리 곁에서 골디락스 존 안에 적당한 거리를 두고 맴돌고 있는 외계 행성의 존재를 발견했다. 운이 좋다면 이 외계 행성에도 지구처럼 액체 바다가 있고, 심지어 외계 생명체가 존재할 가능성까지 거론되고 있다. 더 운이 좋다면 이곳에도 자신들의 밤하늘을 올려다보면서 우주를 상상하는 지적 생명체가 있을지 모른다.

　그들의 밤하늘에는 우리 태양이 수많은 흐릿한 작은 점들 중 하나로 보일 것이다. 우리의 하늘에서 그들의 별이 흐릿한 별 중 하나로 보이듯이 말이다. 그리고 그들은 우리 태양과 주변 다른 별들을 이어서 나름의 별자리로 만들어놓았을지도 모른다. 과연 그들의 하늘에서 태양은 어떤 별자리로 이어져 있을까?

　우리는 비록 평생 지구의 하늘 아래서 그 위에 투영된 모습으로 우주를 보면서 살아가지만, 천문학이라는 멋진 도구를 통해 우주를 입체적으로 인식할 수 있게 되었다. 우주의 수많은 별 곁에 살고 있는 수많은 존재들에게는 각자 조금씩 다른 모습으로 별들이 배치된 밤하늘이 펼쳐져 있을 것이다. 그리고 그들 모두 자신의 하늘 위에 각기 다른 문화와 역사가 반영된 별자리를 새겨넣었을 것이다. 이 우주에는 우주 속 별의 개수만큼 많은 수의 밤하늘이 존재한다.

4장

영혼을 비추는 촛불은
밤하늘의 별빛이 된다

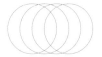

외계인을 찾는 가장 과학적인 방법

　인류는 얼마나 많은 에너지를 소비하고 있을까? 미국 에너지정보
청 통계에 따르면 21세기 현재 인류는 대략 1.8×10^{13}와트(18.4테라
와트)에 달하는 에너지를 쓰고 있다. 이것은 지구에 살고 있는 모든
인류가 쉬지 않고 2초마다 성냥을 하나씩 켜는 수준이다. 이 엄청난
에너지 대부분을 우리는 여전히 석탄과 석유에 의존하고 있다.

　문제는 한 번 태운 연료는 다시 태울 수 없다는 것이다. 늘어만 가
고 있는 인류의 에너지 소비로 인해 지구의 기후까지 변하고 있다
는 것도 중요한 문제다. 인류가 소모하는 에너지의 총량을 줄이는
것이 궁극적인 해결책이지만, 이미 필요 이상의 에너지를 쓰는 삶
에 익숙해진 우리의 소비 습관을 바꾸는 건 쉽지 않다.

　점차 고갈되어가는 자원을 눈앞에 두고도 절약하고 싶은 마음이
없는 인류의 욕망을 채우기 위해선 영원히 꺼지지 않는 불씨가 필

요하다. 예를 들어 지난 50억 년 가까이 꺼지지 않고 계속 타고 있는 태양의 불씨를 빌려오면 어떨까?

이미 태양광 발전은 아파트 베란다에서도 흔히 볼 수 있는 풍경이 되었다. 하지만 태양에서 1억 5,000만km나 떨어진 지구의 작은 건물 옥상에 설치한 태양광 패널로 얻을 수 있는 에너지 효율은 아주 낮다. 날씨에도 큰 영향을 받는다. 또 태양광 패널을 만드는 데에도 또 다른 자원이 들어가기 때문에 태양광 에너지는 화석 연료를 대체할 수 있는 궁극적인 대안으로는 평가받지 못하고 있다.

그렇다면 어떻게 해야 태양광 에너지의 효율을 극한으로 끌어올릴 수 있을까? 옥상에 붙어 있던 태양광 패널을 뜯어서 아예 태양 코앞에 설치한다면 어떨까? 훨씬 가까운 거리에서 큰 손실 없이 태양 빛을 쭉쭉 뽑아내면서 에너지를 만들 수 있을 것이다. 우리보다 훨씬 진보한 외계 문명이 있다면, 그들도 우리처럼 환경 오염과 에너지 자원의 고갈 문제를 고민하는 역사를 경험했을 것이다. 그리고 어쩌면 자신들의 태양을 거대한 태양광 패널로 감싸는 방식으로 해답을 찾았을지도 모른다.

올라프 스테이플던은 1937년 SF 소설 《스타 메이커 Star maker》에서 태양계 전체를 둥글게 감싸서 에너지를 얻는 가상의 인공 구조물을 상상했다. 이후 1960년 이 소설에서 영감을 받은 물리학자 프리먼 다이슨은 소설 속 개념을 과학적으로 분석한 논문을 발표했다. 그리고 만약 어떤 외계 문명이 자신들의 별을 둥글게 감싸고 있는 거대한 인공 구조물을 만들어두었다면 그 존재를 어떻게 확인할 수 있을지에 대한 방법을 제시했다.

다이슨은 거대한 구조물이 별빛을 가리고 있기 때문에 우선 별빛이 모든 파장에서 어둡게 관측될 거라 생각했다. 가시광선, 자외선, 감마선 모든 파장의 빛으로 봐도 별은 어둡게 보일 것이다. 그런데 한 가지 적외선에서는 다를 수 있다. 별을 감싸고 있는 거대 구조물은 금속으로 건설되었을 가능성이 높다. 그리고 별빛을 바로 받으면서 뜨겁게 달궈질 것이다. 약 50~1,000K(절대온도, 켈빈) 정도로 미지근하게 달궈진 구조물은 적외선을 방출한다. 결국 이 거대 구조물은 다른 모든 파장에서는 어둡지만 유독 적외선에서만 밝게 보이는 **적외선 초과**Infrared excess를 보일 수 있다. 다이슨의 가설이 맞다면 적외선에서만 밝은 에너지를 방출하고 있는 어두운 별은 그 주변에 사는 외계인들이 건설한 거대한 인공 구조물로 가려져 있는 별일 가능성이 있다.

다이슨은 소설 속에 등장했던 개념을 구체적으로 분석하면서 실제 관측을 통해 검증할 수 있는 하나의 방법을 제시했다. 이로써 소설을 과학으로 만들었다. 다이슨이 구체화한 별을 감싸고 있는 둥근 구형의 구조물을 **다이슨 스피어**Dyson sphere라고 한다. 지금도 많은 SF 소설과 영화에서 심심치 않게 등장하는 개념이다. 그리고 일부 과몰입한 SF 팬들은 우리가 이미 우주에서 다이슨 스피어를 발견했다고 주장하기도 한다.

집도 없이 은하수를 여행하는 히치하이커 문명이 아니라면, 외계인들도 아마 높은 확률로 자신들의 행성에 터를 잡고 살고 있을 것이다. 따라서 외계 문명을 찾으려면 일단 그들이 살 법한 외계 행성부터 찾아야 한다.

2009년 새로운 외계 행성 사냥꾼, 케플러 우주 망원경이 궤도에 올랐다. 케플러는 아주 간단한 원리를 활용해서 외계 행성을 찾는다. 만약 어떤 별 주변에 외계 행성이 맴돌고 있다면? 외계 행성의 궤도가 적절한 각도로 기울어져 있다면, 지구에서 봤을 때 별 앞으로 외계 행성이 가리고 지나가는 모습을 볼 수 있다. 물론 외계 행성 자체는 중심 별에 비해 훨씬 작고 어둡기 때문에 행성 자체의 모습을 보는 건 불가능하다. 대신 작은 외계 행성이 별 앞을 가리면서 별빛이 조금 어둡게 보이는 변화를 감지할 수 있다. 특히 외계 행성은 일정한 주기로 별 곁을 맴돈다. 따라서 어떤 별빛이 일정한 주기로 살짝 어두워졌다가 다시 원래 밝기로 돌아오는 것을 반복하고 있다면, 그 곁에 무언가 작은 행성이 맴돌고 있다고 추정할 수 있다.

연료가 바닥나면서 미션을 마무리했던 2018년까지, 케플러는 아주 활발하게 외계 행성을 사냥했다. 덕분에 천 단위도 넘지 못했던 인류가 확인한 외계 행성의 수는 순식간에 5,000개를 돌파했다.

케플러의 어마어마한 활약 덕분에 미처 분석이 끝나지 않은 데이터들이 여전히 쌓여 있다. 우주 망원경 자체는 이미 은퇴해서 죽은 채로 우주 공간을 떠돌고 있지만, 그 망원경이 생전에 남겨놓은 데이터들은 아직도 분석이 진행 중이다. 데이터가 너무 많다 보니, 천문학자들은 지구인들의 힘을 조금 빌리기로 했다. 케플러가 관측한 수많은 별들의 밝기 변화를 보여주는 데이터를 온라인에 공개하여, 일반 시민들이 자유롭게 접속해 살펴볼 수 있도록 했다. 이를 통해 시민들은 별의 밝기가 주기적으로 변하는지를 직접 확인하며, 외계 행성이 별 앞을 지나갈 때 발생하는 변화를 함께 찾아낼 수 있게 되었다. 전문 천문학자들과 우주를 사랑하는 애호가, 시민들이 함께 협력해서 케플러의 산적한 데이터 더미 속에 파묻혀 있는 외계 행성의 흔적을 찾는 **플래닛 헌터스** Planet Hunters 프로젝트는 지금도 진행 중이다.

케플러의 데이터를 살펴보던 천문학자 타베사 보야지안은 이상한 방식으로 밝기가 변하는 별을 하나 발견했다. 백조자리 방향으로 1,480광년 거리에 떨어진 별 KIC 8462852는 전체 밝기가 무려 22%까지 급격하게 어두워졌다. 그 변화 주기도 전혀 규칙적이지 않았다. 보통 작은 외계 행성이 가리고 지나갈 때, 별빛은 기껏 해봤자 0.1% 정도만 어두워진다. 그런데 무려 전체 밝기의 5분의 1에 달하는 수준으로 밝기가 어두워진다니! 이건 정말 거대한 무언가가 별 앞을 가리고 지나가고 있다는 뜻이었다.

이 별에 대한 소문이 퍼지면서, 일부 상상력이 풍부한 천문학자들은 이것이 그토록 찾던, 별 주변을 상당 부분 가리고 있는 외계 문명의 거대 인공 구조물이라는 희망을 품었다. 일반적인 외계 행성으로는 설명할 수 없는 극단적인 밝기 변화를 보이는 이 별에게 조금 자극적인 별명이 붙기도 했다. 천문학자들은 이 별을 WTF **별**이라고 부른다. 다만 공식적으로 WTF의 뜻은 비속어가 아니라, **대체 무슨 밝기야** What The Flux라는 뜻이라고 한다. 이 별의 존재를 처음으로 밝혀낸 천문학자 타베사의 애칭을 따서, **태비 스타** Tabby's star라고도 부른다.

정말 이 별에 다이슨 스피어를 건설할 정도로 고도로 발달한 외계 문명이 존재한다면, 그들의 전파 신호가 새어나오고 있을지도 모른다. 실제로 이 별을 향해 전파 안테나를 조준해놓고 외계인들의 라

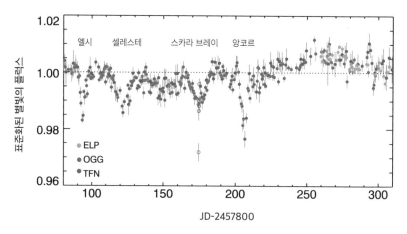

JD = 율리우스일(Julian Date) : 기원전 4713년 1월 1일부터 하루씩 쌓아온 날을 의미한다.
천문학에서 보통 날짜를 숫자로 표현하기 위해 사용한다.

디오 방송을 엿듣는 시도도 있었다. 아쉽게도 태비 스타에서는 아무런 신호도 잡히지 않았다.

태비 스타를 발견한 타베사 보야지안은 킥스타터에 10만 달러짜리 크라우드 펀딩 프로젝트를 개시했다. 보야지안은 모금한 돈으로 지상 관측망을 확보해서, 태비 스타의 밝기가 다시 어두워지기 시작하는 순간 다양한 파장으로 별빛을 관측하는 계획을 세웠다. 이를 통해 태비 스타가 보여준 극단적인 밝기 변화가 정말 딱딱한 인공 구조물 때문인지를 확인하려고 했다.

열렬한 SF 팬들의 지지를 받으며, 크라우드 펀딩 모금은 빠르게 끝났다. 덕분에 보야지안은 2016년 3월부터 2017년 12월까지 22개월 동안 태비 스타가 다양한 파장으로 총 네 번에 걸쳐 어두워지는 순간을 더 관측하는 데 성공했다. 보야지안이 관측한 기간 동안 확인된 별빛이 어두워진 네 번의 순간에는 각각 **엘시**Elsie, **셀레스테**Celeste, **스카라 브레이**Scara Brae, 그리고 **앙코르**Angkor라는 이름이 붙었다. SF 소설에 등장하는 캐릭터들의 이름처럼 느껴진다.

만약 어떤 거대하고 단단한 금속으로 만들어진 인공 물체가 별 앞을 가리고 지나갔다면, 적외선, 자외선, 가시광선 할 것 없이 모든 파장에서 별빛의 밝기는 동시에 어두워져야 한다. 단단한 경계를 갖고 있는 물체가 별 자체를 가렸을 것이기 때문이다.

하지만 태비 스타가 실제로 보여준 밝기 변화의 양상은 기대와 달랐다. 관측한 빛의 파장에 따라 별빛이 어두워지는 시점에 약간의 차이가 있었다. 이것은 태비 스타 앞을 가리고 지나간 것의 정체가 딱딱한 금속 표면을 갖고 있는 인공 구조물이 아니라, 평퍼짐하게 퍼져 있는 먼지 구름과 같은 것이기 때문이라고 이해할 수 있다. 태비 스타 주변에는 콰다니움 강철로 지어진 우주 궁전도, 비브라늄으로 만든 우주 정거장도 없었다.

한편 태비 스타 주변을 맴돌고 있는 것으로 보이는 먼지 구름에서는 별다른 적외선도 관측되지 않았다. 이것은 별 주변의 먼지 구름이 충분히 뜨겁게 달궈지지 못했다는 뜻이다. 먼지 구름이 중심 별에서 너무 멀리 떨어져 있기 때문일 수 있다. 천문학자들은 오래전 태비 스타 곁을 맴돌던 행성이나 위성이 거대한 충돌을 겪었고, 그 잔해가 퍼졌을 수 있다고 추정한다. 또는 태양계 외곽 혜성들의 집단인 오르트 구름이 있는 것처럼 태비 스타 주변에도 혜성들이 무리지어 떠돌고 있을 가능성도 있다. 태비 스타가 보여준 급격하고 불규칙한 밝기 변화의 정확한 원인은 아직 규명되지 않았다. 하지만 어쨌든 외계 문명은 아닌 듯하다.

SF 팬들 사이에서 다이슨 스피어가 사랑받는 가장 큰 이유는 그 자체가 과학적으로 그럴싸하기 때문이라기보다 그것을 찾을 수 있는 방법론이 과학적이기 때문이라고 할 수 있다. 사실 순수하게 다이슨 스피어만 놓고 보면, 오히려 비과학적인 측면도 있다. 별 하나를 통째로 감쌀 정도로 거대한 구조물을 만들려면 정말 어마어마한 건설 자재가 필요할 것이다.

간단하게 계산해보면 우리 태양을 수 m 두께로 감싸는 다이슨 스피어를 만들기 위해서는 태양계에 존재하는 모든 암석 행성과 소행성을 활용해도 턱없이 부족하다. 결국 다른 별 곁에서 부족한 건설 자재를 공수해 와야 한다. 그 점에서 정말 우주 어딘가에 다이슨 스피어를 건설하는 데 성공한 문명이 있다면, 그 문명은 호전적일 가능성이 높다. 남의 별에서 부족한 재료를 뺏어오는 과정이 결코 평화롭지만은 않을 테니까.

우리처럼 인공 구조물을 짓고 살아가는 외계인이 있을지 아무도 모른다. 다이슨 스피어에 대한 추론이 매력적인 이유는, 바로 그 존재의 가능성을 체계적으로 찾을 수 있는 방법을 제시한다는 점이다. 그럼에도 아직 별다른 성과는 없다. 지금껏 다이슨이 말한 적외선 초과를 명확하게 보이는 어두운 별은 포착되지 않았다. 그렇다면 SF를 사랑하는 천문학자들은 모두 포기했을까? 전혀 그렇지 않다. 미련을 버리지 못한 천문학자들은 한 가지 더 흥미로운 가설을 덧붙였다. 우리가 그동안 다이슨 스피어를 찾지 못한 이유는 외계 문명을 너무 얕봤기 때문이라는 가설이다.

다이슨 스피어 자체가 별빛을 받아 달궈지면서 우주 공간에 적외선을 방출한다면, 그것은 곧 다이슨 스피어가 흡수하는 전체 에너지의 효율을 떨어뜨릴 수 있다. 따라서 다이슨 스피어가 아무 열 손실 없이 최대한 모든 별빛을 다 흡수하도록 만들고 싶은 외계인이 있다면, 그들은 다이슨 스피어에서 새어나가는 적외선까지 잡아냈을지도 모른다. 또 적외선 초과를 막는 것은 다른 외계 문명들로부터 자신의 존재를 숨길 수 있는 좋은 안보 수단일 수 있다. 다이슨 스피어 밖으로 새어나간 적외선을 보고, 더 발달한 악랄한 외계 문명이 쳐들어올 수도 있으니까. 새로운 소재나 기술을 개발해서 다이슨 스피어의 적외선 초과를 막는 데 성공한 문명이 있다면 어떨까? 이런 극한의 에너지 효율과 가성비를 추구하는 구두쇠 외계 문명이라면 아마 그들이 건설한 다이슨 스피어에서는 적외선 초과가 감지되지 않을 것이다.

결국 천문학자들은 아무리 찾아봐도 보이지를 않으니 외계 문명이 없다고 포기하는 대신, 그들이 더 철저하게 숨어 있기 때문이라고 희망 회로를 돌리는 쪽을 택한 셈이다. 밝기가 변하는 별들 중에는 어쩌면 정말 신비로운 기술 문명을 갖추고 살아가는 외계 종족이 숨어 있을지 모른다.

별의 밝기를 재는 기준이 되어준 촛불

먼 옛날 인류는 별에 다양한 이야기를 담았다. 밤하늘의 별들은 각기 다른 밝기로 빛난다. 별마다 조금씩 다른 사연과 설화를 담을 때 가장 먼저 고려해볼 수 있는 건 별의 밝기일 것이다. 더 밝고 또 렷하게 보이는 별에게 이야기 속 주인공 역할을 맡기고, 어둡게 보이는 별에게는 덜 중요한 조연 캐릭터를 부여하고 싶은 건 지극히 자연스러운 생각이다.

별들의 연주 시차라는 개념을 처음으로 제안하기도 했던 고대 그리스의 천문학자 히파르코스는 기원전 2세기경 밤하늘에서 맨눈으로 볼 수 있는 별 850개의 목록을 정리했다. 각 별들이 어디에서 보이는지뿐 아니라, 눈으로 봤을 때 별들이 얼마나 밝게 보이는지도 꼼꼼하게 기록했다. 그는 눈으로 보는 별의 겉보기 밝기를 여섯 단계로 구분했다. 가장 밝게 보이는 별은 **눈부시게 빛나는 별**of Brilliant Light, 그 다음으로 밝은 별은 **두 번째로 밝은 별**of Second degree, 그리고 눈으로 봤을 때 가장 어둡게 보이는 별은 **흐릿한 별**Faint이라고 이름을 지었다.

이후 약 250년이 지난, 137년 고대 천문학자 프톨레마이오스는 히파르코스의 별 목록에 새로운 별을 조금 더 추가해서 총 1,028개의 별이 정리된 개정판을 만들었다. 그리고 다소 시적인 어휘로 표현되어 있던 히파르코스의 분류 체계를 보다 깔끔하게 다듬었다. 프톨레마이오스는 별이 얼마나 밝게 보이는지를 정의하는 **등급**Magnitude이라는 단어를 처음으로 사용했다. 히파르코스의 분류에서 맨눈으로 봤을 때 가장 밝게 보이는 별은 1등급이 되었고, 맨눈으로 간신히 볼 수 있는 가장 어두운 별은 6등급이 되었다. 등급의 숫자가 작을수록 더 밝은 별이라는 뜻이다.

프톨레마이오스가 일찍이 별의 밝기를 등급으로 숫자를 매겨서 표현하는 방식을 고안했지만, 뜻밖에도 천문학자들은 거의 1,500여 년 동안 별의 밝기를 체계적으로 정량화하는 데 별로 관심을 갖지 않았다. 별의 특성을 물리학적인 방식으로 측정하고 비교하기 시작한 건 사실 최근의 일이다.

오늘날 우리는 별의 밝기 역시 사람의 몸무게처럼 숫자로 측정하고 비교될 수 있는 물리량이라는 사실을 잘 알고 있다. 하지만 과거에는 그렇게 인식되지 않았다. 마치 사람의 성격이나 취미처럼 수학적인 잣대로 비교할 수 없는 특성 중 하나일 뿐이라고 생각했다. 별이 어두운 성격을 갖고 있는지, 밝은 성격을 갖고 있는지를 구분하는 건 별의 특성을 수학적으로 비교하기 위해서가 아니라, 단지 개개의 별을 구분하고 알아보기 위해서였을 뿐이다.

별의 등급 체계에 대한 무관심은 망원경이 등장한 이후로도 크게 변하지 않았다. 1721년 에드먼드 핼리는 북반구와 남반구 전역에서 관측한 3,000개의 별들에 대한 목록을 새롭게 완성했다. 맨눈이 아닌 망원경으로 별을 관측한 덕분에 눈으로 볼 수 없는 더 어두운 별들까지 목록에 추가할 수 있었다. 그래서 핼리는 맨눈으로 간신히 볼 수 있는 별보다 더 어두운 별까지 표현하기 위해 프톨레마이오스의 등급 체계에서 가장 어두운 6등급보다 더 어둡게 보이는 7등급과 8등급을 추가했다. 여기서 핼리는 **1등급에 해당하는 어떤 별이든 거리가 10배 멀어지면 6등급으로 어두워질 것**이라는 굉장히 흥미로운 통찰을 조심스럽게 보여주었다.

별빛은 사방으로 고르게 퍼진다. 별빛이 퍼지는 영역의 면적은 그 거리의 제곱에 비례해서 넓어진다. 별이 두 배 멀어지면 네 배 더 어둡게 보이고, 세 배 멀어지면 아홉 배 더 어둡게 보인다. 거리가 10배 멀어지면 밝기는 10의 제곱인 100배 더 어둡게 보인다. 핼리는 6등급 별이 1등급 별보다 100배 더 어둡게 보인다는 것, 즉 5등급 차이가 실제 밝기로 100배 차이가 난다는 사실을 파악하고 있던 것으로 보인다.

   더 많은 이들이 밤하늘의 별을 보기 시작하면서, 우주도 마냥 한결같지 않다는 사실이 밝혀졌다. 영원히 변치 않는 모습으로 있을 줄 알았던 별들도 변덕을 부렸다. 일부 별들은 밝기가 밝아지고 어두워지기를 반복했다. 심지어 전날 밤까지 아예 보이지 않다가 갑자기 밝아지면서 새롭게 보이는 이상한 별들도 있었다. 이런 별을 새로운 별이라는 뜻에서 **신성** Nova이라고 부른다.

   네덜란드에서 태어났지만 영국에서 활동했던 천문학자 존 구드릭은 1784년 북쪽 하늘의 세페우스자리의 델타에서 이상한 점을 발견했다. 별의 밝기가 약 1등급 정도 밝아졌다가 어두워지기를 반복했다. 그는 10월 19일부터 12월 28일까지 꾸준히 세페우스자리 델타의 밝기 변화를 추적했다. 그리고 이 별이 약 5일 주기로 밝기가 요동치고 있다는 사실을 발견했다. 밝기가 일정하게 유지되지 않고 요동치는 별을 **변광성** Variable star이라고 부른다. 특히 세페우스자리에서 밝기가 부드럽게 요동치는 별이 처음 발견되었기 때문에, 이와 비슷하게 밝기가 주기적으로 변하는 별들을 **세페이드 변광성** Cepheid variables이라고 부른다.

   구드릭은 한때 이 별들의 밝기가 요동치는 이유가 별이 하나가 아니라, 두 개가 서로의 곁을 맴돌고 있기 때문이라고 생각했다. 두 별이 주기적으로 서로를 가리고 지나가면서 두 별의 전체 밝기가 밝아졌다가 어두워지기를 반복한다고 생각했다. 실제로 구드릭이 생각했던 것처럼 두 별이 주기적으로 서로의 앞을 가리고 지나가면서 밝기가 변하는 경우를 **식쌍성** Eclipsing binary이라고 한다.

다만 구드릭이 처음 발견했던 세페이드 변광성의 경우, 식쌍성은 아니다. 실제로는 무거운 별이 불안정한 진화 단계를 거치는 동안 별 자체가 수축과 팽창을 반복하면서 밝아지고 어두워지는 것을 반복하는 것이다. 별들도 사람 못지않게 변덕스러운 존재라는 사실을 처음 발견했던 구드릭은 안타깝게도 스물두 살의 젊은 나이에 우주의 별이 되었다.

천왕성을 발견한 천문학자 윌리엄 허셜의 아들, 존 허셜도 아버지의 대를 이어 천문학을 연구했다. 존 허셜은 1834년에서 1838년까지, 약 4년 동안 남아프리카 케이프타운 인근의 희망봉에서 남반구 밤하늘을 관측했다. 그는 밤하늘에서 가끔씩 터지는 신성들을 관측했고, 주변에 보이는 다른 별들의 밝기와 비교하면서 신성의 등급을 보다 체계적으로 기록하려고 애썼다.

존 허셜은 중요한 질문을 던졌다. 1등급 별은 6등급 별에 비해서 실제로 몇 배 더 밝을까? 즉, 등급으로 5단계 차이는 실제 밝기로 몇 배 차이에 해당할까? 그는 별의 실제 밝기가 단순히 등급에 비례해서 밝아지는 게 아니라 기하급수적으로 증가해야 한다는 사실을 발견했다. 1등급 별은 6등급 별에 비해 대략 100배 더 밝게 보인다는 결론에 도달했다. 흥미롭게도 존 허셜의 결론은 이후 독일의 생물학자 에른스트 베버와 심리학자 구스타프 페히너가 발견한 자극과

감각 사이의 법칙과 일맥상통한다.

베버와 페히너의 법칙에 따르면, 우리가 느낄 수 있는 외부 자극의 강도가 기하급수적으로 변해야 우리가 인지하는 감각의 강도가 증가한다. 별의 밝기가 두 배, 세 배, 네 배⋯ 정도로만 변하면 우리의 감각 기관은 그 변화를 충분히 감지하지 못한다. 두 배, 네 배, 열여섯 배⋯ 이런 식으로 기하급수적으로 더 빠르게 변해야 우리의 감각 기관이 느낄 수 있다.

이때까지 추정했던 별의 밝기는 사실상 눈대중에 가까웠다. 그냥 눈으로 별을 보면서 그 밝기를 가늠하는 수준이었다. 오늘따라 눈이 침침하고 컨디션이 좋지 않다면, 별의 밝기를 좀 더 어둡게 기록할 수도 있다. 그다지 과학적인 기준이라고 할 수 없다. 밤하늘에서 보이는 별의 겉보기 밝기를 일관된 규칙으로 공정하게 비교하려면 누가 봐도 똑같이 보이는 표준화된 비교 대상이 필요했다.

흔히 사람이 죽으면 그 영혼이 밤하늘에 올라가 별이 된다고 이야기한다. 세상을 떠난 가족과 연인을 그리워하는 이들의 바람이 실현되고 있다면, 별은 죽은 이들의 영혼이 모여 있다는 위로를 해볼 수 있다. 그래서일까 뜻밖에도 별의 밝기를 체계적으로 관측하고 비교할 수 있는 도구는 영혼을 연구했던 심령술사에 의해 처음 만들어졌다. 독일 베를린에서 태어난 요한 칼 프리드리히 칠너는 19세기 후반부터 영적인 현상에 관심을 갖기 시작했다. 칠너는 물리학으로 영혼과 심령 현상까지 설명할 수 있다고 생각했다. 그는 영혼이 우리의 세상을 넘어서는 4차원의 존재라고 가정한다면 그동안 사람들을 두려움에 떨게 했던 여러 심령 현상을 깔끔하게 설명할 수 있다고 생각했다.

특히 그는 당시 유럽에서 큰 인기를 끌던 영매사 헨리 슬레이드와 다양한 실험을 시도하기도 했다. 그들은 영혼을 불러내는 시늉을 했고, 봉인된 상자 안에 담긴 동전을 꺼내거나 아무도 없는 텅 빈 벽에 글씨를 쓰는 등의 몇몇 시도는 성공한 것처럼 보였다. 1878년 칠너는 자신의 연구 결과에 **초월물리학**Transcendental Physics이라는 그럴듯한 이름을 붙여서 책으로 출간하기도 했다.

칠너의 주장은 이후 학계에서 큰 논란을 일으켰고, 많은 과학자들은 영매 자체가 비과학적이며 칠너와 슬레이드의 실험에서 수많은 허점을 지적했다. 특히 슬레이드가 밧줄을 사용해 선보였던 실험에서 어떤 속임수를 부렸는지까지 까발려졌다. 칠너는 한때 자신의 심령 현상 연구를 비판하는 사람들에게 소송까지 걸겠다며 크게 분노했지만, 사실 칠너도 끔찍한 사기꾼 영매사 슬레이드에게 깜빡 속아 넘어갔던 피해자였던 셈이다.

비록 칠너는 마법에 대해서는 순진할 정도로 믿는 어리석음을 보였지만, 빛의 물리학 분야에서만큼은 그의 업적을 무시할 수 없다. 젊었을 때부터 기계 장치를 만드는 데 큰 소질을 보였던 칠너는 특히 빛을 관측하고 분석하는 다양한 광학 장비에 많은 관심을 보였다. 그는 천문학자들 사이에서 망원경으로 관측한 별빛의 밝기가 아무런 표준화된 기준 없이 중구난방으로 기록되고 있다는 사실을 깨달았다. 그는 밝기를 더 확실하게 알 수 있는 익숙한 인공적인 조명에 별빛을 비교해서 밝기를 더 체계적으로 가늠할 수 있는 장치를 고안했다.

아이디어는 간단하다. 밤하늘을 향하고 있는 망원경 옆에 작은 구멍을 하나 더 뚫는다. 그리고 그 구멍 옆에 케로젠 등유 램프에 불을 붙여서 올려둔다. 망원경 안에 비스듬하게 기울어진 거울을 하나 더 달아서 옆에 추가로 올려둔 램프의 불빛이 함께 관측자의 시야에 들어올 수 있도록 만들었다.

그러면 밤하늘의 별을 보는 사람의 시야에는 렌즈 한가운데 실제 밤하늘에 떠 있는 별빛이 보이고, 살짝 옆에 인공적으로 켜놓은 램프의 불빛이 함께 보였다. 진짜 별 옆에 밝기를 좀 더 정확히 알 수 있는 일종의 인공 별을 하나 더 만드는 셈이다. 램프의 불빛은 서로 다른 각도로 기울어진 편광 프리즘을 통과해서 망원경 속 거울에 비친다. 편광 프리즘은 빛의 일부만 통과할 수 있게 조절해준다. 램프와 망원경 사이에 설치한 편광 프리즘 두 개 중 하나는 각도를 고정해둔다. 남은 하나만 각도를 돌리도록 만들었다.

두 편광 프리즘이 같은 각도로 나란하게 기울어져 있으면 램프 불빛은 하나도 어두워지지 않고 전부 통과한다. 시야에 비치는 인공 별의 밝기는 가장 밝게 보인다. 회전할 수 있는 편광 프리즘 하나의 각도를 조금씩 돌리면서 두 편광 프리즘의 각도가 어긋나게 되면, 램프 불빛의 일부가 가려지면서 시야에 비치는 인공 별의 밝기도 어두워진다(인공 별의 밝기는 편광 프리즘 두 개가 어긋난 각도의 코사인 제곱에 반비례해서 밝기가 감소한다).

관측자는 망원경 렌즈에 눈을 대고 옆에 있는, 시야에 들어오는 진짜 별의 밝기와 비슷한 수준이 될 때까지 편광 프리즘을 돌리면서 인공 별의 밝기를 조절한다. 한 시야에 들어오는 진짜 별과 인공

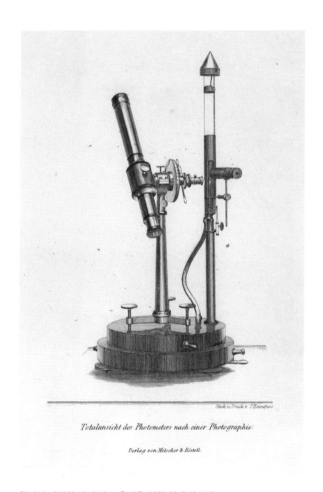

Totalansicht des Photometers nach einer Photographie.

Verlag von Mitscher & Röstell

칠너가 개발한 별의 광도 측정을 위한 천체 광도계.

별이 어느 정도 비슷한 밝기로 맞춰졌다고 생각되면, 이제 편광 프
리즘을 얼마나 돌렸는지 눈금을 읽는다. 그러면 보다 정확하게 망
원경으로 관측한 별의 겉보기 밝기가 램프 밝기와 비교해서 어느
정도로 어두운지를 판단할 수 있다.

사진 기술이 등장하기 전까지 **죌너 광도계**Zöllner Photometer는 사람 눈으로 직접 바라본 밤하늘의 별빛을 가장 체계적이고 객관적으로 비교하고 파악할 수 있게 해주었다. 별의 밝기를 체계적으로 측정하는 역사의 시작은 이렇게 램프, 촛불에서 시작되었다.

다양한 도구가 만들어지면서 별의 밝기가 등급에 따라 어떻게 달라지는지 드디어 정확하게 숫자로 비교할 수 있게 되었다. 1856년 영국 옥스퍼드 래드클리프 천문대에서 관측 조수로 일하던 노먼 포그슨은 1등급 별이 6등급 별에 비해 겉보기 밝기가 100배 더 밝다는 사실을 확인했다. 이를 활용해서 그는 등급 하나 차이가 실제 몇 배의 밝기 차이에 해당하는지를 확인했다.

등급에서 숫자가 하나씩 작아질수록 실제 별의 밝기는 약 2.5배 더 밝아졌다. 1등급 별은 6등급 별에 비해 다섯 등급 숫자가 더 작다. 한 등급 차이에 실제 밝기는 2.5배가 차이가 나기 때문에, 다섯 등급 차이는 2.5^5 = **약 100배** 밝기 차이에 해당한다. 다시 말해서 포그슨이 규명한 등급에 따른 2.512배라는 밝기 비율은 다섯 번 곱해야 100이 나오는 값인 100의 다섯 제곱근에 해당하는 값이다.

단순히 분류법에 지나지 않았던 별의 등급 체계가 드디어 수학적으로 비교할 수 있는 척도가 되면서, 이제 단순히 1등급, 2등급… 이런 식으로 한 등급 간격으로 투박하게 구분했던 방식을 벗어나 그 사이의 소숫점으로 표현되는 등급까지 더 세분화해서 계산할 수 있게 되었다. 또 과거에는 눈으로 봤을 때 그냥 가장 밝게 보이는 모든 별들을 전부 1등급으로 뭉뚱그려 구분했던 것과 달리, 밝은 별들도 똑같이 2.5배의 밝기 비율에 맞춰서 훨씬 더 밝은 별과 조금 덜 밝은 별을 명확하게 구분할 수 있게 되었다. 1등급보다 더 밝은 별은 0등급, 심지어 앞에 마이너스 기호를 붙인 음수 등급으로도 표현하기 시작했다.

오늘날 쓰이고 있는 등급 체계에서 거문고자리의 가장 밝은 별인 베가가 대표적인 0등급 별이다. 다른 별들의 밝기를 비교할 때 사용하는 가장 기준이 되는 별 중 하나다. 이러한 방식으로 낮 하늘에 떠 있는 눈부신 태양의 겉보기 등급을 측정하면, -26.7등급에 달한다. 0등급인 베가보다 26.7만큼 더 등급이 낮다. 즉, 실제 밝기 비율로 비교하면 태양의 겉보기 등급은 베가에 비해서 $2.5^{26.7}$ = 약 420억 배 더 밝게 보인다는 뜻이다. 등급으로는 얼마 차이 나지 않는 것처럼 보여도, 실제 밝기로 환산하면 굉장히 큰 차이가 있다. 지진의 세기를 비교하는 리히터 규모와 비슷하다. 등급의 차이만큼 같은 비율로 밝기가 변하는 게 아니라, 2.5를 그만큼 여러 번 곱한 만큼의 밝기 차이가 나기 때문이다.

모든 별에게 적용되는 공정한 규칙

우주를 관측하는 것은 그리 거창한 게 아니다. 단순하게 말하면 지구에 앉아 멍하니 별들의 겉모습을 바라본다는 뜻이다. 불멍, 물멍도 아닌 별멍을 하는 셈이다. 결국 우리가 밤하늘에서 보는 모든 별의 모습은 겉모습이기 때문에 중요한 문제가 생긴다. 겉보기 밝기만 봐서는 실제로 어떤 별이 더 밝고 어두운 별인지 알 수 없다. 같은 밝기로 빛나는 별이더라도 거리가 더 가까우면 밝게 보이고,

거리가 멀면 어둡게 보인다. 별까지의 거리는 우리가 우주를 실제와 다른 모습으로 오해하게 만드는 가장 중요한 원인이다.

여름철 밤하늘을 길게 가르고 지나가는 은하수를 보면 맨눈으로 어렵지 않게 볼 수 있는 밝은 별 세 개가 있다. 거문고자리의 **베가**Vega, 독수리자리의 **알타이르**Altair, 그리고 백조자리의 **데네브**Deneb다. 백조자리는 은하수 한가운데에서 양쪽으로 거대한 날개를 펼치고 날아가는 모습으로 떠 있다. 이 세 별은 여름철 밤하늘에서 가장 밝은 별이다. 밤하늘에서 큼직한 이등변삼각형을 이룬다.

세 별로 이어진 여름철 대삼각형은 여름에 볼 수 있는 다른 어두운 별자리를 찾는 길잡이가 된다. 긴 목을 내밀고 있는 백조자리의 꼬리 별이 데네브다. 데네브라는 이름은 아랍어로 꼬리를 뜻하는 다나브에서 기원했다. 동아시아 문화권에서는 거문고자리의 베가와 독수리자리 알타이르가 각각 직녀성과 견우성으로 불리기도 했다(정확히 견우성이 어떤 별이었는지에 대해서는 조금 이견이 있다. 염소자리에서 가장 밝은 별 알게디, 또는 두 번째로 밝은 별 다비흐라는 설도 있다).

베가와 알타이르는 두꺼운 여름철 은하수를 가로질러 서로 반대편에서 밝게 빛나고 있다. 견우와 직녀에 해당하는 두 별은 1,000광년에 해당하는 은하수라는 이름의 강을 사이에 두고 멀리 떨어져 있는 천문학적인 롱디 커플이라고 볼 수 있다. 먼 옛날 사람들은 장마가 쏟아지는 7월 여름 내내 밤하늘에서 은하수를 사이에 두고 밝게 빛나는 두 별을 보면서 우주에서 가장 애틋한 러브 스토리를 만들었다.

여름철 대삼각형의 세 별을 직접 눈으로 바라보면, 베가가 가장

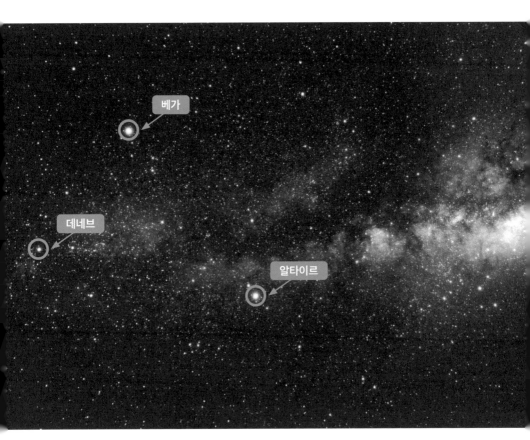

여름철 북반구 밤하늘에서 쉽게 볼 수 있는 밝은 별 3개로 이루어진 '여름철 대삼각형'.

밝게 보인다. 눈으로 봤을 때 겉으로 보이는 등급을 겉보기 등급 또
는 실제 눈으로 보이는 등급이라는 뜻에서 **실시 등급**Apparent magnitude
이라고 부른다. 베가의 실시 등급은 0등급이다. 알타이르는 베가보
다 살짝 어둡게 보이는데, 실시 등급은 0.7등급 정도다. 눈으로 보
면 셋 중에서 데네브가 가장 어둡게 보인다. 데네브의 실시 등급은

1.25등급 정도다. 눈으로 보면 베가, 알타이르, 데네브 세 별 모두 한 등급 이내에서 비슷한 밝기로 보인다.

앞서 이야기했듯이, 우리가 눈으로 별을 볼 때 느끼게 되는 밝기는 거리 때문에 착각하고 있는 겉보기 밝기다. 여름철 대삼각형을 이루는 세 별의 실제 밝기를 비교하면 결과는 그냥 눈으로 봤을 때와는 완전히 달라진다. 셋 중에서 실제로 가장 밝은 별은 데네브다. 태양보다 20만 배나 더 강력한 에너지를 토해내며 아주 밝게 빛나고 있는 거대한 별이다. 눈으로 봤을 때 가장 밝게 보였던 베가의 실제 밝기는 이에 한참 못미친다. 베가는 태양의 겨우 50배 수준으로 빛난다. 알타이르는 태양의 10배 수준으로 빛나며, 실제로는 가장 어두운 별이다.

데네브가 실제로는 태양의 20만 배나 되는 엄청난 밝기로 빛나고 있지만, 눈으로 보면 실제로는 훨씬 어두운 베가보다 오히려 살짝 더 어둡게 보인다. 그것은 데네브가 혼자 아주 먼 거리에 떨어져 있기 때문이다. 데네브는 약 3,000광년 정도 거리에 떨어져 있다. 반면 베가와 알타이르는 훨씬 가까운 25광년, 16광년 거리에 떨어져 있다. 실제 밝기는 데네브가 훨씬 압도적으로 밝은 별이지만, 거리가 너무 멀다 보니 우리의 하늘에선 훨씬 어둡게 보인다.

단순히 눈으로만 보면 베가 > 알타이르 > 데네브 순으로 밝게 느껴지지만, 실제 밝기는 데네브 > 베가 > 알타이르 순서다. 별들이 너무 다양한 거리에 떨어져 있다 보니, 우리는 실제와 다르게 왜곡된 모습으로 우주를 오해하고 있다.

별빛은 사방으로 둥글게 퍼진다. 별빛이 퍼진 거리를 반지름으로 하는 둥근 구의 면적 전체에 빛이 고르게 퍼진다. 구의 면적은 그 반지름의 제곱에 비례해서 넓어진다. 반지름이 두 배 커지면 구의 면적은 네 배 넓어지고, 반지름이 세 배 커지면 구의 면적은 아홉 배 넓어진다. 빛이 사방으로 퍼져야 하는 구의 면적이 넓어질수록 한 지점에 도달하는 빛의 세기는 그만큼 약해진다. 그래서 별까지 거리가 멀어질수록 그곳에서 보게 되는 별의 겉보기 밝기는 거리 제곱에 반비례해서 감소한다. 별까지 거리가 두 배 멀어지면 별은 네 배 어둡게 보이고, 거리가 세 배 멀어지면 별은 아홉 배 어둡게 보인다. 데네브의 실제 밝기는 태양의 20만 배, 베가의 실제 밝기는 태양의 40배 수준이다.

　따라서 실제 밝기로 비교하면 데네브는 베가보다 거의 5,000배 더 밝다. 그런데 지구에서 약 3,000광년 거리에 떨어져 있는 데네브는 겨우 25광년 거리에 있는 베가에 비해, 약 120배 더 먼 거리에 놓여 있다. 따라서 데네브의 겉보기 밝기는 거리 비율을 제곱한 $120^2 =$ **약 14400배** 더 어둡게 보인다. 그래서 데네브와 베가의 겉보기 밝기의 비율은 5000 ÷ 14400 = **약 0.32배 = 1/3배**가 된다. 실제로는 데네브가 베가에 비해 5,000배 더 밝지만, 먼 거리 때문에 겉보기 밝기는 오히려 베가의 3분의 1에 불과한 밝기로 보인다.

　포그슨이 정리했듯이, 2.5배 밝기 차이가 등급으로 한 등급 차이에 해당한다. 따라서, 세 배의 밝기 차이는 대략 1.25등급 정도의 차이다. 2.5를 1.25번 제곱하면 $2.5^{1.25} =$ **약 3**이다. 실제 밝기는 데네브가 훨씬 밝지만, 먼 거리로 인해 겉보기 밝기는 데네브가 더 어둡게 보인다. 그래서 베가의 겉보기 등급은 0등급, 데네브의 겉보기 등급은 그보다 1.25만큼 더 숫자가 큰 1.25등급 정도가 된다.

결국 단순하게 겉모습이 아니라, 각 별의 실제 밝기를 공정하게 비교하려면 모든 별들을 같은 거리에 두고 밝기를 비교해야 한다. 거리가 멀어서 어둡게 보이고, 가까워서 밝게 보이는 거리에 의한 효과를 공정하게 보정한 별의 실제 밝기를 절대적으로 비교한 별의 등급이라는 뜻에서 **절대 등급**Absolute magnitude이라고 한다. 우주에 있는 모든 별을 동일한 거리에 두었다고 가정했을 때, 하늘에서 어느 정도의 등급으로 보일지가 바로 절대 등급이다.

절대 등급을 정의하려면 한 가지 중요한 약속이 필요하다. 모든 별들은 어느 정도의 거리에 옮겨두고 등급을 비교할 것이냐 하는 기준이다. 1902년 네덜란드 천문학자 야코뷔스 캅테인은 밤하늘에서 보이는 겉보기 밝기에 거리를 보정해서 별의 실제 밝기를 구하는 기준을 제안했다. 당시까지 태양계 바깥 다른 별까지의 거리를 재는 데 활용되고 있던 거의 유일한 방법은 연주 시차였다. 당시 관측 기술로 파악할 수 있었던 별들의 연주 시차는 대략 0.05″에서 0.2″ 사이 범위로 평균 0.1″였다.

연주 시차가 1″로 관측되는 지점까지의 거리를 1pc으로 정의한다. 이 기준보다 10분의 1 정도로 더 작은 0.1″의 연주 시차를 보이는 별은 그 거리가 10배 더 먼 10pc에 해당한다. 즉, 당시 연주 시차를 통해 거리를 추정할 수 있었던 별들 대부분 거리가 10pc 안팎이었다. 그래서 캅테인은 모든 별을 10pc 거리에 옮겼을 때, 그 별의 등급이 어떻게 보이는지를 별의 절대 등급으로 정의했다.

예를 들어 밤하늘에서 겉으로 봤을 때는 똑같이 0등급으로 보이는 두 별이 있는 상황을 생각해보자. 그런데 둘 중 한 별은 10pc 거리에 떨어져 있고, 다른 하나는 그보다 10배 먼 100pc 거리에 떨어져 있다. 밤하늘에서 눈으로 봤을 때나 똑같은 밝기로 보일 뿐, 이두 별의 실제 밝기를 공정하게 비교하려면 지구로부터 떨어져 있는 거리를 반영해야 한다. 원래 10pc 거리에 있는 별은 밤하늘에서 보이는 겉보기 등급이 곧 절대 등급에 해당한다. 하지만 훨씬 먼 100pc 거리에 있는 별의 경우에는 겉보기 등급을 정확한 절대 등급으로 보정해주어야 한다.

별의 겉보기 밝기는 거리의 제곱에 반비례해서 어두워지므로 10배더 먼 거리에 있는 별의 겉보기 밝기는 실제보다 100배 더 어둡게 보인다. 즉, 밤하늘에서 똑같이 0등급으로 보이는 겉보기 밝기가 사실은 실제 등급보다 100배 더 어두워진 등급이라는 뜻이다. 따라서 이별은 훨씬 더 밝은 별이지만 거리가 더 멀기 때문에 가까운 거리에 있는 어두운 별과 같은 겉보기 밝기로 보이는 것이다.

100배 밝기 차이는 등급으로 5만큼 차이에 해당하므로 더 멀리떨어진 더 밝은 별의 실제 밝기를 절대 등급으로 표현하면 0등급보다 5만큼 더 작은 등급은 -5등급이 된다. 둘 중 어떤 별이 더 밝은 별인지, 밝기는 몇 배 차이가 나는지를 공정하게 비교하려면 거리 효과 때문에 똑같게 보이는 겉보기 등급이 아닌, 거리 효과를 보정한 절대 등급으로 비교해야 한다.

별의 겉보기 등급과 절대 등급의 차이가 곧 그 별이 얼마나 멀리떨어져 있는지를 보여주는 척도가 된다. 보통 천문학에서 겉보기 등급은 소문자 m으로 표현하고, 절대 등급은 대문자 M으로 표현한다. 앞서 이야기했듯이, 등급 체계에서는 밝기가 어두워질수록 등급의 숫자가 커진다. 그래서 겉보기 등급 m에서 절대 등급 M을 뺀 m-M은 별까지의 거리를 가늠할 수 있게 해주는 가장 중요하고 기본적인 척도가 된다. 이렇게 구한 겉보기 등급과 절대 등급의 차이에 해당하는 m-M을 **거리 지수**Distance modulus라고 부른다.

보통 천문학에서는 거리 지수를 열두 번째 그리스 알파벳 μ로 표기한다. 거리 지수가 크면, 그것은 겉보기 등급이 절대 등급에 비해 숫자가 많이 크다는 뜻이고, 그것은 곧 절대 밝기에 비해 겉보기 밝기아 아주 많이 어둡게 보인다는 뜻이다. 이처럼 별의 겉보기 등급과 절대 등급만 비교하면 아주 간단하게 별까지의 거리를 파악할 수 있다.

별빛의 팔레트로 우주의 지도를 색칠한다

원래 얼마나 밝은 별인지를 안다면 하늘에서 눈으로 봤을 때 보이는 겉보기 밝기를 보고, 어느 정도 먼 거리에 떨어져 있는지 가늠할 수 있다. 그런데 바로 여기에서 아주 난감한 일이 벌어진다. 별까지 거리를 구하려면 절대 등급을 우선 알아야 한다. 그런데 또 절대 등급을 알기 위해선 거리를 알아야 한다. 결국 돌고 도는 쳇바퀴의 수렁에 빠져버린다. 거리와 절대 등급이 서로 밀접하게 연관되어 있다 보니 둘 중 하나를 다른 방법으로 따로 알아내야만 이 난감한 쳇바퀴를 탈출할 수 있다.

그나마 거리가 가까운 별들에 대해서는 문제를 쉽게 해결할 수 있다. 간단하게 연주 시차나 성단의 움직임을 활용해서 거리를 먼저 구할 수 있기 때문이다. 이렇게 따로 알아낸 거리를 겉보기 등급에 반영하면 별들이 실제로는 얼마나 어둡고 밝은 별인지, 절대 등급을 구할 수 있다.

하지만 연주 시차를 활용하는 방법과 성단의 움직임을 활용하는 방법 모두 거리가 조금만 멀어져도 금방 쓸모가 없어진다는 치명적인 한계가 있다. 1,000광년만 벗어나도 쓸 수 없다. 그 이상으로 거리가 멀어지면 태양계와 지구, 별들의 움직임 때문에 발생하는 별들의 겉보기 위치 변화가 너무 미미해지기 때문이다.

물론 1,000광년은 아주 먼 거리다. 그 빠른 빛의 속도로 1,000년을 날아가야 하는 스케일이다. 하지만 우주에서 이 정도 거리는 대수롭지 않은 수준이다. 우리은하 지름만 10만 광년에 달한다. 1,000광년은 우리은하 지름의 100분의 1밖에 안 된다. 연주 시차와 성단의 움직임만 가지고는 우리은하 너머 우주의 지도는커녕 우리은하 안에 살고 있는 별들의 지도조차 완성하지 못한다. 더 먼 곳까지 거리를 재고 우주의 지도를 채워나가기 위해서는 다른 방법이 필요하다.

결국 이후의 천문학의 역사에서 이어지는 모든 거리 재기의 과정은 한 마디로 이렇게 요약할 수 있다. **거리를 모르는 상태로 별의 정확한 절대적 밝기를 따로 알아내는 과정**이다. 거리와 무관하게 별의 절대 등급, 절대 밝기를 따로 구할 수 있다면, 그렇게 알아낸 별의 절대 등급과 밤하늘에서의 겉보기 등급을 비교해서 거리를 알아낼 수 있다. 이제 중요한 질문이 남는다. 거리도 모르는 상태에서 1,000광년 너머 더 멀리 떨어진 별의 실제 밝기를 대체 어떻게 알아낼 수 있을까?

별은 거대한 불씨다. 뜨거운 불씨는 더 밝게 타오른다. 불씨의 온도가 식으면 빛은 어두워진다. 따라서 별이 얼마나 뜨겁게 타오르고 있는지 그 온도를 알 수 있다면 별의 밝기를 유추할 수 있다. 별의 온도는 밝기에 비해 조금 더 쉽게 파악할 수 있다.

뜨거운 빛은 그만큼 에너지가 높은 빛이다. 파동의 형태로 에너지를 전달하는 빛은 에너지가 높을수록 더 빠르게 진동한다. 뜨거운 빛의 파동은 더 좁은 간격으로 촘촘하게 진동한다. 한 번 진동하는 너비를 의미하는 빛의 파장은 짧아진다. 빛은 파장이 짧아질수록 푸른색을 띤다. 그래서 뜨거운 별은 푸르게 빛난다. 온도가 낮은 빛은 에너지가 적다. 빛의 파동도 더 천천히 그리고 넓은 파장으로 진동한다. 빛의 파장이 길면 붉은색을 띤다. 그래서 미지근한 별은 붉게 빛난다.

흔히 빨간색을 뜨거운 색, 파란색을 차가운 색으로 구분한다. 화장실 수도꼭지만 봐도 우리가 색깔의 온도에 대해 갖고 있는 고정관념을 확인할 수 있다. 하지만 별빛의 세계에서는 다르다. 오히려 붉은 별은 온도가 미지근하다는 뜻이고, 푸르게 빛나는 별이 뜨겁다는 뜻이다. 우주의 별빛을 이해하려면 인간 세계에서의 팔레트와는 전혀 다른 미술적 감각이 필요하다.

별빛의 색깔은 밝기에 비해 아주 중요한 장점이 있다. 색깔은 별의 거리와 상관없다. 붉은 별은 가까이 있어도 멀리 있어도 똑같이 붉게 보인다. 마찬가지로 푸른 별도 거리와 무관하게 항상 푸르게 보인다. 단지 거리가 멀어지면 별 자체의 밝기가 어두워질 뿐이다. 별의 정확한 실제 밝기는 그 별까지 거리를 알아야만 알 수 있다. 밤하늘에서 눈으로 봤을 때 바로 보이는 별의 밝기는 그 거리만큼 빛이 퍼지면서 이미 어두워진 상태에 해당하는 겉보기 밝기에 불과하기 때문이다.

하지만 색깔은 굳이 거리 효과를 걱정할 필요가 없다. 붉은 별은 어둡건 밝건 똑같은 붉은 별이고, 푸른 별도 밝기와 무관하게 어쨌든 푸른 별이다. 마치 친구의 낯빛만 보고도 컨디션을 가늠하는 것처럼 천문학자들도 멀리서 빛나는 별들의 낯빛을 보고 별의 표면온도를 가늠한다.

1899년 천문학자 리처드 앨런은 별빛의 미묘한 색깔 차이를 발견했다. 그는 별빛의 색깔을 시인처럼 구분했다. 별빛의 색깔을 노란 금빛, 흐린 장밋빛, 밝은 흰빛 등으로 불렀다. 하지만 이런 눈대중만으로는 별빛의 색깔을 체계적으로 파악하기 어렵다. 앨런만큼 문학적 감수성이 풍부하지 못한 천문학자라면 그처럼 알록달록하고 다채로운 별빛을 느끼지 못할 것이다.

하얗게 빛나는 형광등 빛도 얼핏 보면 단순히 하얀 빛 하나만 비추고 있는 것 같지만 그렇지 않다. 사실 형광등은 빨주노초파남보 일곱 가지 색깔의 빛이 한꺼번에 비추고 있다. 우리는 형광등에서 나오는 다양한 색깔의 빛을 한데 섞어서 전체 색깔을 느낀다. 빛은 색깔이 섞일수록 밝고 하얗게 변한다. 그래서 모든 색깔의 빛이 혼합된 색깔인 하얀 빛으로 형광등 빛을 인식한다.

형광등 빛을 프리즘을 거쳐서 보면 그 속에 섞여 있던 일곱 빛깔의 무지개 빛을 구분해서 볼 수 있다. 빛은 유리나 물처럼 서로 다른 매질을 통과할 때 속도가 달라지고 경로가 꺾인다. 빛이 굴절되는 정도는 그 빛의 파장에 따라 달라진다. 파장은 곧 빛의 색깔을 결정한다. 파장이 긴 붉은 빛은 굴절되는 정도가 작다. 반면 파장이 긴 푸른 빛은 굴절되는 정도가 크다. 그래서 하얀 형광등 빛 속에 한데 섞여 있던 각기 다른 색깔의 빛들이 프리즘을 통과하고 나면 조금씩 다른 각도로 굴절되면서 다양한 색깔의 빛이 다른 자리에서 비치는 모습을 보게 된다. 이렇게 만들어진 알록달록한 빛의 띠를 **스펙트럼**Spectrum이라고 부른다.

별빛의 색깔도 형광등의 색깔과 똑같다. 우리가 눈으로 인식하는 모든 별빛의 색깔은 그 별이 방출하는 여러 다양한 색깔의 빛이 혼합된 색깔이다. 형광등 빛과 마찬가지로 별빛도 프리즘을 통과시키면 그 속에 섞여 있는 각기 다른 색깔의 빛을 분해할 수 있다. 이러한 관측 방식을 빛의 성분을 분해한다는 뜻에서 **분광**Spectrometry이라고 한다. 분광 관측을 통해 별의 색깔을 정교하게 파악하고 각 별들의 표면온도를 가늠할 수 있다.

1911년 덴마크의 화학자 겸 천문학자였던 아이나르 헤르츠스프룽은 히아데스 성단에 모여 있는 별들의 밝기와 색깔을 비교했다. 헤르츠스프룽이 관측한 별들은 모두 히아데스 성단이라는 하나의 성단에 함께 모여 있는 별들이었기 때문에 모두 지구로부터 비슷한 거리에 떨어져 있다. 그래서 그중에서 더 밝게 보이는 별은 실제로도 더 밝은 별이라고 볼 수 있다. 이후 그는 히아데스 성단 다음으로 지구에서 볼 수 있는 또 다른 가까운 성단인 플레이아데스 성단에서 관측한 62개 별들의 밝기와 색깔도 함께 비교했다.

그로부터 정확히 3년이 지난 시기에 영국의 천문학자 헨리 러셀도 헤르츠스프룽과 비슷한 작업을 독립적으로 수행했다. 1913년 여름 독일 본에서 개최된 국제태양연구협력연합 회의에 참석한 러셀은 미국인 천문학자들 앞에서 짧은 강연을 진행했다. 그 자리에서 그는 특별한 그래프를 새롭게 공개했다. 연주 시차가 잘 알려져 있어서 거리를 정확하게 알 수 있었던 별 220개의 등급과 색깔을 비교한 그래프였다. 그래프의 가로축은 별의 색깔을 분광 관측해서 파악한 각 별들의 표면온도를 나타냈고, 세로축은 거리가 멀고 가까운 정도를 보정해서 구한 절대 등급을 나타냈다.

러셀의 그래프는 깔끔하게 별의 표면온도가 더 뜨거울수록 별의 실제 밝기도 더 밝다는 사실을 보여주었다. 사실 러셀은 자신의 발표보다 3년 앞서 헤르츠스프룽이 이미 똑같은 방식으로 별의 특성을 분석하는 방법을 제안했다는 사실을 알지 못했다. 당시는 지금처럼 실시간으로 세계 곳곳에서 출간되는 논문과 발표 자료를 확인할 수 없는 시절이었다. 천문학계에서는 별의 등급과 색깔을 함께 비교하는 방식을 고안한 헤르츠스프룽과 러셀 두 사람 모두의 공로를 인정한다. 이렇게 별의 특성을 비교하는 그래프를 두 사람 모두의 이름을 붙여서 **헤르츠스프룽-러셀 다이어그램** Hertzsprung-Russell diagram, 줄여서 **HR도**라고 부른다.

별을 봤을 때 별마다 두드러지게 달라 보이는 겉모습의 특징은 단두 가지뿐이다. 어떤 별은 밝게 빛나고, 어떤 별은 어둡게 빛난다. 별마다 방출하는 에너지의 양이 다르기 때문에 밝기가 다르게 관측된다. 또 어떤 별은 붉게 빛나고, 어떤 별은 푸르게 빛난다. 별마다 표면온도가 달궈진 정도가 다르기 때문에 별의 색깔이 다르게 관측

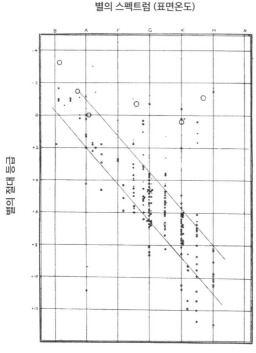

별의 스펙트럼 (표면온도)

1913년 헨리 러셀이 발표한 별의 절대 등급과
별의 표면온도를 나타낸 그래프.

된다. 뒷동산에 올라가 싸구려 망원경으로 별을 바라보든, 값비싼
초대형 우주 망원경을 띄워서 별을 바라보든 상관없다. 관측을 통
해 파악할 수 있는 별의 정보는 사실 별의 밝기와 색깔, 단 두 가지
뿐이다.

　헤르츠스프룽과 러셀이 제시한 그래프는 바로 관측을 통해 알 수
있는 별의 가장 기본적인 물리량을 직접 비교하는 방식이다. 그리
고 이것은 이후 우주에 존재하는 모든 별들의 삶과 죽음의 과정을

추적할 수 있게 해주는 훌륭한 길잡이가 되었다.

헤르츠스프룽과 러셀의 그래프 위에 실제 관측된 별의 밝기와 색깔에 맞게 점을 찍어보면, 대부분의 별들은 온도가 낮고 어두운 쪽에서 온도가 뜨겁고 밝은 쪽으로 길게 대각선 모양으로 분포한다. 가장 많은 수의 별이 이 일관된 경향을 따라간다. 그래서 이 별들을 주류의 별들이 하나의 계열을 이루고 있다는 뜻에서 **주계열성**Main-sequence star이라고 부른다.

우리 태양도 주계열성 중에서 주황색으로 빛나는 별 하나일 뿐이다. 우리가 하늘에서 볼 수 있는 별 대부분은 주계열성이다. 따라서 별빛의 색깔로 별의 표면온도를 가늠하면 그 별의 실제 밝기를 유추할 수 있다. 별빛의 색깔은 별까지 거리와 상관없이 분광 관측으로 파악할 수 있다. 이렇게 별의 표면온도를 통해 따로 유추한 절대 밝기와 하늘에서 보이는 겉보기 밝기를 비교하면 별까지 거리를 알 수 있다.

거리가 어긋나는 별에 외계인이 산다

지금까지 살펴본 태양계 바깥 먼 별까지 거리를 재는 방법은 크게 두 가지로 정리할 수 있다. 하나는 태양을 중심으로 공전하는 지구 자체의 움직임에 의해 주변 별들이 보이는 위치가 달라 보이는 연주 시차를 활용한 방법이다. 기하학적으로 별까지 거리를 직접 구하는 방법이기 때문에 수학적으로 아주 정확하다.

2013년 발사된 가이아 위성이 바로 이 시차를 활용해서 우리은하 속 수억 개에 달하는 별들의 세밀한 입체 지도를 채워가고 있다. 현재 가이아는 최대 3만 광년 범위에 들어오는 우리은하 속 별들에 대해서 10% 이내의 정밀도로 별까지의 거리를 측정하고 있다.

별까지 거리를 잴 수 있는 두 번째 방법은 별의 표면온도를 파악할 수 있는 분광 관측을 통해 별의 절대 밝기를 먼저 유추하는 방법이다. 분광 관측으로 파악한 별의 스펙트럼 형태와 색깔을 바탕으로 별이 얼마나 뜨거운지를 파악한다. 이를 통해 별이 실제로 얼마나 밝게 빛나고 있어야 할지를 파악하면 하늘에서 보이는 겉보기 밝기와 비교해 거리를 알 수 있다.

시차를 활용해서 거리를 구하는 기하학적인 방법은 별의 실제 밝기와 아무런 상관이 없다. 별의 시차에는 태양을 중심으로 공전하는 지구 자체의 움직임만 영향을 준다. 반면 분광 관측을 활용한 방식은 별의 겉보기 밝기와 실제 밝기를 비교해서 거리를 구한다.

그런데 만약 어떤 별이 외계 문명이 건설한 초대형 구조물로 가려져 있다면 어떨까? 그래서 별이 실제보다 훨씬 더 어둡게 보이는 상태라면 우리는 그 별의 겉보기 밝기를 훨씬 더 어둡게 느낄 것이다. 그리고 그 별이 원래 놓여 있는 것보다 더 먼 거리에 떨어져 있다고 착각할 수 있다. 반면 별의 밝기와 상관없이 단순히 기하학적인 방법으로 거리를 구하는 연주 시차 방식은 그 별이 구조물로 가려져 있더라도 결과에는 아무런 영향을 받지 않는다.

별 주변에 별빛을 가리는 거대 구조물이 아무것도 없다면 시차를 활용해 구한 거리와 분광 관측을 활용해 구한 거리는 비슷해야 한다. 그런데 만약 별이 무언가에 가려져서 어둡게 보이는 상태라면 연주 시차로 구한 거리에 비해서 분광 관측으로 구한 거리가 더 멀게 나와야 한다!

지금까지 관측된 별들 중에서 정말로 연주 시차로 구한 거리에 비해 분광 관측으로 파악한 거리가 더 멀게 보이는 별이 있다면, 어쩌면 그 별이 거대한 인공 구조물로 가려져 있다는 뜻일 수 있다. 그리고 두 가지 방식으로 구한 별까지 거리를 비교하면 별 표면이 얼마나 가려져 있는지를 파악할 수 있고, 다이슨 스피어의 규모가 얼마나 거대한지도 알 수 있다!

최근 천문학자들은 이러한 아이디어를 바탕으로 다이슨 스피어 사냥을 시도했다. 우리은하 속 별들의 세밀한 위치와 움직임을 파악한 가이아 위성의 첫 번째 공개 데이터를 활용했다. 그리고 각 별들의 정밀한 스펙트럼 관측 데이터는 RAVE Radial Velocity Experiment의 다섯 번째 공개 데이터를 활용했다. 두 관측 프로젝트에서 모두 동일하게 관측된 별은 약 23만 개다.

더 정확한 분석을 위해서 가이아는 10% 이내의 정밀도로, RAVE는 20% 이내의 정밀도로 관측된 별들만 남겼다. 그 결과 두 관측 프로젝트에서 모두 높은 정밀도로 관측된 유효한 별은 8,441개가 걸러졌다. 그리고 놀랍게도 이 별들 중에서 연주 시차로 추정되는 거리에 비해서 분광 관측으로 파악한 거리가 유독 더 멀게 보이는 이상한 별 하나를 찾아냈다. 태양과 비슷한 6,200K 정도의 온도로 빛나고 있는 별 TYC 6111-1162-1이다.

이 별의 분광 관측으로 파악한 스펙트럼을 바탕으로 추정한 거리는 약 720광년이다. 하지만 가이아의 연주 시차 관측으로 추정되는

거리는 훨씬 짧은 360광년밖에 안 된다. 연주 시차로 구한 거리에
비해서 거의 두 배나 더 멀게 있는 것처럼 보일 정도로 별은 너무 이
상하리만큼 어둡게 보인다. 이 정도로 훨씬 어둡게 보이려면 별빛
의 전체 70%가 무언가 거대한 것에 가려져 있어야 한다. 정말 이 별
에 거대 구조물을 건설하는 데 성공한 집념의 외계 종족이 살고 있
기라도 한 걸까?

천문학자들은 외계인의 존재 가능성에 대해서 굉장히 흥미로운
태도를 취한다. 이 넓은 우주 어딘가에 지구인처럼 고도로 진화하
고 발전한 성공한 외계 생명체가 충분히 존재하리라 기대한다. 하
지만 동시에 현재 인류의 기술로 그들의 존재를 확인하는 건 어려
울 것이라는 소심하고 겸손한 태도도 함께 갖추고 있다. 그래서 보
통 천문학자들은 외계 생명체, 나아가 외계 문명의 징후로 의심해
볼 만한 흥미로운 관측 데이터를 발견해도 최대한 다른 자연적인
방식으로 그 데이터를 설명해보려고 애쓰는 모습을 보인다.

어쩌면 이미 우리는 외계 문명에 의해 날아온 신호를 포착했을지
도 모른다. 하지만 지나친 소심함과 겸손함 때문에 미처 그 신호가
외계 문명에 의한 것이었다는 것을 눈치채지 못하고 넘어갔을지도
모른다. 연주 시차로 파악한 거리와 분광 관측으로 파악한 거리가
확연하게 다르게 나오는 이상한 별 TYC 6111-1162-1에 대해서도
마찬가지다. 천문학자들은 섣부르게 판단하지 않는다. 최대한 다른
자연적인 방식으로 설명될 수 있는 여지가 있는지를 꼼꼼하게 따져
보고, 결국 모든 대안이 다 배제되고 나서야 조심스럽게 놀라운 가
능성에 귀를 기울인다.

천문학자들은 별 TYC 6111-1162-1에 정말 외계 문명의 거대 구조물이 있을지를 검증하기 위해서 아프리카 카나리아제도에 있는 노르딕 광학 망원경으로 추가 관측을 진행했다. 그 결과 이전까지 알려지지 않았던 새로운 가능성이 제기되었다. 이 별이 단순히 혼자 빛나는 외톨이 별이 아니라 옆에 잘 보이지 않는 어두운 동반성을 거느리고 있을 가능성이다. 만약 이 별이 동반성과 함께 짝을 이루고 있는 쌍성이라면 연주 시차 관측에 큰 오차를 일으킬 수 있다. 동반성과 함께 서로의 곁을 맴돌면서 별 자체의 위치가 요동치기 때문에 지구의 하늘에서 보이는 별의 위치 변화가 더 크게 관측될 수 있다. 실제보다 연주 시차를 두 배 정도 부풀려서 오해하게 되면 거리는 절반 정도 더 가깝다고 착각하게 된다.

어쩌면 곁에 숨어 있던 동반성의 존재가 이 별의 어긋난 거리 추정의 원인이었을지 모른다. 안타깝게도 당장은 김빠지는 결론이지만, 다이슨 스피어라는 SF 소설에나 나올 법한 신비로운 개념을 실제 과학적인 방법을 바탕으로 객관적으로 검증할 수 있다는 점은 흥미롭다.

만약 이런 방법으로 정말 언젠가 다이슨 스피어가 아니면 설명할 수 없는 완벽한 후보 별이 발견된다면 그들에게 지구의 메시지를 보내볼 수 있지 않을까? 실제로 외계 문명과 신호를 주고받기 위해서 지구 곳곳의 전파 안테나로 신호를 기다리고 있는 일명 외계 지적 생명체 탐사 SETISearch for Extra-Terrestrial Intelligence 과학자들은 이런 과감하고 용감한 제안을 내놓는다. 하지만 이것은 그리 현명한 시도는 아닐 확률이 높다.

다이슨 스피어를 건설하는 데 끝내 성공한 외계 문명에게 지구의 위치를 노출시키는 것이 좋은 선택이 아닐 수도 있기 때문이다. 다이슨 스피어를 만들려면 기술 수준이 높아야 할 뿐만 아니라 자원도 충분히 갖추고 있어야 한다. 우리 태양을 두께 1~2cm로 감싸는 아주 얇은 다이슨 스피어를 만들려고 해도 태양 주변을 맴도는 행성과 소행성을 모두 재료로 써도 부족하다. 제 기능을 하는 다이슨 스피어를 만들려면 결국 태양계 바깥 다른 별에서까지 재료를 공수해야 한다.

이러한 자원 문제는 다이슨 스피어를 만들고자 하는 다른 외계 종족들도 비슷하게 겪고 있을 것이다. 따라서 실제 다이슨 스피어를 만드는 데 성공한 외계 종족이 있다면 그들은 자신들이 살고 있는 고향 행성계뿐 아니라 인접한 다른 행성계에서까지 자원을 뺏어왔을 가능성이 크다. 심지어 그들은 다른 별 곁에 이미 터전을 잡고 살고 있는 원주민 생명체들이 있더라도 개의치 않고 파괴하는 상당히 호전적인 문명일 가능성이 높다. 어쩌면 다이슨 스피어는 존재 자체만으로 그 문명의 폭력성과 잔혹함을 보여주는 상징일지 모른다.

우리는 끝없이 펼쳐진 우주에서 극한의 외로움을 느끼며 살아간다. 부디 우주 어딘가에 우리와 비슷한 모습으로 살아가며 비슷한 고민을 하고 있는 또 다른 존재가 있기를 바란다. 만난 적 없는 그들을 그리워한다. 미지와의 조우를 꿈꾸며 인류의 편지를 품고 날아간 보이저의 이야기를 떠올리며 또 다른 문명과의 조우를 마냥 평화롭고 아름답게 포장한다.

하지만 우주에 꼭 평화를 사랑하는 성숙한 문명만 있으리란 법은

없다. 다이슨 스피어라는 거대 구조물을 만드는 데 성공한 외계 문
명에게까지 인류의 편지를 보내는 것에는 조금 신중할 필요가 있
다. 어쩌면 별 TYC 6111-1162-1에 살고 있는 외계인들에게 우리
지구도 그저 탐나는 다음 채석장 후보에 불과할지 모르니 말이다.

5장

은하들의 바다를 비추는
변덕스러운 등대 불빛

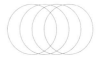

유리 조각에 담긴 별빛의 추억

2016년 1월 15일, 이른 아침부터 하버드 대학교 천문학자들의 전화가 쉬지 않고 울렸다. 밤샘 연구로 꿀잠을 자고 있던 대학원생부터 백발의 노교수, 심지어 행정실 직원까지 모두 머리도 채 감지 못한 채 허겁지겁 뛰쳐나왔다. 이들은 모두 한곳을 향했다. 하버드 대학교 **옵저버토리 힐** Observatory Hill, 이름 그대로 오래된 천문대 하나가 세워져 있는 언덕이다.

원래 이곳은 **썸머 하우스 힐** Summer house Hill이라고 불렸다. 그런데 1874년 하버드 대학교는 이 부지를 매입하고 천문대를 세웠다. 당시까지만 해도 하버드 대학교에는 이렇다 할 천문 관측 시설이 없었다. 심지어 인근 사립 고등학교에서도 별도의 천문대를 운영하기 시작하자, 하버드 대학교도 뒤늦게 천문대의 필요성을 느꼈다.

어렵게 모은 기부금으로 지름 38cm의 렌즈로 만든 굴절 망원경을 하나 마련했다. 지금 보면 아담한 규모이지만 당시까지만 해도 세계에서 가장 강력한 망원경 중 하나였다. 이름도 나름 거창한 **대굴절 망원경** Great refractor이다. 사람이 맨눈으로 볼 수 있는 것보다 40만 배나 더 어두운 천체까지 볼 수 있었다. 지금은 이 천문대를 더 이상 쓰지 않는다. 검푸르게 색이 바랜 천문대의 돔을 보면 얼마나 오랫동안 돔이 굳게 닫혀 있었는지 세월을 실감할 수 있다.

1900년대까지만 해도 천문학자들은 이곳에서 관측 데이터를 모았다. 하지만 지금은 더 이상 쓰지 않는다. 200년도 채 되지 않아서 눈부시게 밝아진 보스턴의 밤하늘을 뚫고 19세기에 지어진 작은 망원경으로 우주를 보는 건 의미가 없어졌다. 대신 이 건물은 19세기부터 역사상 처음 체계적으로 진행되었던 대규모 사진 관측의 보물을 보관하는 수장고로 쓰인다.

2016년 1월의 바로 그날 이 역사적인 수장고에서 큰 소란이 벌어졌다. 아침 8시 30분, 출근한 직원은 건물 지하 창고에서 이상한 소리를 들었다. 아래층으로 향하는 계단을 밟자마자 신발 끝에서 물이 찰랑거렸다. 지하 창고는 이미 발목 높이까지 물이 차 있었다. 건물 지하 바닥에 매설되어 있던 파이프 배관이 터지는 바람에 물이 새고 있었다. 직원이 처음 상황을 발견했을 때는 이미 60cm 높이까지 물이 차 있었다. 그는 허겁지겁 동료들을 깨웠고 파이프를 잠갔다. 물은 거의 1m 높이까지 차오르고 나서야 멈췄다.

이 창고에는 얇은 종이 케이스가 가득 담긴 책꽂이가 빽빽하게 진열되어 있다. 책꽂이 사이 공간이 너무 좁아서 그 틈을 지나가려면 숨을 참고 배를 최대한 집어넣어야 할 정도다. 창고에 들어가면 그

첫인상은 마치 음악의 대가가 오랫동안 수집한 비닐 레코드 컬렉션을 훔쳐보는 기분이 든다. 하지만 이곳에 보관되고 있는 건 비틀즈의 데뷔 앨범도, 마이클 잭슨의 미발매 녹음본도 아닌 푸르스름하고 반투명한 유리판들이다. 유리판 위에는 크고 작은 다양한 크기의 검고 둥근 곰팡이 같은 얼룩이 찍혀 있다. 이 검은 얼룩은 수천수만 광년을 날아온 과거 우주의 빛을 머금고 있다.

　사진이 등장하기 전까지 천문 관측은 지극히 개인적 경험이었다. 사람의 눈은 빛을 저장하지 못한다. 매순간 눈동자에 닿은 빛은 우리의 신경을 자극하고 그대로 사라진다. 항상 눈동자에 빛이 닿는 찰나의 순간만 볼 뿐이다. 그 순간 바라봤던 망원경 렌즈에 비친 별빛의 모습은 천문학자 개인의 기억에만 남아 있을 뿐이었다. 다른 사람들에게 그 별빛의 모습을 그대로 보여줄 수도 없었다. 안타깝게도 사람의 눈은 빛을 보관하기에는 적절치 않은 그릇이다. 구멍이 숭숭 뚫려 있는 채반과 같다. 비가 아무리 많이 쏟아져도 채반으로는 빗물을 담을 수 없다. 빗방울이 떨어지는 족족 그대로 구멍 사이로 새어나가기 때문이다. 빗방울을 담아두려면 바닥이 꽉 막혀 있는 제대로 된 그릇이 필요하다. 빛을 담는 방법, 바로 사진이다.

　19세기 초 당시 화가들은 주변 풍경을 더 사실적으로 그리기 위해 특별한 도구를 활용하고 있었다. 작은 구멍이 뚫려 있는 바늘구멍 사진기를 통해 풍경을 바라보면 거꾸로 뒤집힌 풍경의 모습이 캔버스에 그대로 비쳐보였다. 화가들은 캔버스 위에 비치는 풍경을 보고 그림을 따라 그렸다.

　당시 프랑스의 화가 루이 다게르는 이마저도 충분하지 않다고 생각했다. 화가의 손을 거치지 않고, 화가의 실력과 무관하게 있는 그대로의 풍경을 담을 수 있는 방법을 고안했다. 그는 은으로 도금한 구리판을 아주 매끈하게 광택을 냈다. 그리고 구리판을 아이오딘으로 적셨다. 아이오딘이 구리판 표면의 은과 반응하면서 빛에 반응하면 물이 드는 성분이 만들어졌다. 그 수은 증기로 채워진 상자 안에 구리판을 넣었다. 상자에 있는 작은 구멍으로 주변 풍경의 빛이 들어오면서 수은 증기와 반응하면 빛이 비치는 구리판 표면에 하얀 아말감 성분이 만들어졌다. 그대로 주변 풍경의 모습이 구리판에 그려졌다! 사람의 손을 거치지 않고 주변 풍경의 빛을 그대로 담는 최초의 사진 기술이었다. 다게로가 발명한 이 방식을 **다게레오타입**Daguerreotype이라고 부른다.

다게로의 구리판은 산과 호수 풍경뿐 아니라, 어두운 밤하늘의 별도 향했다. 하지만 별빛은 도금된 구리판에 흔적을 남기기에는 너무 미미했다. 다게로는 처음으로 별빛을 사진으로 찍는 시도를 한 사진가였지만 그의 시도는 성공적이지 못했다. 처음으로 밤하늘의 빛을 사진으로 담는 데 성공한 사례는 1845년 4월 2일 프랑스의 물리학자 이폴리트 피조와 레옹 푸코에 의해서였다. 이후 1850년 미국 하버드 대학교 천문대에서 근무했던 천문학자 윌리엄 크랜치 본드는 다게레오타입 사진 기술로 달의 모습을 촬영하는 데 성공했다. 그리고 같은 해 북반구 밤하늘에서 가장 밝게 보이는 별 중 하나인 거문고자리 베가의 빛도 담아냈다.

2009년 1월 15일 뉴욕 맨해튼 도심 한복판에서 US 에어웨이즈 1549편 항공기가 불시착하는 사고가 벌어졌다. 기장의 기지 덕분에 항공기는 뉴욕의 마천루와 부딪히지 않고 도심을 가로지르는 강 위에 무사히 착륙했다. 톰 행크스 주연의 영화 〈**설리** Sully〉의 배경이 된 이 사건이 벌어진 뉴욕의 허드슨강은 사실 오래전부터 달을 바라보는 관측 명소로도 유명했다.

　의사이자 천문 관측에 진심이었던 존 윌리엄 드레이퍼는 허드슨 강변에 직접 작은 천문대를 만들었다. 그리고 1840년부터 망원경으로 본 달의 모습을 사진으로 기록했다. 아버지를 따라 똑같이 의사이자 천문 관측 취미까지 물려받은 아들 헨리 드레이퍼도 허드슨 강변에서 수많은 밤하늘 사진을 남겼다.

　특히 이 시기에 빛에 더 민감하게 반응하는 **브로민화 은** Silver bromide 이 알려지면서 사진 성능은 더 좋아졌다. 빛에 반응하면서 색깔이 변하는 재료를 감광제 또는 **사진 에멀전** Photoemulsion이라고 한다. 브로민화 은을 감광제로 써서 코팅하기 시작하면서 기존의 사진보다 훨씬 더 어두운 별빛까지 사진으로 담아낼 수 있게 되었다. 이때부터 사진을 인화할 때 브로민화 은을 많이 쓰기 시작했는데, 이 성분의 이름에서 따와서 스타의 사진이 담긴 커다란 사진을 브로마이드라고 부르기도 했다.

　헨리 드레이퍼는 11인치 반사 망원경으로 찍은 수천 장 가까운 밤하늘 사진을 남기며 취미 생활을 제대로 즐겼다. 드레이퍼가 찍은 사진 중에는 1880년 9월 30일, 총 50분의 노출을 통해 찍은 오리온 성운의 사진도 있다. 투박하지만 우리에게 익숙한 오리온 성운과 그 주변 밝은 별들의 모습이 어렴풋하게 보인다. 1882년 3월 14일에도 오리온 성운을 찍었는데, 이때는 훨씬 긴 137분의 노출로 사진을 찍었다. 덕분에 훨씬 더 선명한 성운의 모습을 볼 수 있다. 드레이퍼가 남긴 이 사진들은 망원경으로 오리온 성운을 찍은 가장 오래된 사진으로 남아 있다.

별빛을 사진으로 기록할 수 있게 만들어준 가장 혁신적인 발명은 1871년 영국 출신의 치과 의사 리처드 매독스에 의해 이루어졌다. 매독스의 사진 기술의 혁명은 달걀 흰자에서 시작되었다. 단백질인 젤라틴은 높은 온도에서는 흐물거리지만 특정 온도 아래로 내려가면 딱딱하게 굳는 성질을 갖고 있다. 덕분에 유리판에 바른 감광제가 흘러내리지 않도록 잡아주는 역할을 할 수 있었다. 유리판에 감광제가 축축하게 발라져 있지 않은 마른 상태에서도 빛을 담을 수 있는 새로운 길이 열렸다. 그래서 매독스가 개발한 유리판을 건조하게 마른 유리판이라는 뜻에서 **사진 건판**Dry plate이라고 한다.

사진 건판은 더 어두운 빛까지 감지할 수 있는 놀라운 감도를 보여주었다. 덕분에 이제 셔터를 아주 짧게 열고 닫아도 충분히 사진

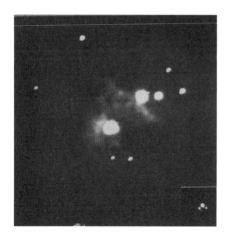

1880년 헨리 드레이퍼가 촬영한 최초의 오리온 성운 사진.

을 찍을 수 있었다. 이전에는 빛을 최대한 많이 모으기 위해서 오랫동안 셔터를 열어두어야 했다. 그래서 오랜 시간 가만히 멈춰 있는 정적인 풍경만 담을 수 있었다. 그러나 사진 건판 덕분에 훨씬 빠른 속도로 셔터를 열고 닫을 수 있게 되면서 빠르게 움직이는 물체의 찰나의 모습까지 순간 포착할 수 있게 되었다. 사람 눈으로 미처 볼 수 없었던 빛까지 담을 수 있게 된 것이다.

영국의 사진가 에드워드 머이브리지가 찍은 말을 타고 달리는 기수의 사진은 사진 건판의 뛰어난 성능을 한눈에 보여주는 대표적인 작품이다. 그는 열두 대의 카메라를 사용해서 말이 달리는 순간의 모습을 포착했다. 특히 그의 사진은 말이 어떤 식으로 앞다리와 뒷다리를 움직이는지를 자세하게 보여주었다. 그 모습은 이전까지 화가들이 상상했던 모습과 완전히 달랐다. 사진 기술의 발전은 인류가 믿고 있던 상식을 하나씩 깨트렸다.

인류의 상식은 지상 세계뿐 아니라 우주에서도 금이 가기 시작했다. 훨씬 어두운 빛까지 민감하게 담을 수 있게 되면서 이제 천문학자들은 밝은 보름달뿐 아니라 어두운 별과 혜성까지 사진으로 남겼다. 망원경으로 특정한 천체를 추적하면서 더 오랜 시간 사진 건판에 빛을 모으면 망원경으로도 겨우 보이는 아주 어두운 별빛까지 선명하게 담아낼 수 있었다.

19세기 말 개량된 망원경 성능과 사진 건판 기술이 만나면서 비로소 천문 관측의 퀄리티는 비약적으로 발전했다. 이전까지 천문학자 개인의 추억, 기억에만 존재했던 별빛의 모습은 이제 유리판에 고스란히 기록되는 객관적인 증거가 되었다. 유리 속 우주에서는 빛과 어둠이 뒤바뀐다. 건판 위에 투명한 부분은 빛이 감광제를 물들이지 못했다는 뜻이다. 아무것도 없는 깜깜한 배경 하늘을 찍으면 유리판은 그대로 투명하게 남는다. 오히려 검게 얼룩진 부분이 밝은 빛을 받아 감광제가 물이 든 부분이다. 더 짙은 검은색으로 물들수록 더 눈부시게 밝게 빛났다는 것을 의미한다.

19세기 말 천문학자들은 사진 건판 기술을 활용해 빛과 어둠이 서로 반전된 우주의 작은 한 조각을 유리 조각으로 옮겼다. 사진 건판 시대에 밤하늘을 관측했던 천문학자들은 아마도 고대 철학자들이 상상했던 수정 구슬로 둘러싸인 우주 유리벽의 작은 조각을 하늘에서 그대로 떼어내는 기분이 들었을 것이다.

2016년 갑작스러운 물난리로 소동이 벌어졌던 천문대 수장고에 보관되어 있던 보물이 바로 이 사진 건판들이다. 100년 전, 아직 사진이 디지털이 아닌 아날로그 건판에 기록되고 있던 시절부터 쌓아온 소중한 우주의 추억들이다. 이처럼 귀중한 천문 관측의 자산이 물에 잠길 뻔했다니. 물난리를 처음 발견했던 직원의 연락을 받고 달려온 천문학자들은 서둘러 물에 잠겨 있던 종이 케이스와 사진 건판을 구했다. 하버드 천문대의 오래된 수장고 건물은 화재와 지진에는 대비가 되어 있었지만, 정작 건물 지하에 깔려 있는 파이프가 터질 거라고는 누구도 예상치 못했다.

당시 보관되어 있던 총 51만 장의 사진 건판 중에서 물에 이미 잠겼거나 잠길 뻔했던 6만 장의 사진 건판을 구출했다. 천문학자들은 창고에 팬을 돌리면서 사진 건판의 물기를 말렸다. 그러는 동안 얼굴에 흐르는 땀과 눈물도 함께 말렸다. 만약 간밤에 차오른 물 속에 사진 건판에 묻어 있던 오래전 우주에서 날아온 빛의 흔적이 말끔히 씻겨버렸다면 먼 옛날 알렉산드리아 대도서관이 통째로 불타 없어졌던 것만큼이나 인류 지식의 역사에 가장 끔찍한 또 다른 공백이 생기는 사건으로 기록되었을 것이다.

창고 속에서 서서히 물기를 날려보내고 있던 사진 건판 중 하나는 멀리 남반구 밤하늘의 소마젤란 은하에서 날아온 빛을 머금고 있었다. 이 작은 손바닥만 한 크기의 사진 건판은 천문학자 헨리에타 스완 레빗이 눈을 감는 순간까지 그녀와 함께했다.

페루의 밤하늘이 레빗에게 전해지기까지

레빗이 태어나기 8년 전, 1876년 10월 서른 살의 젊은 천문학자 에드워드 피커링이 하버드 천문대장으로 부임했다. 피커링은 밤하늘에 빛나는 별들의 밝기를 보다 체계적으로 표준화하는 작업을 시작했다. 밤하늘에서 비교적 쉽게 찾을 수 있는 유명한 별들을 기준으로 주변에 있는 다른 별들의 밝기를 비교해서 일관된 기준으로 별들의 밝기를 정리했다. 예를 들면 북반구에서는 북극성을 고를 수 있다. 북극성은 지구가 자전하는 내내 지평선 아래로 저물지 않는다. 그래서 다른 별들과 밝기를 비교하기에 아주 좋은 타깃이다.

피커링은 북극성을 기준으로 별들의 밝기를 표준화하기 위한 새로운 장치도 만들었다. 망원경 두 개가 하나로 붙어 있는 모습이었는데, 망원경 한쪽은 북극성을 조준하고 있고 또 다른 한쪽은 다른 별을 향하도록 했다. 그래서 동시에 북극성과 다른 별이 한 시야에 들어오도록 만들어서 별의 밝기를 비교했다. 피커링은 북극성 주변에서 보이는 별 4,500개의 보다 정확한 밝기를 정리한 새로운 카탈로그를 만들었다.

하지만 하늘은 둥글다. 북반구 밤하늘만 보면 하늘의 절반밖에 보지 못한다. 북반구뿐 아니라 남반구 하늘까지 모두 채워야 진정한 모든 우주를 담은 아틀라스를 완성할 수 있다. 그래서 그는 남반구에도 새로운 천문대를 지었다. 이를 위해 남미 페루에서 적당한 관측지를 물색했다. 그는 동료 슬론 베일리를 현장에 파견했고, 1889년 처음에는 수도 리마 근처에 있는 높은 산꼭대기를 점찍었다. 그리고 이곳에 하버드 천문대의 **보이든 스테이션** Boyden Station을 건설했고, 이 산에는 **하버드산** Mount Harvard이라는 이름을 지었다.

피커링은 이 먼 곳까지 지름 61cm의 거대한 망원경을 새로 보냈다. 미국 보스턴에서 남미 페루의 항구까지 작은 부품으로 분해한 망원경이 배에 실려서 이동했다. 하지만 처음의 기대와 달리 이곳의 날씨는 관측하기에 그리 좋지 않았다. 1년 동안 맑은 날이 별로 없었다.

결국 피커링과 베일리는 새로운 장소로 천문대를 옮겼다. 1891년 10월 하버드산 꼭대기에 있던 망원경은 1년 만에 다시 페루에서 리마 다음으로 가장 큰 도시 아레키파로 옮겨졌다. 이렇게 완성된 아레키파에서의 두 번째 하버드 천문대는 1927년까지 30년 가까운 세월 동안 남반구 밤하늘의 빛을 담았다(아레키파에 있던 하버드 천문대 보이든 스테이션은 이후 다시 남아프리카 공화국 마젤스푸트로 이전되었고 지금도 이곳에 남아 있다).

페루 아레키파의 하버드 천문대 보이든 스테이션.

　처음에 피커링은 자신과 함께 하버드 천문대에서 천문학자로 근무하던 친동생 윌리엄 피커링을 보이든 스테이션으로 보냈고, 그에게 하늘 전체를 담은 아틀라스를 마저 채우기 위한 중대한 프로젝트를 맡겼다. 하지만 (항상 그렇듯) 동생은 형의 말을 잘 듣지 않았다. 윌리엄 피커링은 별을 연구하는 대신 생뚱맞게 화성에 푹 빠졌다. 화성 표면에 외계인들이 만든 인공적인 운하와 물길이 있다는 주장에 매료된 그는 형을 당황스럽게 만들었다. 결국 형 에드워드는 동생 윌리엄을 다시 보스턴으로 불러들였고 다른 동료가 윌리엄을 대신하게 했다. 잠시 윌리엄의 일탈로 멈춰 있던 남반구 별빛 관측 작업은 다시 순조롭게 진행되었다.

　남반구의 동료들은 매일 밤 사진 건판에 우주의 빛을 담았다. 주기적으로 화물 선박이 보스턴과 아레키파를 오고가면서 남반구에서 관측한 사진들이 하버드 천문대로 옮겨졌다. 그런데 점점 많은 관측 결과가 창고에 쌓이자 피커링은 새로운 고민을 하게 되었다. 처음에는 분석해야 하는 사진이 그리 많지 않았지만 점점 천문학자 몇 명으로는 감당하기 어려울 정도로 사진이 많아졌기 때문이었다. 새로운 천문학자를 더 고용하면 해결할 수 있었지만 아쉽게도 하버드 대학교는 천문대 예산에 인색했다.

　빠듯한 예산으로 어떻게 이 문제를 해결해야 할지 골머리를 앓던 피커링은 우연히 자신의 집에서 일하는 영국 출신의 가정부 윌리어미나 플레밍을 보고 묘안을 떠올렸다. 피커링이 생각하기에 사진 건판에 찍힌 곰팡이 얼룩 같은 별의 개수를 세고, 각 얼룩의 크기를 비교하면서 별의 밝기를 기록하는 일은 굳이 복잡한 수학, 물리학 지식이 없어도 할 수 있는 단순 노동이었다. 며칠만 잘 훈련시키면 가정부도 따라할 수 있는 작업이라고 생각했다.

　당시 남성에 비해 여성의 임금 수준은 훨씬 열악했다. 피커링은 값비싼 고등 교육을 받은 남성 천문학자를 고용하는 것보다 인건비가 낮은 여성들을 대거 고용하는 것이 천문대 예산을 아낄 수 있는 현실적인 방법이라고 생각했다.

　플레밍은 피커링이 주문한 작업을 곧잘 해냈다. 그 모습에서 가능성을 확인한 피커링은 1900년부터 본격적으로 여성 인력을 고용하기 시작했다. 당시까지만 해도 천문학 연구 현장에서 여성 연구자들이 무리지어 모여 있는 장면은 아주 낯설었다. 천문학뿐 아니라 대부분의 과학 연구 현장은 금녀의 영역이었으니까. 그래서 당시 피커링의 주변 동료들은 여성 연구자들 여럿이 모여 있는 그의 연구실을 보면서 피커링의 하렘이라고 부르기도 했다.

　당시 사람들은 피커링이 고용한 여성 인력을 정식 천문학자로 대우하지는 않았다. 대신 계산을 하는 사람이라는 뜻에서 계산원, 즉 **컴퓨터**Computer라고 불렀다. 오늘날 우리가 매일 사용하는 일상 용품이 되어버린 컴퓨터의 어원은 20세기 초 하버드 천문대에서 사진 건판에 눈이 빠질 듯 돋보기를 들여다보며 얼룩을 하나하나 분석했던 여성 천문학자들을 지칭하던 표현에서 유래했다.

　밤하늘에서 빛나는 별들의 밝기를 일관된 규칙으로 표준화하는

'컴퓨터(계산원)'로 불린 하버드 천문대의 여성 천문학자들.

것은 피커링의 숙원 사업이었다. 그런데 혼란스러웠던 별빛의 밝기 체계를 통일하고 싶었던 피커링을 곤란에 빠뜨리는 이상한 별들이 있었다. 일반적인 별은 항상 같은 밝기로 보인다. 하루가 지나고, 이틀이 지나고, 1년이 지나도 별빛의 밝기는 크게 바뀌지 않고 한결같은 모습으로 비슷하게 빛난다. 그래서 한 번만 관측해도 그 별의 밝기를 정할 수 있다.

그런데 어떤 별들은 그렇지 않았다. 시간이 지나면서 조금씩 밝아졌다가 어두워지는 것을 반복하는 별들이 있었다. 어떤 별들은 겨우 수일 만에 밝기가 요동쳤고, 또 어떤 별들은 수개월에 달하는 긴 주기로 밝기가 변했다. 이러한 별을 변광성이라고 한다. 그중에는 앞서 세페우스자리에서 발견되었던 변광성처럼 부드럽게 밝기가 변하는 별들이 있는데 이 별들을 모두 세페이드 변광성이라고 부른다.

계속 밝기가 요동치는 변광성들의 존재는 별들의 밝기 체계를 통일하고 싶었던 밤하늘의 독재자 피커링을 난감하게 만들었다. 대체 어느 순간의 밝기를 별의 밝기로 정의해야 할까? 가장 밝은 순간? 가장 어두운 순간? 애초에 왜 별들의 밝기가 일정하게 유지되지 못한 걸까?

피커링은 이 난감한 세페이드 변광성에 대한 분석을 하버드 천문대의 계산원들 중 레빗에게 맡겼다. 레빗의 작업은 단순히 데이터를 수집하고 노트에 옮겨적는 단순한 노동을 넘어선 본격적인 과학 연구에 가까웠다. 수많은 얼룩이 찍혀 있는 사진 건판 속에서 우선 어떤 별의 밝기가 요동치고 있는지 골라야 했다. 그리고 여러 날에 걸쳐 같은 별을 관측한 사진 건판을 다시 찾아내서 하나하나 비교

헨리에타 스완 레빗.

하면서 별의 밝기가 어떻게 변하고 있는지를 분석했다.

　수많은 얼룩이 잔뜩 찍혀 있는 사진 건판을 단순히 눈으로만 보면서 변광성을 찾는 건 거의 불가능하다. 별의 밝기가 변하는 정도가 확연하지 않을뿐더러 하나의 사진 건판에 너무 많은 별이 찍혀 있기 때문이었다. 최악의 난이도를 가진 다른 그림 찾기인 셈이었다.

　그래서 레빗은 조금 다른 방법을 사용했다. 우선 같은 방향의 밤하늘을 며칠 간격을 두고 찍은 두 장의 사진 건판을 준비했다. 둘 중하나는 원래대로 밝은 별이 검은 얼룩으로, 어두운 배경 하늘이 투명한 유리로 남아 있도록 했다. 그리고 다른 하나는 색을 다시 반전시켜서 밝은 별이 흰색으로, 어두운 배경 하늘이 검은색으로 보이도록 했다. 이제 색을 반전시킨 사진과 원래의 사진을 겹친다.

　만약 두 장의 사진 속에서 밝기가 변한 별이 하나도 없다면 모든 얼룩은 정확히 같은 크기로 찍혀 있을 것이다. 그렇다면 두 장의 사진을 겹쳤을 때 정확하게 검은 얼룩과 색이 반전된 하얀 얼룩이 겹쳐진다. 그런데 만약 두 날짜 사이에 밝기가 변한 별이 있다면 두 장의 사진에 찍힌 얼룩의 크기는 조금 달라진다. 그래서 두 장의 사진을 겹치면 하얀 얼룩과 검은 얼룩의 사이즈가 살짝 어긋나 보이는 별을 하나 찾을 수 있다. 레빗은 이런 식으로 서로 다른 두 날짜에 관측한 사진 건판을 비교하면서 변광성을 골라냈다.

우주를 항해하는 여행자를 위한 길잡이

1519년 포르투갈의 항해사 페르디난드 마젤란은 선원 270명과 배 다섯 척을 이끌고 대서양으로 출발했다. 원래 마젤란은 포르투갈에서 촉망받는 군인이었지만 모종의 사건으로 국왕의 신임을 잃게 되었다(북아프리카 모로코에서 무어인과 불법으로 사적인 거래를 했다는 의심을 받고 실각되었다는 설도 있다). 결국 마젤란은 포르투갈을 떠나 옆나라 스페인으로 가게 되었다. 마젤란은 스페인 국왕이자 신성로마제국의 황제였던 카를 5세에게 서쪽 바닷길로의 항해를 제안했고, 마침내 카를 5세의 후원을 받게 되어 최초의 세계 일주 항해에 도전하게 된다.

당시 스페인과 포르투갈 두 나라는 본격적으로 대항해 시대의 야욕을 펼치기 시작하면서 1494년 6월 7일 토르데시야스 조약을 통해 대서양을 가로지르는 서경 46도 선을 기준으로 지구의 오른쪽과 왼쪽을 서로 나눠가졌다. 원래 그 지역에 살고 있던 원주민들의 동의는 얻지도 않고 그냥 자기들 멋대로 정한 조약이었다.

　이 조약에 따르면 서경 46도 선에 걸치는 남아메리카 브라질의 상파울루에서 시작해 대서양 절반과 유럽 대륙, 아프리카 대륙, 그리고 아시아 대륙을 지나 일본 서쪽 해안까지는 포르투갈의 영토였다. 그리고 나머지 지구의 절반은 스페인의 차지였다. 원칙대로라면 유럽 서쪽 끝 이베리아반도에 위치한 스페인을 떠나 아래 아프리카 대륙 가장자리를 훑고 가면서 아시아로 나아갈 수 있었을 것이다. 하지만 스페인과 포르투갈이 제멋대로 지구의 바다에 경계선을 그어버린 바람에 스페인 국적의 배는 아프리카 대륙을 지나 인도, 중국 쪽으로 이어지는 동쪽 항로를 이용할 수 없었다. 이미 마젤란은 포르투갈에서 실각 당한 뒤 스페인으로 넘어온 상태였기 때문에 포르투갈이 점령하고 있는 동쪽 바다가 아닌 서쪽 바다를 뚫고 나아가는 새로운 항로를 개척해야 했다.

　스페인 해안을 출발한 마젤란 원정대는 대서양을 가로질러 남아메리카 대륙으로 향했다. 그리고 브라질과 칠레 가장자리를 가로질러 험난한 여정을 이어갔다. 스페인을 떠난 지 1년이 지나도록 별다른 육지를 찾지 못했고 기나긴 굶주림, 그리고 질병과 싸워야 했다. 게다가 마젤란이 워낙 모난 성격이었던 탓에 선원들과 불화가 심각했고 선원들이 몇 차례 반란도 일으켰다. 많은 선원이 세상을 떠나고 배도 난파되는 사투 끝에 마젤란은 아주 고요하고 넓은 바다에 다다랐다. 마젤란은 이 바다를 보고 평화로운 바다라는 뜻에서 태평양이라고 이름을 붙였다.

　지금처럼 GPS도 없던 당시에 항해사들이 망망대해에서 의지할

수 있는 건 밤하늘에 떠있는 별자리뿐이었다. 아직 대항해와 원정
등 유럽의 제국주의가 본격적으로 지구 전역으로 영향력을 떨치기
전이었다. 그래서 남반구의 바다를 항해하는 일은 여전히 위험하고
낯설었다. 특히 당시까지 대부분의 별자리 관측은 유럽이 있는 북
반구 하늘에 대해서만 체계적으로 이루어졌다. 남반구 밤하늘에서
는 별자리 지도가 완성되지 않은 상태였다.

  남반구 바다를 항해하는 동안 마젤란은 밤하늘에서 뿌옇게 보이
는 거대한 별들의 구름 두 개를 발견했다. 크고 작은 두 별의 구름에
는 마젤란의 이름이 붙어 있다. 각각 대마젤란운 그리고 소마젤란
운이라고 부른다. 두 천체 모두 우리은하 가장자리에 붙잡혀 곁을
맴도는 작은 은하다. 하지만 당시까지 사람들은 이 두 천체가 우리
은하를 벗어나는 먼 우주에 있다는 사실은 알지 못했다. 원래는 둘
모두 우리은하와 별개의 작은 은하이기 때문에 마젤란 은하라고 불
러야 한다. 하지만 오랫동안 인류는 둘 모두 거대한 우리은하 내부
를 떠도는 작은 가스 구름 조각일 뿐이라고 생각했다.

  지금까지도 과거의 관습이 남아 있어서 마젤란 은하가 아니라 마
젤란운으로 자주 불린다. 마젤란은 남반구 밤하늘에서 보이는 두
개의 마젤란운에 의지하며 기나긴 항해를 이어갔다. 그리고 결국
세계 최초로 지구를 한 바퀴 도는 데 성공하며 지구가 둥글다는 사
실을 몸소 입증해냈다. 16세기 대서양을 가로질러 어두운 바다 끝
을 향해 나아갔던 항해사 마젤란에게 마젤란운이 길잡이가 되어주
었듯이, 20세기 마젤란운은 또 다른 어둠의 바다를 향해 나아가는
천문학자에게 길잡이가 되어주었다.

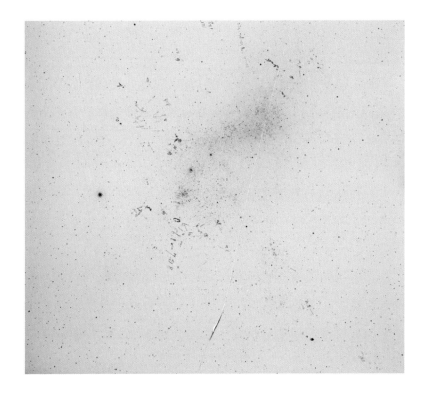

　1904년 봄날 하버드 천문대 레빗의 책상 위에는 소마젤란운의 빛을 머금은 사진 건판이 도착했다. 여느 때처럼 레빗은 성실하게 사진 건판을 하나하나 비교하면서 며칠 사이에 밝기가 변한 변광성을 골라냈다. 꼼꼼한 분석 끝에 소마젤란운 한 곳에서만 400개가 넘는 변광성을 찾아냈다.

　레빗의 변광성 사냥은 여기서 멈추지 않았다. 대마젤란운으로 이어졌다. 레빗은 두 개의 마젤란운에서 총 1,777개나 되는 변광성을 찾아냈다. 이건 당시로서 정말 엄청난 성과였다. 손으로 별을 하나

하나 분석해야 했던 그 옛날 1,000개가 넘는 별을 혼자서 다 찾아낸 것이다.

레빗은 단순한 계산 노동자가 아니었다. 자신이 분석한 데이터 속에 어떤 관계가 숨어 있는지 더 깊게 파헤치는 능력을 가진 진정한 과학자, 천문학자였다. 그녀는 마젤란운을 관측한 다른 사진 건판을 더 뒤져서 긴 기간에 걸쳐 변광성들의 밝기가 어떻게 변해왔는지 비교했다. 날씨가 안 좋은 날에는 별을 관측하지 못했고, 또 매일 마젤란운 하나만 관측할 수도 없었다. 그래서 변광성의 밝기 관측 데이터는 듬성듬성 빈 칸이 뚫려 있었다.

끈질긴 분석 끝에 레빗은 25개의 변광성이 정확히 며칠 정도를 주기로 밝기가 요동치고 있는지 그 주기를 파악하는 데 성공했다. 마침 레빗이 분석한 별들은 모두 동일한 마젤란운에 함께 모여 있는 별들이었다. 따라서 지구로부터 거리가 비슷한 별들이라고 볼 수 있다. 즉, 거리가 너무 멀어서 실제보다 어둡게 보이거나, 너무 가까워서 훨씬 밝게 보이는 거리의 착시 효과를 크게 고려할 필요가 없었다. 25개의 변광성들 중에서 더 밝게 보인다면 그건 실제로 더 밝은 별이라는 뜻이었다.

레빗은 직접 분석한 변광성들의 변광 주기와 밝기를 비교했다. 그리고 놀라운 사실을 발견했다. 변광 주기가 길수록 별은 더 밝았다. 그래프의 가로축을 변광 주기, 세로축을 밝기로 해서 그래프를 그리면 너무 깔끔하게 일직선으로 비례하는 관계가 그려졌다. 그리고 이것은 인류가 더 먼 우주의 지도를 그릴 수 있도록 해주는 중요한 열쇠를 쥐고 있었다.

앞의 4장에서도 이야기했듯이, 결국 별까지의 거리를 추정하는 것은 거리를 모르는 상태에서 그 별의 실제 밝기를 따로 알아내는 과정으로 귀결된다. 거리를 알자니 별의 실제 밝기가 필요하고, 별의 실제 밝기를 알자니 거리를 알아야 하는 돌고 도는 난감한 쳇바퀴를 탈출하기 위해서는 거리를 모르더라도 별의 실제 밝기를 따로 알아낼 수 있는 묘수가 필요하다. 그리고 바로 레빗의 발견이 그 해답이 될 수 있다.

레빗은 변광성의 변광 주기와 실제 밝기가 깔끔하게 비례한다는 사실을 보여주었다. 중요한 것은 별의 밝기가 며칠을 주기로 변하는지 하는 변광 주기는 굳이 거리를 몰라도 알 수 있다는 것이다. 꼭 실제 밝기를 알아야만 변광 주기를 파악할 수 있는 게 아니다. 밝기 변화는 절대적인 현상이 아닌 상대적인 현상이다. 겉보기 밝기만 봐도 별이 더 밝아지고 어두워지는지의 여부는 충분히 파악할 수 있다.

레빗의 발견을 적용해서 별까지의 거리를 구하는 방법은 다음과 같다. 일단 거리를 모르는 상태에서 밤하늘에서 보이는 변광성의 겉보기 밝기의 변화만 보고 그 별의 변광 주기를 구한다. 이렇게 파악한 그 별의 변광 주기를 앞서 마젤란운을 연구해서 레빗이 알아낸 변광성들의 변광 주기와 밝기 사이 관계에 적용하면 깔끔하게 그 별의 실제 밝기를 알 수 있다.

밤하늘에서 보이는 별의 겉보기 등급과 레빗의 법칙을 적용해서 구한 별의 실제 등급을 비교하면 그것은 곧 그 별이 지구로부터 얼마나 멀리 떨어져 있는지를 보여주는 거리 지수가 된다. 즉, 별까지

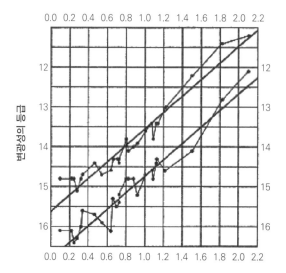

거리를 알 수 있게 된다! 레빗의 발견은 거리가 너무 멀어서 연주 시차만으로는 거리를 구할 수 없는 별들 중 주기적으로 밝기가 요동치는 변광성이 있다면 그 별까지의 거리를 구할 수 있는 놀라운 길잡이가 되었다.

레빗이 연구했던 세페이드 변광성이 일정한 주기로 밝아지고 어두워지는 이유는 별 자체가 수축과 팽창을 반복하기 때문이다. 심장처럼 커지고 작아지면서 밝기가 변하기 때문에 이들을 **맥동 변광성**Pulsating variable star이라고도 부른다.

별은 아주 무겁다. 동시에 내부에 뜨거운 온도를 머금고 있다. 그래서 별은 크게 두 가지 힘이 작용한다. 하나는 별을 안쪽으로 붕괴시키려는 중력이다. 그리고 내부의 뜨거운 온도로 인해 별이 바깥쪽으로 팽창하도록 밀어내는 압력이 작용한다. 일반적인 별은 중력과 압력이 서로 균형을 이룬다. 그래서 별은 딱히 수축도, 팽창도 하지 않고 계속 일정한 사이즈를 유지한다. 우리 태양도 마찬가지다. 그런데 별이 진화하면서 내부에 연료가 고갈되면 조금씩 별의 상태가 불안정해진다. 오랫동안 아슬아슬하게 유지되어오던 중력과 압력의 평형에 금이 가기 시작한다. 별 내부의 연료가 고갈되고 불씨가 사그라들면서 별을 바깥으로 밀어내는 압력이 주춤해진다. 그러면 잠시 중력이 우세해지고 별은 수축한다.

가스 덩어리인 별이 수축하면 내부의 밀도가 높아진다. 가스 입자들이 더 높은 밀도로 빽빽하게 별 내부를 가득 채우면서 별 내부의 열이 바깥으로 새어나가는 것을 방해한다. 천문학에서는 이것을 불투명해졌다고 표현한다. 그리고 내부의 열이 별 바깥층을 밀어내는 압력이 강해지고 별은 팽창한다.

별의 팽창은 다시 별 외곽의 밀도를 낮춘다. 다시 별의 대기가 투명해진다. 별을 채우고 있던 가스 입자들 사이에 틈이 벌어지고 여유 공간이 생기면서 다시 내부의 열이 우주 공간으로 새어나갈 수 있게 되고, 별을 바깥으로 밀어내던 압력은 다시 약해진다. 부풀던 별의 팽창은 멈추고 또다시 중력에 의해 별이 수축한다.

결국 더 이상 별 내부의 열을 유지할 수 없을 정도로 연료가 고갈되기 전까지 이러한 불안정한 상태는 계속 이어진다. 전통적으로 천문학에서는 별 대기의 불투명도를 나타날 때 그리스 문자 카파를 사용한다. 그래서 맥동 변광성의 대기가 주기적으로 투명해졌다가 불투명해지기를 반복하면서 별이 맥동하는 과정을 **카파 메커니**

즘 K-mechanism이라고 부른다.

나선 성운이 빛나는 밤에

하버드 천문대의 피커링이 한창 페루의 동료들과 사진 건판을 주고받으면서 별의 밝기를 표준화하는 작업에 박차를 가하던 무렵이었다. 1889년 5월 어느 날, 프랑스 남부의 한 작은 시골 마을 생 레미에 있는 정신병원에 한 남자가 찾아왔다. 극심한 우울증을 앓다가 동생의 권유로 병원에 입원하기 위해 스스로 병원을 찾은 것이다. 그는 네덜란드 출신의 가난한 화가 빈센트 반 고흐였다. 비좁은 병실에 머무는 동안 고흐에게 유일한 위안은 가끔씩 허락된 그림 그리는 시간이었다. 사실 병원에 입원하기 직전 고흐를 푹 빠지게 만든 한 그림이 있었다. 뜻밖에도 그 그림은 화가가 아닌 천문학자가 그린 삽화였다. 엄밀하게 말하면 망원경으로 관측한 천체의 모습을 그린 관측 이미지였다.

아일랜드의 천문학자 윌리엄 파슨스는 1842년 당시 세계에서 가장 거대한 크기의 망원경을 제작했다. 그 지름만 1.8m에 달했다. 망원경 거울의 지름이 그 당시 어지간한 성인 남성의 키를 넘었다. 망원경의 압도적인 규모는 마치 오스만 제국이 콘스탄티노플을 함락하기 위해 끌고 갔던 거대한 청동 대포를 떠올리게 한다. 이 거대한 망원경은 파슨스가 살던 마을의 괴물이라는 뜻에서 **파슨스타운의 리바이어던** Leviathan of Parsonstown이라고도 불렸다.

파슨스가 자신의 거대 망원경으로 바라봤던 천체 중에는 아주 독특한 모습을 하고 있는 천체가 있다. 가스 구름이 거대하게 소용돌이치는 아름다운 성운이다. 당시 사람들은 이것이 거대한 우리은하 안에서 조그맣게 회오리치는 작은 가스 구름에 불과하다고 생각했다. 그리고 이런 가스 구름의 소용돌이 속에서 태양계와 같은 어린 별과 행성들이 반죽되고 있다고 추측했다. 이렇게 밤하늘에서 소용돌이치는 가스 구름을 **나선 성운**Spiral nebula이라고 불렀다. 대표적으로 가을철 밤하늘에서 날씨만 맑으면 맨눈으로도 어렴풋하게 그 모습을 볼 수 있는 안드로메다 성운이 있다.

파슨스가 그림으로 기록한 일명 소용돌이 성운은 이후 프랑스에서 활동하던 천문학자 겸 SF 작가 카미유 플라마리옹의 신간에 소개되었다. 플라마리옹은 파슨스의 그림을 인용하면서 천문학자들이 우주에서 어린 별이 탄생하는 현장으로 의심되는 거대한 소용돌이를 발견하고 있다고 소개했다. 플라마리옹의 책은 지금으로 치면 칼 세이건의 《**코스모스**Cosmos》와 같이 아주 널리 읽혔던 베스트셀러 대중 교양 천문학 도서였다. 프랑스를 비롯한 유럽 전역에서 활동하던 많은 예술가들이 그의 책을 접했다. 고흐도 그의 책을 접했을 것이다. 파슨스가 그린 소용돌이 성운의 아름다운 패턴을 보다 보면 자연스럽게 고흐의 대표작 〈**별이 빛나는 밤**Starry night〉이 떠오른다.

일부 천문학자들은 실제로 고흐가 파슨스의 관측 삽화를 보고 영감을 받아서 이 세기의 역작을 그렸을 거라고 추측하기도 한다. 고흐의 그림 속에서 파란 물감과 노란 물감이 휘몰아치는 소용돌이 패턴이 단순히 무작위한 것이 아니라 실제 자연에서 볼 수 있는 소용돌이의 형태를 너무나 잘 묘사하고 있기 때문이다. 그래서 단순히

윌리엄 파슨스가 관측한 후 그림으로 남긴 '나선 성운' 메시에 51(M51), 소용돌이 은하의 모습.

한 화가의 상상력에 기반해 만든 순수 창작의 결과가 아니라, 소용
돌이 은하라는 당시의 최신 천문 관측 이미지를 참고해서 완성된 작
품일 가능성을 제기하기도 한다. 물론 진실은 고흐만이 알 것이다.

어쩌면 고흐의 그림에 영감을 주었을지도 모르는 이 아름다운 소
용돌이 성운은 20세기가 되면서 천문학계에서 가장 뜨거운 논쟁의
중심에 서게 되었다. 당시까지 천문학자들은 우리가 살고 있는 우
리은하가 우주의 전부라고 생각했다. 지금은 개개의 은하를 의미하
는 **갤럭시** Galaxy라는 표현이 20세기 초까지만 해도 그냥 우주 전체를

의미하는 말로 통용되었다. 사실상 **유니버스**Universe라는 단어와 의미가 크게 다르지 않았다.

여성 천문학자들을 대거 고용하면서 새로운 역사를 열었던 피커링의 뒤를 이어 1921년부터 하버드 대학교 천문대장을 맡았던 할로 섀플리도 우리은하가 우주의 전부라고 생각하는 가장 대표적인 천문학자 중 한 명이었다. 그는 레빗이 발견한 변광성의 법칙을 활용해서 별들이 둥글게 한데 모여서 우리은하 공간을 떠도는 여러 성단까지의 거리를 구했다. 특히 섀플리는 주로 나이가 많은 별들이 둥글게 높은 밀도로 모여 있는 구상성단을 주로 활용했다. 당시 섀플리가 완성한 우리은하 속 구상성단의 공간 분포 지도를 보면 최대 30만 광년 너비까지 성단이 퍼져 분포했다. 이 정도면 당시로서는 더 거대한 우주가 또 존재할 거라고 기대하기 어려울 정도로 이미 충분히 컸다.

한편 섀플리가 그린 우주 지도는 우리 태양계가 우리은하의 중심에 있지 않다는 사실을 보여주었다. 태양계는 구상성단이 가장 많이 모여 있는 영역에서 많이 벗어나 있었다. 구상성단이 높은 밀도로 모여 있는 곳을 우리은하 중심부라고 생각할 수 있다면 태양계는 우리은하 외곽에 있다고 봐야 했다.

갈릴레오의 발견과 코페르니쿠스 혁명을 거치면서 우주의 중심에 있던 지구의 위치가 태양계 변두리로 쫓겨났지만, 여전히 인류는 우리가 우주에서 특별한 위치에 놓여 있을 거라는 미련을 버리지 못했다. 그리고 우리 태양은 적어도 우리은하의 한가운데 가장 주인공 별일 거라 기대했다. 하지만 섀플리가 완성한 새로운 지도

는 그 기대마저 저버리며 다시 한 번 우리가 우주에서 그다지 특별
한 존재가 아니라는 쏨쓸한 현실을 일깨워주었다.

  그런데 태양 역시 수많은 별들 중 하나에 불과한 존재라면, 마찬
가지로 우리은하도 우주를 채우고 있는 수많은 은하들 중 하나일 수
도 있지 않을까? 점차 많은 천문학자들은 우리은하 너머 더 거대한
우주가 숨어 있을지 모른다는 의심을 갖기 시작했다. 뜻밖에도 이러
한 상상은 독일의 철학자 임마누엘 칸트에서 시작되었다. 그는 우주
가 거대한 바다와 같다고 생각했다. 그리고 우리은하는 그 바다 위
에 떠 있는 수많은 작은 섬들 중 하나일 뿐이고 당연히 우리가 살고
있는 섬 바깥에도 또 다른 수많은 섬들, 즉 다른 은하가 있을 거라고
생각했다. 이러한 칸트의 우주를 **섬 우주** Island universe라고 부른다.

  지금은 우주가 셀 수 없이 많은 은하로 채워져 있다는 사실이 흔
한 상식이다 보니 그저 당연하게 들리지만, 당시에는 정말 충격적
인 주장이었다. 우리은하 너머에 또 다른 은하가 존재할 것이라는
주장은 지금으로 치면 우리가 살고 있는 우주 바깥에 또 다른 우주
가 있을 것이라는 다중 우주에 버금가는 이야기다.

  당시 섀플리에 맞서 섬 우주 가설을 적극적으로 지지했던 대표적
인 천문학자로 히버 커티스가 있다. 커티스는 당시 새롭게 알려지
기 시작하던 한 가지 흥미로운 관측 데이터를 근거로 안드로메다
성운을 비롯한 나선 성운들이 사실 우리은하를 훨씬 벗어나는 아주
먼 거리에 놓인 별개의 우주라고 주장했다.

  1914년 천문학자 베스토 슬라이퍼는 나선 성운들이 어떤 화학 성
분을 머금고 있는지를 알아보기 위해 스펙트럼 분광 관측을 진행했

다. 그런데 흥미롭게도 하늘에서 보이는 대부분의 나선 성운 스펙
트럼 자체가 더 파장이 길거나 짧은 쪽으로 치우쳐 있는 모습을 보
였다. 나선 성운이 우주에 가만히 고정되어 있지 않고 빠른 속도로
지구를 향해 다가오거나 멀어지고 있다는 뜻이었다. 바로 도플러
효과였다.

　슬라이퍼가 가장 처음으로 관측했던 성운은 가장 쉽게 볼 수 있는
안드로메다 성운이었다. 안드로메다 성운의 스펙트럼은 확연하게
파장이 짧은 푸른 쪽으로 치우쳐 있었다. 이것은 안드로메다 성운
이 아주 빠른 속도로 우리 지구를 향해 다가오고 있다는 뜻이었다.
당시 슬라이퍼가 추정한 속도는 무려 초속 300km에 달한다. 이것
은 현재까지 인류가 만든 가장 빠른 제트기의 90배에 달하는 정말
엄청난 속도다. 이것은 우리은하가 우주의 전부라고 생각하고 있던
기존의 관점으로는 쉽게 받아들이기 어려운 결과였다.

　만약 안드로메다 성운이 거대한 우리은하 중력에 붙잡혀 주변을
맴도는 작은 구름 조각일 뿐이라면, 훨씬 느린 속도로 천천히 곁을
맴돌아야 한다. 그런데 슬라이퍼가 관측한 안드로메다 성운의 속도
는 빨라도 너무 빨랐다. 우리은하의 미약한 중력의 손아귀에 붙잡
혀 있다고 보기 어려웠다. 이미 우리은하를 벗어나 홀로 우주 공간
을 누비고 있다고 봐야 했다. 커티스는 슬라이퍼의 관측 결과를 근
거로 안드로메다 성운을 비롯한 밤하늘의 나선 성운 대부분이 우리
은하를 벗어난 별개의 섬이라고 주장했다.

　천문학계는 우리은하와 우주의 크기를 두고 첨예하게 갈라졌다.
각 편에는 섀플리와 커티스가 주축이 되었다. 결국 1920년 4월 전

세계 천문학자들은 두 사람에게 직접 만나서 싸울 수 있는 결투의 장을 마련해주었다. 워싱턴 D.C. 스미소니언 자연사 박물관 강당에 모여서 각자가 생각하는 우주의 진짜 크기에 대한 주장을 설파하는 공개 토론회를 열었다. 인류가 처음으로 우주의 정확한 크기에 대해 공개적으로 질문하고 토론을 주고받는 역사적인 순간이었다. 우주의 규모와 탄생에 대해 이야기하는 현대적 우주론이 진정한 의미에서 시작된 순간이라고 볼 수 있다. 천문학자들은 1920년 우주의 진짜 크기를 두고 벌어진 이 역사적인 토론 현장을 **대논쟁**Great Debate 이라고 추억한다.

안드로메다 성운이 우리은하 안에 포함된 작은 가스 구름에 불과한지, 아니면 우리은하를 벗어나는 먼 거리에 놓인 별개의 은하인지를 확인하려면 안드로메다 성운까지의 정확한 거리를 알아야 한다. 하지만 아쉽게도 1920년 토론회 자체만으로는 대논쟁의 종지부를 찍을 수 없었다. 섀플리와 커티스 모두 안드로메다 성운까지의 정확한 거리를 알지 못했다.

이 지난한 논쟁의 종지부를 찍은 사람은 미국의 젊은 천문학자 에드윈 허블이었다. 1923년 10월, 그는 가을 밤하늘에 떠 있던 안드로메다 성운을 당시 L.A. 윌슨산에 지어진 지름 100인치의 거대한 후커 망원경으로 바라봤다. 작은 사진 건판에 안드로메다 성운의 중심부 모습을 담았다. 사진 건판을 분석하던 허블은 전날까지 보지 못했던 이상한 별을 하나 발견했다. 갑자기 별이 폭발하면서 밝아진 신성이라고 생각했다. 그래서 처음에는 유리 건판에 새롭게 발견한 별이 있는 위치에 신성을 뜻하는 알파벳 N을 써넣었다.

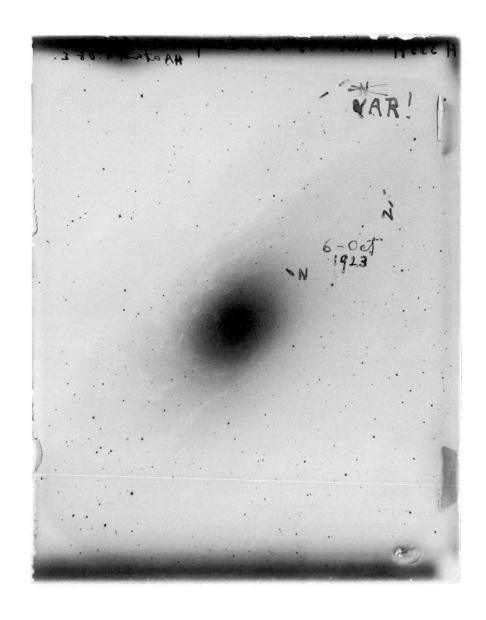

우주 망원경으로 관측된 안드로메다 은하 주변 지역.

허블 우주 망원경이 촬영한 이 사진은 안드로메다 은하의 가장 선명한 모습.

일반적인 신성은 별이 폭발하고 나서 서서히 어두워지기만 한다. 허블도 당연히 그럴 거라고 생각하고 신성으로 생각했던 별의 밝기 변화를 계속 모니터링했다. 그런데 어두워지던 별은 밝아졌고 시간이 흐르면서 다시 어두워졌다. 마치 일정한 주기로 밝기가 요동치는 것처럼 보였다.

허블은 그 모습을 보고 수년 전 마젤란운에서 헨리에타 레빗이 발견했던 세페이드 변광성을 떠올렸다. 정확히 레빗이 연구했던 세페이드 변광성의 방식으로 밝기가 일정하게 요동치고 있었다! 그는 레빗이 발견한 세페이드 변광성의 거리 측정 방법을 활용해 그 별까지 거리를 구할 수 있게 되었다. 이 별까지 거리를 알 수 있다면, 그것은 곧 오랫동안 베일에 싸여 있던 안드로메다 성운까지의 정확한 거리를 알게 되는 것이다.

허블은 유리 건판에서 발견한 밝기가 요동치는 변광성을 보고, 자신이 바로 몇 년 전 워싱턴 D.C.에서 벌어졌던 대논쟁을 끝낼 수 있는 아주 중요한 발견을 해냈음을 직감했다. 그는 처음에 평범한 신성이라고 생각하고 N이라고 메모했던 부분에 엑스 표시를 하고 변광성을 뜻하는 알파벳 VAR을 빨간펜으로 다시 써넣었다. 그리고 그 옆에 느낌표를 얹었다. 힘있게 쓰여진 느낌표의 필체 속에서 비로소 우주의 크기를 제대로 잴 수 있게 된 허블이 느꼈을 경이로움을 엿볼 수 있다.

당시 허블이 파악한 안드로메다 성운 속 세페이드 변광성의 변광 주기는 약 31일 정도였다. 이를 바탕으로 레빗의 법칙에 적용해서 별의 실제 밝기를 구했고 그것을 다시 하늘에서 보이는 별의 겉보기 밝기와 비교해서 거리를 구했다. 허블이 추정한 안드로메다 성운 속 변광성까지의 거리는 약 90만 광년이었다. 앞서 섀플리가 태양계 바깥 구상성단의 공간 분포를 통해 처음에 유추했던 우리은하의 지름은 30만 광년 규모였다. 허블이 구한 안드로메다 성운까지의 거리는 훨씬 멀다. 안드로메다 성운은 우리은하 경계를 훌쩍 뛰어넘는 아주 먼 우주에 동떨어진 별개의 은하, 별개의 섬이었다. 안드로메다 성운은 성운이 아니라 은하였던 것이다. 섀플리가 이야기했던 우리은하 하나만으로 꽉 채워진 우주가 무너진 순간이었다.

1924년 2월 19일, 허블은 자신의 따끈따끈한 발견을 담은 편지를 섀플리에게 보냈다. 허블의 편지를 읽은 섀플리는 과연 어떤 반응을 보였을까? 끝까지 자신의 우주관을 고집했을까? 그렇지 않다. 섀플리는 우주가 보여 주는 진실을 받아들였다. 그리고 자신의 과오를 인정할 줄 아는 천문학자였다. 섀플리는 허블의 편지에 대해 이런 코멘트를 남겼다. **이 편지는 나의 우주를 파괴했다.**

허블과 섀플리의 치명적인 실수

레빗은 마젤란운에서 발견한 변광성들의 실제 밝기를 단순한 겉보기 관측만으로 알아낼 수 있는 법칙을 발견했다. 덕분에 거리를 모르는 상태에서도 먼저 별의 실제 밝기를 따로 알아내고, 그것을 하늘에서 보이는 겉보기 밝기와 비교해서 거리를 정확하게 알아낼 수 있는 길잡이가 되었다. 천문학에서는 레빗이 연구한 세페이드 변광성처럼 거리를 모르더라도 실제 밝기를 다른 물리 법칙을 적용해 따로 구할 수 있는 별을 **표준 촛불**Standard candle이라고 부른다. 처음에 천문학자들이 밤하늘에서 보이는 별의 밝기를 비교할 때 램프나 촛불에 직접 비교했기 때문에 그 전통에 따라 촛불이라는 단어를 사용한다.

표준 촛불은 이후 오늘날 더 거대한 우주 끝자락까지의 지도를 그릴 때도 계속 등장하는 현대 천문학의 가장 중요한 키워드다. 촛불의 실제 밝기가 어느 정도 밝을지를 따로 알아낼 수 있다면 멀리서 보이는 촛불의 겉보기 밝기와 비교해서 그 촛불까지의 거리를 알아낼 수 있다는 뜻이다. 이후 지금까지 이어지고 있는 천문학의 역사는 결국 더 정확하고 정밀한 표준 촛불을 찾아내는 여정이었다고 요약할 수 있다. 다르게 말하면 표준 촛불이 얼마나 정확했는가에 따라서 지금까지 쌓아올린 천문학 역사의 운명이 결정되는 셈이라 해도 과언이 아니다.

허블은 안드로메다 은하에서 발견한 세페이드 변광성을 표준 촛불로 삼아 안드로메다까지 거리를 구했다. 그리고 우리은하 안에 있는 작은 성운이 아니라 별개의 은하라는 사실을 보여주었고 인류가 상상할 수 있는 우주의 범위를 순식간에 확장시켰다. 이전까지 인류가 그린 우주 지도의 경계는 태양계 끝자락, 그리고 우리은하의 가장자리에 갇혀 있었다. 하지만 허블은 인류가 그릴 수 있는 우주 지도의 경계를 더 바깥으로 밀어냈다. 허블이 직접 멋지게 한 마디로 요약했듯이 인류의 "천문학의 역사는 후퇴하는 지평선의 역사"인 셈이다.

허블의 발견으로 인해 이제 인류는 별 하나하나가 아니라 별 수천

억에서 수조 개가 모여 있는 거대한 은하를 하나의 단위로 우주의 진화를 바라보는 은하 천문학의 새로운 시대를 열 수 있었다.

사실 허블이 당시에 추정했던 안드로메다 은하까지의 거리를 보면 우리가 오늘날 더 정확하게 파악하고 있는 거리와 큰 차이가 있다. 당시 허블은 안드로메다 은하까지의 거리를 90만 광년 정도로 추정했는데, 현재 우리가 알고 있는 정확한 값은 두 배를 훨씬 넘는 250만 광년이다. 허블은 안드로메다 은하까지의 거리를 거의 절반 수준으로 훨씬 짧게 측정했다.

섀플리가 추정했던 우리은하의 크기에서도 이런 비슷한 차이를 발견할 수 있다. 당시 섀플리는 구상성단의 분포를 통해 우리은하가 지름 30만 광년에 달한다고 추정했지만, 현재 우리가 알고 있는 더 정확한 크기는 1/3밖에 안 되는 10만 광년 수준이다.

요약하면 허블은 안드로메다 은하까지의 거리를 훨씬 짧게 오해했고, 반대로 섀플리는 우리은하의 지름을 훨씬 크게 오해했다. 허블과 섀플리는 은하 천문학의 시작을 알린 20세기 천문학 대논쟁 사건에서 절대 빼놓을 수 없는 주요한 혁명가들이지만 두 사람 모두 별까지 거리를 재는 과정에서 아주 치명적인 실수를 했다.

허블과 섀플리가 했던 큰 실수는 이후 독일 출신의 천문학자 발터 바데에 의해 바로잡혔다. 바데는 원래 독일에서 태어났지만 1931년 미국으로 건너갔다. 그리고 허블이 안드로메다 은하까지의 거리를 재는 데 성공하면서 우주의 새로운 지도를 그릴 수 있게 해주었던 역사적인 성지, L.A. 윌슨산 천문대에서 근무했다. 바데가 한창 밤하늘을 관측하던 시기에 제2차 세계대전이 벌어졌다. 아이러니하게도 전쟁은 바데에게 뜻밖의 도움이 되었다.

당시 미국 정부는 독일과 일본의 폭격기들이 본토를 공격할지 모른다고 우려했고, 밤마다 대도시의 조명을 끄도록 강제했다. 특히 윌슨산 천문대가 있는 미국 서부의 L.A. 지역에서는 앞서 진주만에서 벌어졌던 일본의 공격이 또 반복되지 않을까 두려워했다. 전쟁 기간 내내 이어진 대대적인 블랙아웃 조치는 밤새 인공 조명으로 밝게 빛나던 L.A.를 깜깜하게 덮었다. 밤하늘은 그 어느때보다 맑고 깨끗했다. 지구는 참혹한 전쟁으로 괴로워하고 있었지만 아이러니하게도 그 기간 동안 밤하늘은 가장 찬란했다. 이 틈을 노린 바데는 그 어느 때보다 선명하게 별들을 분해해서 볼 수 있었다. 그리고 안드로메다 은하 속 변광성들을 추가로 관측했다.

바데는 세페이드 변광성이라고 해서 다 같은 변광성이 아니라는 흥미로운 사실을 발견했다. 같은 주기로 밝기가 변하는 변광성이더라도 어떤 별은 더 밝게 빛났고, 또 어떤 별은 더 어두웠다. 변광성에 대한 레빗의 첫 발견 이후 천문학자들은 줄곧 변광성이 단 하나의 종류만 있다고 생각했다. 변광성의 변광 주기와 밝기가 단순히 한 줄로 비례하는 관계만 따라갈 것이라 예측한 것이다. 하지만 바데가 더 세심하게 관측한 결과, 변광성은 크게 두 가지 종류로 구분되었다. 동일한 변광 주기에서 더 밝게 빛나는 별과 더 어둡게 빛나는 별들이 있었다.

비슷하게 별 내부의 연료가 고갈되면서 불안정한 시기를 겪으며 별이 수축과 팽창을 반복하는 과정에 있더라도 별의 나이가 어느 정도인지에 따라서 별의 밝기는 달라질 수 있었다. 오래된 별은 온

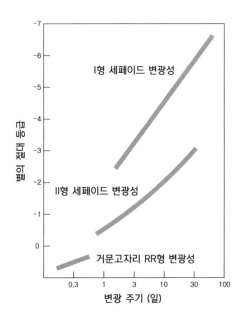

도가 미지근하고 더 어둡게 보였고, 어린 별은 더 뜨겁고 밝게 보였
다. 바데는 별의 나이, 별의 온도에 따라 세페이드 변광성의 변광 주
기와 밝기 사이의 비례 관계가 크게 두 줄로 구분된다는 사실을 발
견했다. 그리고 같은 변광 주기에서 더 밝게 빛나는 어린 별을 I형 세
페이드Type I Cepheid, 그리고 더 어둡게 빛나는 별을 II형 세페이드Type II
Cepheid로 구분했다.

  섀플리와 허블 모두 세페이드 변광성이 이렇게 두 가지 종류로 구
분된다는 사실을 알지 못했다. 두 종류의 세페이드 변광성 모두 하
나의 관계를 따라간다고 생각했다.

  섀플리는 레빗의 법칙을 활용해 우리은하 속 성단까지의 거리를
구할 때, 하필이면 주로 오래된 별들이 둥글게 모여 있는 구상성단

을 기준으로 삼았다. 그래서 섀플리가 분석한 세페이드 변광성 대부분은 같은 변광 주기를 갖더라도 상대적으로 더 미지근하고 어둡게 보이는 II형 세페이드였다. 애초에 상대적으로 더 어둡게 보이는 별을 사용했기 때문에 섀플리는 그 별이 실제보다 더 멀리 떨어져 있다는 오해를 하게 되었다. 그는 우리은하 속 성단이 실제보다 훨씬 먼 거리에 퍼져 분포한다고 생각했고, 우리은하가 차지하는 영역이 훨씬 넓다는 오해를 하게 되었다. 그래서 섀플리가 추정했던 우리은하의 지름은 실제 값인 10만 광년보다 거의 세 배 많은 30만 광년에 달했다.

공교롭게도 허블은 정반대의 실수를 했다. 허블이 안드로메다 은하를 비롯해 여러 은하들까지의 거리를 구할 때 썼던 세페이드 변광성은 주로 은하 원반에 살고 있는 갓 태어난 어리고 푸른 별들로, 같은 변광 주기에서 상대적으로 더 밝게 보이는 I형 세페이드였다. 더 밝게 보이는 별을 사용했기 때문에, 허블은 섀플리의 경우와는 반대로 별이 더 가까운 거리에 있다고 착각하게 되었다. 그래서 허블이 당시에 추정했던 은하들까지의 거리는 실제 거리에 비해 훨씬 짧다. 안드로메다 은하의 경우 현재 우리가 알고 있는 거리는 250만 광년이지만 허블은 절반 이하로 짧은 90만 광년으로 추정했다.

만약 허블과 섀플리가 각자 더 크게 실수를 했다면 어땠을까? 인류의 천문학사는 완전 다른 방향으로 흘러갔을지도 모른다. 예를 들어 허블이 안드로메다 은하까지의 거리를 지나치게 가깝게 오해해서 90만 광년도 아니고 50만 광년 수준으로 아주 짧게 쟀다면? 반대로 섀플리는 우리은하 속 성단까지 거리를 지나치게 멀다고 오해

해서 우리은하의 지름을 30만 광년이 아니라 50만, 60만 광년 수준
으로 아주 크게 오해했다면? 만약 그랬다면 허블이 레빗의 세페이
드 변광성에 대한 발견을 활용해서 안드로메다 은하 속 변광성까지
의 거리를 구해냈더라도 여전히 안드로메다 은하는 너무나 거대한
우리은하의 가장자리 안에 들어온다고 잘못 판단했을 것이다.

  그랬다면 지금껏 인류는 우리은하가 우주의 전부라고 생각했을
지 모른다. 지금 우리가 상상하는 끝없는 우주 공간에 셀 수 없이 많
은 은하들이 가득 채워져 있는 아름다운 우주에 대한 인식은 불가
능했을지 모른다. 정말 아찔한 상상이다.

  허블과 섀플리 모두 치명적인 실수를 하기는 했지만 정말 다행스
럽게도 그 실수의 정도가 역사를 뒤집을 만큼 심각하지는 않았다.
다르게 생각하면 두 천문학자의 치명적인 실수에도 불구하고 여전
히 안드로메다 은하는 우리은하 바깥에 있다고 판단될 만큼 너무
멀었다고도 볼 수 있다. 애초에 안드로메다 은하가 우리에게서 너
무 멀리 떨어져 있어준 덕분에 인류의 천문학의 역사는 우리가 알
고 있는 올바른 방향으로 흘러올 수 있었다.

  남아메리카 해협의 끔찍한 풍랑을 견뎌내고 끝없이 펼쳐진 평화
롭고 잔잔한 태평양을 향해 나아갈 수 있었던 탐험가 마젤란의 여
정처럼, 인류의 천문학도 우주의 크기를 둘러싸고 벌어졌던 혼란을
지나 셀 수 없이 많은 은하 섬으로 채워진 거대한 망망대해 우주로
의 항해를 무사히 이어갈 수 있었다.

  허블이 안드로메다 은하에서 발견한 변광성 옆에 두근거리는 마
음으로 느낌표를 함께 남겼던 사진 건판부터, 레빗이 1,000개가 넘

는 변광성을 발견하고 메모를 남긴 마젤란운의 사진 건판까지. 완전히 새로운 우주의 지도를 그릴 수 있게 해주었던 천문학 역사의 소중한 유산들은 지금도 하버드 천문대 수장고 안에 보관되어 있다.

다행히 이제는 이 귀중한 천문학 유산이 물에 씻겨버리지는 않을지 걱정할 필요가 없다. 천문학자들은 무려 18년에 걸친 기나긴 스캔 작업 끝에 총 47만 장에 달하는 사진 건판을 디지털 데이터로 옮기는 작업을 완료했다. 100년에 걸쳐 이루어진 인류의 첫 사진 관측의 역사가 다시는 소실되지 않도록 디지털 사고를 하나 더 만든 셈이다.

한 세기에 걸쳐 쌓인 하늘의 기록을 디지털로 옮기는 DASCHDigital Access to a Sky Century는 총 150억 개가 넘는 별빛의 추억을 고스란히 담고 있다. 덕분에 이제 누구나 온라인에 접속해서 보고 싶은 천체가 100년 전에는 어떤 모습으로 우리에게 빛을 보내고 있었는지 확인할 수 있다. 그리고 100년 가까운 긴 세월에 걸쳐 천천히 진행되고 있는 별들의 변화 과정까지 비교할 수 있게 되었다. 허블과 섀플리, 레빗으로 거슬러 올라가는 현대 천문학의 역사적 순간과 발견들이 이제는 밤하늘뿐만 아니라 디지털 공간에서도 영원히 빛나고 있다.

6장

보이는 세계 너머
보이지 않는 세계

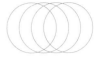

우주에서 가장 보편적인 시계

낯선 곳에 여행을 갈 때 가장 먼저 하는 일이 있다. 바로 시간을 맞추는 일이다. 같은 지구 위에서도 어딘지에 따라 시간이 다르다. 과거 여행자들은 직접 손목시계의 시계바늘을 돌려서 시차를 맞췄고, 지금은 공항 활주로에 도착하는 순간 스마트폰 시계가 알아서 위치를 인식해서 시간을 바꿔준다. 이러한 여행자들의 전통은 우주를 방랑하는 여행자에게도 똑같이 적용된다.

1977년 8월 20일과 9월 5일 연달아 지구를 떠났던 보이저 1호와 2호 탐사선도 그랬다. 한 가지 재밌는 사실은 보이저 2호가 보이저 1호보다 먼저 발사되었다는 점이다. 얼핏 1호 다음에 2호 순서대로 발사되었을 거라 생각할지 모르지만 그렇지 않다. 쌍둥이 보이저 탐사선은 태양계 외곽 가스 행성들을 두루 둘러보고 태양계 너머 별과 별 사이의 공허한 우주 공간까지 기나긴 여정을 떠나야 했다.

그런데 단순히 연료를 태우는 것만으로는 태양의 강력한 중력의 손
아귀를 벗어나 태양계 바깥 우주 공간으로 탈출할 수 없다. 그래서
목성, 토성과 같은 덩치 큰 육중한 행성의 중력을 이용해 속도를 높
이는 항법을 활용했다. 보이저 1호는 목성과 토성까지만 둘러보고
위쪽으로 방향을 틀어서 태양계 바깥으로 벗어났다.

　반면 보이저 2호는 목성과 토성에 이어 천왕성과 해왕성까지, 즉
당시까지 단 한 번도 직접 인류의 탐사선으로 방문해본 적 없는 태
양계 최외곽 가스 행성들까지 모두 둘러본 다음 아래쪽으로 방향을
틀어 태양계 바깥으로 벗어났다. 굳이 천왕성과 해왕성까지 가지
않고 목성과 토성까지만 빠르게 날아가야 했던 보이저 1호는 2호보
다 서둘러서 목성을 향해 날아갔다. 그래서 지구에서 발사된 순서
는 2호가 1호보다 빨랐지만 이후 목성 곁을 먼저 지나간 것은 1호였
다. 누가 먼저 목성 곁을 지나가는지를 기준으로 보이저 탐사선에
숫자를 붙였다. 보이저 계획은 이름이 지어질 때부터 이미 지구인
의 관점이 아닌 우주의 관점으로 시작되었던 셈이다.

　지구를 떠난 보이저는 계속 관성에 떠밀려 여정을 이어갈 것이다.
앞으로 수십만, 수백만 년이 흐른 뒤에도 보이저는 계속해서 태양계
바깥 수많은 별과 별 사이 암흑을 홀로 떠돌 것이다. 그렇다면 혹시
아주 먼 미래 우주에 살고 있는 또 다른 존재가 우연히 보이저를 발
견할 수도 있지 않을까? 만약 운 좋게 우리처럼 자신들의 행성을 장
악해 살아가는 고도로 발전된 외계 문명이 있다면? 그리고 외계인
천문학자들에 의해 보이저가 발견된다면, 그 외계인들에게 그들 역
시 우주에 홀로 살아가는 외로운 존재가 아니라는 사실을 알려줄 수

있지 않을까? 천문학자들은 혹시 모를 뜻밖의 조우를 기대하며 보이저에게 인류의 소망이 담긴 편지를 함께 실어 보냈다.

지금은 USB나 외장하드를 많이 사용하지만 1970년대 당시에는 저장 장치로 주로 비닐 레코드판을 사용했다. 천문학자 칼 세이건은 빗방울 소리와 개구리 울음 소리 등 지구의 모습을 상상할 수 있는 다양한 소리를 수집해 그 음반에 담았다. 그리고 한국어로 녹음된 **안녕하세요**를 포함해서 55개의 서로 다른 언어로 녹음된 환영의 인사말도 실었다. 모차르트와 바흐, 베토벤, 스트라빈스키와 같은 역사적인 음악가들의 클래식 음악, 다양한 민족들의 전통 음악, 미국 로큰롤의 시대를 열었던 척 베리의 대표곡 〈**조니 B. 굿**Johnny B. Goode〉과 같은 대중 음악도 빠뜨리지 않았다.

이와 관련해 한 가지 재밌는 이야기가 있는데, 원래 칼 세이건은 영국의 세계적인 밴드 비틀즈의 음악을 넣고 싶었다고 한다. 하지만 소속사에서 요구한 어마어마한 저작권료를 감당할 수 없었던 탓에 결국 다른 음악이 실렸다. 그래도 비틀즈의 존 레넌조차 **로큰롤을 다른 이름으로 불러야 한다면 척 베리로 바꿔야 한다**If you had to give Rock 'n Roll another name, you might call it Chuck Berry라고 이야기했을 정도로 척 베리가 가장 존경받는 음악가 중 한 사람이었다는 점을 감안하면 좋은 선곡이었다고 생각한다.

그 음반에는 지구와 인류를 대표하는 116장의 사진과 이미지도 담았다. 인공위성에서 바라본 둥글고 푸른 지구의 모습, 인간이 어떻게 태어나는지를 적나라하게 보여주는 아주 자세한 해부학 사진, 음식을 핥고 씹고 마시는 다양한 모습을 담은 사진, 오케스트라 단원이

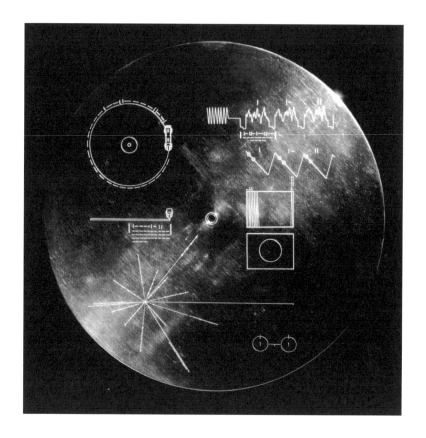

음악을 연주하는 사진, 교육이라는 사회적 시스템이 갖춰져 있다는
것을 보여주는 학교 수업 사진 등 다양한 사진들이 포함됐다. 다양한
언어로 녹음된 목소리들, 자연의 소리, 음악, 그리고 사진과 이미지
가 수록된 보이저의 음반은 1970년대를 기준으로 당시까지 인류의
모든 역사와 소망을 집대성한 타임캡슐이기도 했다.

　보이저가 앞으로 언제쯤 다른 존재에게 발견될지는 알 수 없다.
결국 우주 전체가 종말을 맞이할 때까지 누구에게도 발견되지 못한 채 홀로 외롭게 우주의 어둠 속을 헤매는 운명이 될지도 모른다. 보이저는 기약 없는 조우를 꿈꾸며 외로운 여행을 하고 있다.

언제 찾아올지 모르는 조우를 대비하기 위해서는 보이저에 실린 레코드가 가능한 오랫동안 녹슬지 않고 버틸 수 있도록 제작되어야 했다. 그래서 지름 30cm의 구리 레코드를 우주에서 가장 안정적인 원소로 손꼽히는 금으로 도금했다. 보이저에 실린 레코드를 보면 아주 매력적인 황금빛으로 빛난다. 그래서 보이저에 실린 레코드를 **보이저 골든 레코드** Voyager Golden Record라고 부른다. 그 자체로 인류의 우주에 대한 순수한 꿈과 열망을 드러내는 멋진 유물처럼 느껴진다. 레코드를 보관하고 있는 케이스는 알루미늄에 우라늄-238을 전기로 도금해서 덧씌웠다.

우주에는 화학적인 성질은 같지만 질량만 조금씩 다른 원소들이 있다. 이것을 **동위원소** Isotope라고 한다. 우라늄은 원자 하나에 양성자와 전자가 92개씩이나 모여 있는 아주 덩치 큰 원자다. 원자 핵에는 전기적으로 +도 아니고 -도 아닌 중성이라 아무 성질이 없지만 질량은 양성자에 버금갈 정도로 무거운 중성자도 함께 들어 있다.

우라늄의 경우 원자핵을 이루는 중성자의 개수가 142개, 143개, 그리고 146개로 다양하다. 그래서 같은 우라늄이라도 중성자 개수에 따라서 조금씩 질량이 다르다. 원자 하나의 질량은 양성자와 중성자의 개수로 결정된다. 양성자 92개에 중성자 142개가 더해진 우라늄은 질량수가 92에 142를 더한 234에 해당한다. 그래서 이 경우 해당하는 우라늄의 동위원소는 우라늄-234로 표현한다. 마찬가지로 중성자 개수가 143개, 146개인 우라늄의 동위원소는 각각 우라늄 235, 우라늄-238이다.

우라늄-238은 우라늄의 동위원소들 중에서 자연에서 가장 쉽게 볼 수 있는 흔한 성분이다. 그런데 이런 동위원소들은 중요한 특징이 있다. 원자핵을 이루는 중성자의 개수가 너무 많다는 것과 중성자는 시간이 지나면 저절로 전기적으로 +를 띠는 양성자와 −를 띠는 전자로 쪼개지며 붕괴하려고 한다는 특징이다.

또한 중성자는 굉장히 불안정해서 원자핵의 중성자가 저절로 붕괴하는 현상은 일정한 시간 간격을 두고 정확하게 일어난다. 그래서 우주에서 시간을 잴 수 있는 정확한 시계의 역할을 한다. 불안정한 원자가 붕괴하면서 그 수가 절반으로 줄어들 때까지의 시간을 **반감기**Half-life라고 한다. 우라늄-238의 반감기는 무려 45억 1,000만 년에 달한다. 만약 처음에 우라늄-238이 100개 있었다면 45억 1,000만 년이 지났을 때는 그중 절반이 붕괴하고 나머지 절반 50개만 남아 있게 된다.

천문학자들은 보이저가 운 좋게 우리만큼 과학을 잘 알고 있는 외계인들에게 발견된다면 그들도 우리처럼 우주가 원자로 이루어져 있다는 사실을 잘 알고 있을 거라 생각했다. 물론 외계인들이 양성자 92개로 이루어진 원자를 우리처럼 우라늄이라는 이름으로 부르지는 않겠지만, 보이저 골든 레코드를 담고 있던 케이스의 성분을 분석하면서 지구에는 우라늄이라고 부르는 성분이 존재한다는 것을 알게 될 것이다. 그리고 그들도 불안정한 동위원소가 일정한 시간이 지나면 저절로 붕괴한다는 사실까지 잘 알고 있다면 케이스에서 검출된 우라늄-238의 양을 통해 반감기의 몇 퍼센트에 달하는 시간이 흘렀는지 측정할 수 있을 것이다. 이로써 보이저가 언제 고향 별을 떠나 자신들에게까지 오게 됐는지 보이저의 발사 시기를 가늠할 것이다.

사실 외계인 과학자들이 이 단계까지만 와도 아주 훌륭하게 보이저 골든 레코드를 분석한 셈이다. 하지만 더 중요하고도 까다로운 다음 난관이 남아 있다. 지금까지 한 건 그저 보이저를 발견하고, 무사히 회수해서 내려보낸 다음 옆에 붙어 있던 레코드의 케이스를 꺼낸 것에 불과하다. 레코드에 어떤 음악과 사진 데이터가 담겨 있는지 아직 재생도 하지 않았다. 이제 레코드를 올바르게 재생하고 그 안에 수록된 음성 파일과 이미지 파일을 해독하는 일이 남아 있다.

외계 문명이 우리 인간과 비슷한 기술 발전의 역사를 거쳤다면 보이저 골든 레코드를 보자마자 바늘을 올려서 돌리면 음악을 들을 수 있는 도구라는 사실을 알 것이다. 그리고 자신들과 똑같이 음악을 즐기는 외계인이 있었다는 사실에 흥미로워할 것이다. 하지만 그럴 가능성은 지극히 낮다. 외계인들은 보이저 골든 레코드가 대체 뭐하는 물건인지 전혀 감을 잡지 못할 확률이 아주 높다. 탐사선이 배고플 때 먹으려고 챙겨온 커다란 비스킷이라고 착각하고 반으로 쪼개지만을 않길 바랄 뿐이다.

보이저에는 레코드를 올바르게 재생하기 위한 바늘이 함께 실려 있다. 레코드를 담고 있는 케이스에는 재생할 수 있는 방법을 설명하는 내용이 새겨져 있다. 물론 영어나 러시아어로 설명해봤자 외계인이 해독할 수 없다. 지구뿐 아니라 우주에 존재하는 모든 지적 생명체들에게 통할 수 있는 가장 범용적인 언어가 필요하다. 천문학자들은 수학이야말로 우주의 누구나 이해할 수 있는 진정한 전 우주적인 만국 공통어일 것이라 기대한다. 지구의 역사만 봐도 수학적 언어의 강력한 힘을 확인할 수 있다. 지구 곳곳에 문화와 역사, 종교가 모두 다른 다양한 고립된 문화권이 공존했지만 모두 똑같은 수학적 개념을 사용했다. 어디를 가도 하나에 하나를 더하면 둘이 되고, 다시 둘에서 하나를 빼면 하나가 남는다. 어느 정도 과학을 발전시킨 지적 문명이라면 덧셈과 뺄셈 같은 간단한 연산 개념에서부터 우주가 어떤 성분으로 이루어져 있고 어떻게 작동하는지를 이야기하는 물리 법칙에 이르기까지 모두 이해했으리라 기대할 수 있다.

레코드의 음악을 올바르게 듣기 위해서 가장 중요한 건 레코드를 돌리는 속도다. 레코드 위에 바늘을 올리는 방법까지는 어떻게 알아내더라도 속도를 맞추지 못하면 소용없다. 레코드를 너무 느리게 회전시키면 아주 길게 늘어진 이상한 소리를 듣게 될 것이고, 반대로 너무 빠르게 돌리면 음악이 순식간에 끝나버릴 테니까. 따라서 레코드를 1분에 몇 바퀴 속도로 돌려야 할지 힌트를 주어야 한다. 그런데 여기에 또 난감한 문제가 있다. 외계인은 우리와 전혀 다른 시간 단위로 살고 있을 확률이 높다. 우리가 의미한 1초, 1분의 길이에 해당하는 시간의 의미가 온전하게 전달되기 위해서는 외계인과 시간 단위를 먼저 맞출 필요가 있다.

천문학자들은 외계인과 시간 약속을 잡기 위해 우주에서 가장 보편적인 시계바늘로 수소 원자를 선택했다. 수소는 우주에서 가장 흔한 성분이다. 전기적으로 +를 띠는 양성자 하나로 이루어진 원자핵 주변에 전기적으로 −를 띠는 전자 하나가 맴도는 가장 단순한 형태의 원자다.

　수소 하나만 놓고 보면 제일 간단하고 가볍지만 우주에서 수소가 차지하는 비중은 압도적이다. 우주에 존재하는 원자로 이루어진 모든 일반적인 물질의 전체 질량을 100이라고 하면 수소 단 하나의 성분이 차지하는 질량은 무려 75나 된다. 우주 전체 질량의 4분의 3이 수소로 이루어져 있다(참고로 나머지 우주 전체 질량의 4분의 1은 수소 다음으로 가장 단순하고 가벼운 헬륨으로 이루어져 있다. 흥미롭게도 복잡한 주기율표를 가득 채우고 있는 그 수많은 원소들 중에서 1번과 2번 원소인 수소와 헬륨을 제외한 나머지 성분들이 우주 전체 질량에서 차지하는 비중은 1%도 되지 않는다. 우주는 사실상 어마어마하게 많은 수소에 약간의 헬륨, 그리고 나머지 재료를 아주 조금 가미한 세계라고 볼 수 있다).

　네덜란드의 천문학자 얀 오르트는 별과 별 사이 우주 공간이 완벽하게 텅 빈 진공 상태가 아니라 수많은 원자들이 우주 먼지가 되어 그 공간을 떠돌며 우주를 채우고 있을 것이라고 생각했다. 이처럼 별과 별 사이 공간을 떠도는 물질을 **성간 물질**ISM, interstellar medium이라고 한다. 당연히 우주 질량의 대부분을 차지하는 수소 원자는 성간 물질의 가장 중요한 재료일 것이다. 우리은하 어디를 가더라도 수소 원자를 볼 수 있다.

　1944년 당시 오르트의 지도 아래 연구하고 있던 대학원생 헨드릭 반 드 헐스트는 우주에 가장 많이 존재하는 평범한 수소 원자에서 독특한 전파가 새어나올 수 있다고 예측했다. 보통 거의 절대 영도에 가까운 낮은 온도의 우주 공간에서 양성자 하나와 전자 하나만으로 이루어진 간단한 수소 원자는 아주 안정적으로 존재한다. 이미 가장 낮은 에너지 상태에 놓여 있기 때문에 별다른 에너지를 방출할 이유가 없어 보인다.

전자는 원자핵 주변을 맴돌기도 하지만 자체적으로 회전하는 또 다른 회전 성분을 갖고 있다. 마치 지구가 태양 주변을 공전하는 동시에 자전도 하고 있는 것과 비슷하다. 전자 스스로가 품고 있는 내재적인 회전 성분을 전자의 **스핀** Spin이라고 정의한다.

만약 지구의 자전축이 갑자기 위아래가 뒤집힌다면 정말 해가 서쪽에서 떠오를 정도로 큰 충격일 것이다. 지구에서는 거대한 쓰나미와 지진도 벌어질 것이다. 마찬가지로 전자의 스핀 방향도 뒤집힐 때 특정한 에너지를 방출할 수 있다. 안정적인 수소 원자에서 그 주변을 맴도는 전자의 스핀이 뒤집힐 때 아주 긴 파장의 전파가 방출된다. 이 전파의 주파수는 1.42GHz로 파장의 길이가 21cm나 된다. 파장 21cm에 해당하는 이 독특한 전파를 천문학에서는 **중성 수소선** Hydrogen Line 또는 H 1 선이라고 표현한다.

중성 수소선의 장점은 파장이 아주 길다는 것이다. 파장이 긴 빛은 넓은 간격으로 진동하면서 여러 장애물을 요리조리 피해 멀리까지 도달할 수 있다. 파장이 더 긴 AM 라디오 방송이 FM 라디오 방송 신호보다 도심의 빌딩 숲을 뚫고 더 멀리까지 퍼지는 것도 같은 원리다. 덕분에 중성 수소선은 은하계 공간 구석구석을 채우고 있는 먼지 구름에 흡수되지 않고 먼 거리까지 날아갈 수 있다. 또 수소는 우주에서 제일 흔한 성분이기 때문에 만약 누군가 우리처럼 천문학을 발전시키고 우주를 연구하고 있다면 당연히 가장 먼저 들여다볼 만한 주파수 대역일 것이라 기대할 수 있다.

　1959년 코넬 대학교에서 연구하고 있던 이탈리아의 물리학자 주세페 코코니는 동료 물리학자 필립 모리슨과 함께《네이처》에〈**성간 통신을 위한 탐색**Searching for Interstellar Communications〉이라는 아주 저돌적인 제목의 논문을 발표했다. SF 영화에서나 다뤄지던 외계 지적 문명 탐색이라는 논의를 진지한 과학계로 갖고 온 역사적인 논문으로 평가받는다.

　그들은 어떤 주파수에 해당하는 빛이 은하계 공간을 가로막고 있는 먼지 입자들의 방해를 가장 덜 받으면서 멀리 나아갈 수 있는지를 분석했다. 분석 결과 주파수가 1GHz에서 10GHz 사이에 해당하는 마이크로파 대역의 전파를 사용하는 것이 성간 통신을 위해 가장 좋다고 제안했다. 실제로 우리가 주방에서 사용하는 전자레인지도 이 범위에 해당하는 마이크로파를 사용한다.

　마이크로파의 또 다른 장점은 지구의 대기권에 의해서도 거의 흡수되지 않는다는 점이다. 외계 생명체도 우리와 비슷한 환경의 행성에서 살고 있을 거라 가정한다면 그들의 행성도 지구와 비슷하게 대기로 덮여 있을 것이다. 따라서 마이크로파는 서로 다른 대기를 갖고 있는 두 행성에 살아가는 종족이 성간 물질이나 각자의 대기권에 의한 방해를 거의 받지 않으면서 서로의 신호를 주고받기에 가장 좋은 종류의 전파라고 볼 수 있다.

　마침 우주에서 가장 흔한 중성 수소가 방출하는 주파수 1.42GHz의 전파가 정확히 이 마이크로파 영역에 들어온다. 지구에서는 산소도 생명체가 살아가기 위해 아주 중요한 재료다. 수소 원자 하나에 산소 원자 하나가 더 붙어 있는 **하이드록실**OH, Hydroxyl 분자는 주파수가 1.612GHz에서 1.72GHz 사이에 해당하는 마이크로파를 방출한다. 공교롭게도 마이크로파 영역의 전파를 방출하는 대표적인 성분, 수소와 하이드록실이 만나면 수소 두 개와 산소 하나로 이루어진 물 분자가 만들어진다. 물은 우리가 아는 한 생명체에 가장 필수적인 성분이다. 그래서 천문학자들은 주파수 1.42GHz에서 1.72GHz 사이에 해당하는 마이크로파 영역을 물 웅덩이라는 뜻에서 **워터 홀**Water hole이라고 부른다.

외계 지적 문명의 탐색 방법을 처음으로 진지한 과학의 영역에서 분석했던 코코니와 모리슨의 논문은 이후 본격적으로 외계에서 날아오는 전파 신호 속에 혹시 숨어 있을지 모르는 외계 문명의 증거를 찾는 SETI 프로젝트의 시작이 되었다. SETI를 이끌었던 천문학자 세스 쇼스탁은 실제 지구의 생명체들이 물 웅덩이 주변에서 모여 살고 있듯이, 외계 지적 생명체들의 신호도 물 웅덩이에 해당하는 마이크로파 영역에 모여 있을 거라 추측하는 것에 과학적인 매력뿐 아니라 아주 절묘한 미적인 아름다움이 공존한다고 이야기했다.

중성 수소의 전자가 스핀을 뒤집으면서 방출하는 전파의 주파수는 1.42GHz다. 주파수는 1초 사이에 빛이 진동하는 횟수를 말한다. 즉, 주파수가 1.42GHz라는 말은 그 빛이 1초 사이에 14억 2,000번 진동한다는 뜻이다. 따라서 이 빛이 한 번 진동하는 데 걸리는 시간은 약 7.042×10^{-10}초, 즉 대략 0.7나노초 정도에 해당한다. 당연히 외계인들은 우리와 전혀 다른 시간 단위를 쓰고 있을 것이고, 이 시간을 표현하는 방법도 다를 것이다. 하지만 만약 우리처럼 중성 수소의 특징에 대해 잘 알고 있는 외계인 과학자라면 이 중성 수소를 기준으로 서로 다른 시간 단위 체계를 통일할 수 있다!

보이저 골든 레코드를 담고 있는 동그란 케이스의 오른쪽 아래를 보면 작은 원 두 개가 그려져 있다. 그림을 자세히 보면 오른쪽 원과 왼쪽 원에 하나씩 작고 가는 드럼채 같은 그림이 한 개씩 더 그려져 있는데, 두 개의 방향이 서로 뒤집혀 있다. 중성 수소에서 원자핵 주변을 맴도는 전자의 스핀 방향이 뒤집히는 것을 나타낸 그림이다. 천문학자들은 똑똑한 외계인 과학자들이 이 그림을 보고 중성 수소를 표현한 작가의 의도를 파악해주기를 바란다. 그리고 그 그림을 보고 중성 수소가 방출하는 마이크로파의 주파수에 맞춰 시계바늘을 맞춰주기를 바란다.

이제 다시 골든 레코드의 케이스 왼쪽 위에 있는 그림을 보자. 여기에는 레코드를 위에서 내려다본 모습과 옆에서 본 모습이 함께 그려져 있다. 레코드 한쪽 가장자리에 바늘을 두고 올바른 속도로 돌리면서 재생해야 한다는 것을 설명하는 그림이다.

케이스에 새겨진 레코드 그림 가장자리에는 짧은 가로선과 세로선이 쭉 이어져 있는데, 이것은 1과 0으로 표현한 이진법 숫자다. 가장자리를 따라 반시계 방향으로 세로선을 1, 가로선을 0으로 해서 읽으면 10011000011001000000000000000000이 된다. 이 엄청나게 긴 이진법 숫자를 지구인 방식으로 10진법으로 바꾸면 5113380864라는 숫자가 된다.

앞에서 수소 원자의 주파수를 기준으로 약속한 시간 단위 0.7나노초(정확히는 0.704020379나노초)를 이 숫자에 곱하면 5113380864 × 0.7나노초는 대략 3.59초가 나온다. 즉, 3.59초에 한 바퀴 돌 수 있는 속도로 레코드를 돌려야 그 안에 담긴 목소리와 음악 소리, 그리고 이미지 데이터를 올바르게 해독할 수 있다는 뜻이다. 그 아래 레코드를 옆에서 바라본 모습을 보여주는 그림을 보면 여기에도 가로선과 세로선으로 표현한 이진법 메시지를 발견할 수 있다. 똑같이 여기에 있는 기다란 이진법 숫자를 지구인 방식으로 10진법으로 바꾸면 4587025072128이 나온다. 마찬가지로 여기에 수소 원자의 주파수를 곱하면 4587025072128 × 0.7나노초는 대략 3,229초, 즉 레코드의 전체 재생 시간인 53.8분이 나온다.

굉장히 복잡해 보이지만 안타깝게도 이것은 천문학자들이 생각해낸 가장 최선의 방법이었다. 언어도, 역사도 완전히 다른 두 문명이 서로 메시지를 주고받기 위해서는 이처럼 수학적 언어에 기댈 수밖에 없다. 부디 우주를 떠돌고 있는 외로운 보이저를 발견하는 외계 문명이 우리의 기대만큼 충분히 똑똑하고, 그리고 참을성이 있는 외계인이기를 바랄 뿐이다.

보이저 골든 레코드를 떠나 보내면서 메시지를 함께 만들었던 천문학자 중 한 명인 프랭크 드레이크는 문득 한 가지 고민을 했다. 안타깝게도 당시 기술의 한계로 하나의 레코드 안에 목소리와 음악 소리, 그리고 사진과 이미지 데이터까지 저장해야 했는데, 외계인들이 레코드 안에 담긴 데이터 중에서 어디까지가 소리 데이터이고 어디부터가 이미지 데이터인지 어떻게 구분할 수 있을까 하는 고민이었다. 목소리와 음악 소리는 애초에 소리 데이터이기 때문에 레코드를 올바르게 재생만 한다면 바로 들을 수 있다. 하지만 사진과 이미지를 레코드에 저장하려면 어쩔 수 없이 이진법 데이터로 변환

해서 옮길 수밖에 없었다. 그 데이터를 그냥 소리로 들으면 정체를 알 수 없는 치지직거리는 잡음처럼 들린다.

　결국 외계인들도 우리와 음악 취향이 비슷하길 바랄 수밖에 없었다. 소리로 들었을 때 아름다운 선율이 느껴지는 부분은 음악 데이터이고, 뭔가 이해할 수 없는 잡음 같은 소리가 들리는 부분은 무언가 또 다른 변환 작업을 거쳐야 하는 데이터라는 사실을 눈치채주기를 바라야 했다. 그러면서 드레이크는 한 가지 재밌는 상상을 떠올렸다. 만약 외계인들의 음악 취향이 우리와 정반대라면 어떻게 될까? 어쩌면 외계인들은 우리가 보낸 클래식 음악을 잡음이라고 생각하고 얼굴을 찌푸리며 귀를 막는 반면, 사진과 이미지 데이터를 변환하면서 만들어진 치지직거리는 잡음 소리에는 어깨춤을 출지도 모른다는 상상이다. 생각만 해도 재밌지 않은가?

외계인이 보낸 메시지로 완성한 우리은하의 지도

　코코니와 모리슨의 야심찬 논문이 발표되면서 외계 지적 문명의 존재 가능성에 대한 질문이 학자들 사이에서 진지하게 거론되기 시작하던 무렵, 당시 젊은 천문학자였던 프랭크 드레이크는 새롭게 도래하고 있던 전파 천문학의 시대에 매료되어 있었다.

　이전까지 천문학자들은 망원경에 직접 눈을 대고 관찰하거나 사진을 찍어서 우주를 관측했다. 전부 사람 눈으로도 볼 수 있는 가시광 영역에서만 우주를 관측했다. 이후 제2차 세계대전이 끝나면서 적국의 미사일을 감시하기 위해 세워졌던 수많은 전파 안테나들이 방치되었다. 당시 미국 정부는 곳곳에 방치되어 있던 전파 안테나를 천문학자들의 손에 쥐어주었고, 본격적으로 우주에서 날아오는 전파를 엿들을 수 있는 시대가 시작되었다.

1959년 4월 미국 웨스트 버지니아에 있는 한 산골짜기에 지름 26m에 달하는 거대한 접시 안테나가 세워졌다. 드레이크는 그린뱅크 천문대로 이름이 지어진 이곳에서 신입 연구원으로 일하게 되었다. 그는 그린뱅크의 거대한 안테나라면 태양계 바깥 10광년 이내의 범위에 있는 외계 문명이 보낼지도 모르는 전파 신호를 충분히 포착할 수 있다고 계산했다. 그리고 본격적으로 외계 문명의 신호를 찾는 야심찬 탐색을 시작했다. 이후 드레이크에 의해 SETI 프로젝트의 전신인 **오즈마 프로젝트** Ozma project가 시작되었다. 동화 《오즈의 마법사》에 나오는 가상의 나라 오즈를 지배하는 공주 오즈마의 이름을 붙였다.

드레이크는 중성 수소가 방출하는 전파의 주파수에 해당하는 1.42GHz 영역에서 우주를 훑어봤다. 얼마 지나지 않아 드레이크의 안테나는 고래자리 타우 별과 에리다누스자리 엡실론 별에서 흥미로운 전파 신호를 포착했다. 그는 수 개월에 걸쳐 두 별을 번갈아가면서 7,200개 전파 채널로 총 200시간 동안 전파 신호를 관측했다. 순진하게도 드레이크는 처음에 정말 외계 문명에서 날아온 메시지를 발견한 것이라 생각했다. 하지만 아쉽게도 그 기대는 오래가지 못했다.

추가 분석을 진행한 결과, 그 신호는 우연히 비슷한 방향을 지나가던 미국의 첩보 위성이 날려보낸 전파 신호였다. 이후로도 하늘 전역에서 비슷한 주파수의 전파가 포착되었다. 플레이아데스 성단에서도, 백조자리에서도 날아왔다. 우리은하 중심부를 향하는 하늘, 그리고 정반대편의 하늘에서도 다양한 전파 신호가 포착되었다.

드레이크가 전파로 관측한 우리은하는 너무 시끄러웠다. 포착된 모든 신호가 전부 외계 문명이 보내고 있는 신호라면 우리은하는 완전 외계인들이 바글바글한 우주 도떼기시장이나 다름 없을 것이다. 물론 그럴 리는 없다. 사실 드레이크가 포착한 모든 전파 신호는 외계인이 보낸 메시지가 아니었다. 은하수는 예상보다 너무나 많은 성간 물질 가스 구름으로 채워져 있었고, 바로 성간 물질의 전파 신호가 포착되었던 것이다.

사실 은하를 연구하는 천문학자들은 수천만, 수억 광년 거리에 떨어진 먼 은하들보다 오히려 우리가 살고 있는 우리은하를 더 많이 모른다. 어색하게 들릴지 모르지만 사실이다. 가장 큰 이유는 우리가 거대한 우리은하 안에 갇혀 있기 때문이다. 현재 파악하고 있는 우리은하의 지름만 해도 10만 광년에 달한다. 이제 겨우 태양계 경계를 벗어나고 있는 보이저 탐사선도 지구를 떠난 지 거의 반 세기가 되어가는데도 아직 태양계를 완전히 떠나지 못했다. 그보다 훨씬 거대한 우리은하 바깥으로 탐사선을 보내는 건 상상하기 어렵다. 아마 인류가 멸망할 때까지 절대 이룰 수 없는 꿈으로 남을지도 모른다.

안타깝게도 우리 스스로가 우리은하라는 이름의 거대한 숲 안에 갇혀 있다 보니 그 숲의 실제 모습이 어떤지 숲 바깥으로 나가서 둘러볼 수 없다. 숲 안에 갇힌 채 숲의 지도를 어설프게 그릴 수밖에 없다. 전파 망원경으로 바라본 은하수는 우리은하가 중성 수소를 머금고 있는 크고 작은 가스 구름이 가득 들어찬 세계라는 사실을 보여준다. 즉, 중성 수소에서 방출되는 주파수 1.42GHz의 마이크로파로 하늘 전역에 퍼져 있는 가스 구름의 분포를 그린다면 그것이 우리가 갇혀 살고 있는 우리은하의 지도가 될 것이다.

일찍이 천문학자들은 은하수에서 빛나는 여러 별까지의 거리를 재면서 우리은하가 별들이 모여 있는 납작한 원반 모양을 이루고 있다는 사실을 알게 되었다. 우리가 그 안에 갇힌 채 은하수 원반의 단면을 보고 있기 때문에, 밤하늘에는 길게 흘러가는 띠 모양의 은하수를 보게 된다. 우리은하가 납작한 원반 모양을 이루고 있는 이유는 우리은하에 살고 있는 별들이 은하 한가운데를 중심으로 일제히 한쪽 방향으로 돌고 있기 때문이다.

천문학자들은 태양 주변 가까운 별들의 겉보기 움직임을 관측하면서 흥미로운 사실을 발견했다. 주변 별들은 마치 우리 태양을 중심으로 한 방향으로 빙글빙글 도는 것처럼 움직인다는 점이다. 특히 별들이 태양에 대해 어느 방향으로 움직이는지는 각 별이 태양보다 우리은하 안쪽에 있는지 바깥쪽에 있는지에 따라 달라졌다.

우리은하 중심으로부터 태양보다 안쪽에 있는 별들은 마치 태양을 앞지르는 것처럼 움직였다. 반대로 우리은하 중심으로부터 태양보다 바깥쪽에 있는 별들은 마치 태양보다 뒤처지는 것처럼 움직였다. 우리은하 중심으로부터 태양과 거의 비슷한 거리를 두고 있는 별들은 지구의 밤하늘에서 봤을 때 거의 자리가 바뀌지 않는 것처럼 보였다. 이것은 우리은하 원반을 이루는 별들이 어떤 방식으로 돌고 있는지에 대한 아주 중요한 단서다.

만약 우리은하 원반이 마치 하나의 단단한 쟁반처럼 돌고 있다고 생각해보자. 즉 은하 안쪽에 있는 별이든 바깥쪽에 있는 별이든 상관없이 우리은하 한가운데를 중심으로 모두 같은 시간 동안 같은 각도만큼 돌고 있다고 생각해보자. 이러한 방식의 회전을 단단한 물체가 회전하는 것과 같다고 해서 **강체** Rigid body 회전이라고 부른다. 그렇다면 우리은하 안쪽부터 바깥쪽까지의 모든 별이 우리은하 한가운데를 중심으로 궤도를 따라 같은 각도로 움직이기 때문에 항상 서로 같은 위치에서 보여야 한다.

단단한 쟁반 위에 임의의 두 위치에 밥풀이 하나씩 찰싹 붙어 있는 상태로 쟁반을 돌리면 그 위에 붙어 있는 밥풀 두 개 사이의 거리는 어떻게 될까? 변하지 않는다. 쟁반이 얼마나 회전하는지 상관없이 두 밥풀은 항상 같은 간격을 두고 떨어져 있다. 각각의 밥풀 입장에서 봤을 때 둘은 마치 서로가 서로에게 멈춰 있는 것처럼 느껴질 것이다. 우리은하가 쟁반처럼 강체 회전을 한다면 마찬가지로 그 안에 살고 있는 모든 별들은 서로의 움직임을 느낄 수 없다.

그런데 분명 실제 관측되는 주변 별들의 움직임은 그렇지 않다. 태양보다 안쪽 궤도를 도는 별들은 태양보다 살짝 더 빠르게 앞지르는 것처럼 보인다. 반대로 태양보다 바깥 궤도를 도는 별들은 태양보다 살짝 뒤처지는 것처럼 거꾸로 움직인다. 이것은 우리은하 한가운데를 중심으로 안쪽 궤도를 도는 별과 바깥쪽 궤도를 도는 별들이 움직이는 속도가 다르기 때문이다. 안쪽에 있는 별들은 더 빠르게 움직이고 은하 외곽으로 갈수록 바깥 궤도를 도는 별들은

우리은하

태양보다 안쪽 궤도

태양 궤도

태양보다 바깥쪽 궤도

속도가 느려진다.

　이것은 아주 간단하게 이해할 수 있다. 우리은하 원반 위를 도는 별들의 움직임도 각 별을 붙잡고 있는 은하 전체 중력의 지배를 받기 때문이다. 중력은 그 힘을 주고받는 두 물체 사이의 거리가 멀어지면 그 거리 제곱에 반비례해서 아주 빠르게 약해지는 힘이다. 거리가 두 배 멀어지면 힘은 네 배 약해지고, 거리가 세 배 멀어지면 힘은 아홉 배 약해진다.

　우리은하 안쪽 궤도를 도는 별은 은하 중심으로부터 거리가 가깝

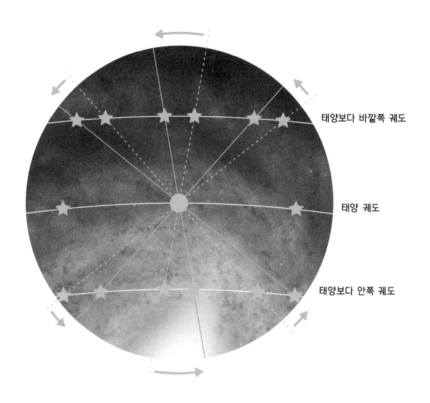

태양보다 바깥쪽 궤도

태양 궤도

태양보다 안쪽 궤도

다. 그래서 아주 강한 중력으로 붙잡히게 되고 빠른 속도로 궤도를 돈다. 반대로 은하 외곽으로 갈수록 은하 중심으로부터 거리가 멀어지고 각 별들이 느끼는 은하의 중력도 빠르게 약해진다. 그래서 바깥 궤도를 도는 별들은 아주 느리게 움직인다. 모든 부분이 단단한 쟁반처럼 일제히 같은 각도로 회전하는 강체와 달리, 안쪽과 바깥쪽이 서로 다른 각도로 회전하는 것을 **차등 회전** Differential rotation이라고 한다.

우리은하는 단단한 쟁반이 아니었다. 마치 안팎의 구름들이 조금씩 서로 다른 속도로 어긋나면서 회전하는 장마철의 태풍처럼 우리 은하 안쪽과 바깥쪽의 별들도 조금씩 다른 속도로 회전하고 있었다.

우리은하 별들이 궤도 크기에 따라 조금씩 다른 속도로 차등 회전을 하고 있다는 사실은 우리은하 안에 갇힌 상태에서도 그 전체 지도를 그릴 수 있는 아주 중요한 첫 단추가 된다. 우리은하 원반을 위에서 내려다본 그림을 생각해보자.

우리은하 한가운데를 중심으로 태양이 원 궤도를 그린다. 태양이 움직이는 속도를 V_0라고 하자. 태양보다 크기가 작은 안쪽 궤도를 도는 또 다른 별이 있다. 이 별이 궤도를 도는 속도는 V라고 하자. 이 별은 태양보다 더 안쪽 궤도를 돌고 있기 때문에 태양보다 더 빠르게 돌고 있다. 다시 말해서 $V > V_0$다. 태양에서 봤을 때 이 별은 은하 중심을 향하는 방향에서 약간 벗어나 있다. 태양에서 우리은하 중심을 바라보는 방향을 기준으로 반시계 방향으로 잰 각도를 은하 좌표계에서의 경도라는 의미에서 **은경** galactic longitude이라고 정의한다. 태양보다 안쪽 궤도를 도는 이 별의 은경을 l로 표현하겠다.

태양에서 봤을 때 이 별은 어느 정도의 속도로 움직이는 것처럼 보일까? 태양과 별 모두 각자의 궤도를 따라 움직이기 때문에, 태양계에서 살고 있는 우리가 보게 되는 이 별의 겉보기 움직임은 두 별의 상대적인 속도다. 특히 태양에서 별을 바라보는 시선 방향을 따라 별이 얼마나 빠르게 우리를 향해 다가오거나 멀어지는 것처럼 보일지 그 시선 속도를 구해보자.

먼저 태양 자체의 속도 V_0를 태양과 별을 연결하는 시선 방향에 나란한 성분과 수직인 성분 두 가지로 쪼개보자. 태양의 움직임을 나타내는 속도 V_0의 화살표에서 태양과 별을 연결하는 시선 방향 선 위에 수직인 선을 그린다. 그러면 작은 직각삼각형이 하나 나오는 데, 화살표 끝과 새롭게 그린 수직선이 만나는 꼭짓점의 각도가 바로 별의 은경에 해당하는 l과 같다. 따라서 V_0의 태양에서 별을 바라보는 시선 방향에 나란한 속도 성분은 $V_0 \sin l$로 표현된다.

마찬가지로 이번에는 태양이 바라보고 있는 별의 속도 V를 시선 방향에 나란한 성분과 수직인 성분으로 쪼개보자. 은하 중심에서 시선 방향을 향하는 선 위에 수직인 선을 그린다. 그러면 또 다른 작은 직각삼각형이 만들어진다. 은하 중심에 있는 꼭짓점의 각도를 a 라고 하면 이 별이 향하는 속도 V가 시선 방향과 이루는 사이 각도도 똑같은 a가 된다. 따라서 별의 속도 V에서 시선 방향에 나란한 속도 성분은 $V \cos a$가 된다. 결국 태양에서 봤을 대 이 별이 시선 방향을 따라 얼마나 빠른 속도로 움직이는 것처럼 보일지 ΔV는 다음과 같이 태양과 별, 둘의 시선 방향 속도의 차이로 나타낼 수 있다.

$$\Delta V = V \cos a - V_0 \sin l$$

우리은하 중심으로부터 태양이 떨어져 있는 거리, 즉 태양이 돌고 있는 궤도의 반지름을 R_0라고 하자. 그리고 태양에서 관측하고 있는 안쪽 궤도를 도는 별의 궤도 반지름은 R이라고 하자. 이제 은하 중심과 태양을 빗변으로 하는 커다란 직각삼각형 SCT를 보자. 이 직각삼각형에서 시선 방향에 수직한 수직선 CT의 길이는 다음과 같이 쓸 수 있다.

$$CT = CS \cos l = R_0 \sin l$$

마찬가지로 이번에는 은하 중심과 별을 잇는 선을 빗변으로 하는 조금 작은 직각삼각형 MCT를 생각해보자. 이 삼각형을 생각하면 CT의 길이는 이렇게도 표현할 수 있다.

$$CT = CM \sin a = R \cos a$$

결국 이런 관계를 얻을 수 있다.

$$CT = R_0 \sin l = R \cos a$$
$$\cos a = (R_0/R) \sin l$$

이처럼 각도 a를 별의 은경 l로 나타낼 수 있다. 앞에서 구했던 태양에서 보게 되는 별의 시선 속도 ΔV는 결국 다음과 같이 표현할 수 있다.

$$\Delta V = V \cos a - V_0 \sin l = V (R_0/R) \sin l - V_0 \sin l$$

현재 이 별은 태양보다 더 안쪽 궤도를 돈다. 따라서 별은 태양보다 더 빠른 속도로 움직인다. $V > V_0$다. 또 태양보다 우리은하 중심으로부터 더 가까이 있기 때문에 $R < R_0$이고 $(R_0/R) > 1$이다. 따라서 $V(R_0/R) > 1$이다. 다시 말해서 $V (R_0/R) \sin l$이 $V_0 \sin l$보다 크다. 그래서

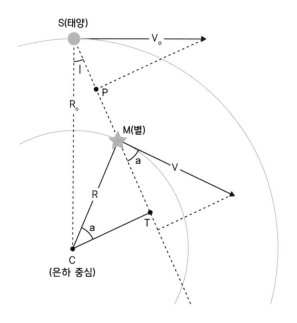

$\Delta V = V (R_0/R) \sin I - V_0 \sin I$는 0보다 크다. 태양보다 더 안쪽 궤도를 도는 별은 태양에서 봤을 때 시선 방향을 따라 더 태양에서 멀어지는 것처럼 보인다는 뜻이다.

만약 은하 중심으로부터 태양과 같은 거리를 두고 함께 같은 궤도를 따라 돌고 있는 별이라면 $V = V_0$가 되고, $R = R_0$이기 때문에 (R/R_0) = 1이 된다. 따라서 위 식에 대입하면 다음과 같다.

$\Delta V = V (R_0/R) \sin I - V_0 \sin I = V_0 \sin I - V_0 \sin I = 0$

즉, 태양과 같은 궤도 위에 있는 별은 태양에서 봤을 때 움직이지 않는 것처럼 보이게 된다. 만약 별이 태양보다 더 바깥 궤도를 돈다면 상황은 달라진다. 별 자체가 태양보다 더 느리게 움직이기 때문에 이번에는 $V < V_0$가 되고, 은하 중심으로부터 더 바깥에 있기 때문에 $R > R_0$ 즉, $(R_0/R) < 1$이 된다. 따라서 이 경우에는 $V (R_0/R) \sin I$이 $V_0 \sin I$보다 작기 때문에 $\Delta V = V (R_0/R) \sin I - V_0 \sin I$는 0보다 작아진다. 태양보다 바깥 궤도를 도는 별을 본다면 시선 방향을 따라 태양을 향해 다가오는 것처럼 보인다는 뜻이다.

성단의 움직임을 통해 별까지 거리를 재는 방법을 설명할 때 이야기했듯이, 우리를 향해 다가오는지 멀어지는지 시선 속도의 방향은 도플러 효과를 통해 알 수 있다. 다가오는 쪽으로 움직이는 천체의 빛은 원래보다 더 파장이 짧은 푸른 쪽으로 치우치는 청색이동을 겪는다. 멀어지는 쪽으로 움직이는 천체의 빛은 원래보다 더 파장이 긴 붉은 쪽으로 치우치는 적색이동을 겪는다.

다음 그림처럼 태양에서 어떤 한 방향을 보면서 우리은하 원반 상

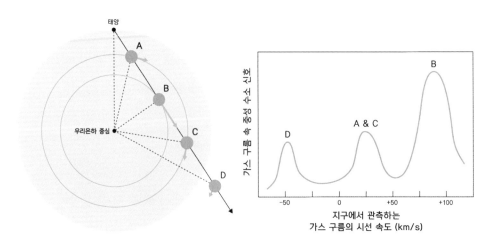

에 놓여 있는 여러 중성 수소 가스 구름에서 날아오는 전파를 관측한다고 생각해보자. 가스 구름 A는 태양에서 바라보는 시선 방향에 거의 접하는 방향으로 움직인다. 그래서 태양에서 봤을 때 가장 빠른 속도로 우리에게서 멀어지는 것처럼 관측된다. 그만큼 가장 강한 적색이동을 보인다. 가스 구름 A에서 날아오는 전파의 파장은 가장 길게 늘어져 관측된다.

　가스 구름 B와 C도 태양보다 안쪽 궤도를 돈다. 그래서 우리에게서 멀어지는 것처럼 관측된다. 다만 가스 구름 A과 달리 시선 방향에 대해 조금 비스듬한 방향으로 움직이고 있기 때문에 관측되는 시선 방향 속도는 조금 느리다. 그래서 가스 구름 B와 C에서 관측되는 전파는 살짝 늘어난 모습으로 보인다.

　가스 구름 D는 태양보다 더 바깥 궤도를 돈다. 그래서 다른 가스 구름들과 달리 반대로 우리를 향해 다가오는 것처럼 보인다. 가스 구름 D에서 관측되는 전파의 파장은 더 짧은 쪽으로 치우치는 청색이동을 겪는다. 이렇게 우리은하 원반을 따라 조금씩 방향을 바꿔가면서 각각의 가스 구름들이 어느 정도의 시선 속도로 움직이는 것으로 보이는지를 관측하면 그 구름들이 태양으로부터 얼마나 먼 거리를 두고 떨어져 있는지, 태양 궤도 안팎에서 우리은하 중심으로부터 어느 정도 거리를 두고 궤도를 돌고 있는지를 알 수 있다.

　1952년 천문학자 크리스텐슨과 힌드먼은 은하수를 따라 헐스트가 예측했던 중성 수소의 독특한 마이크로파를 관측했다. 은하 중심으로부터 조금씩 방향을 바꿔가면서 각기 다른 거리에 떨어진 중성 수소 가스 구름의 위치를 하나하나 파악했다.

처음에 가스 구름의 위치를 지도 위에 몇 개밖에 찍지 않았을 때는 별다른 모습이 보이지 않았다. 그러다 태양을 중심으로 은하 안쪽부터 바깥쪽까지 360도 둥글게 방향을 모두 훑어보면서 지도를 채워보니 놀라운 모습이 드러났다. 우리은하 원반을 수놓고 있는 가스 구름들은 아무렇게나 퍼져 있지 않고 은하 안쪽에서부터 바깥쪽으로 소용돌이치는 나선 모양을 그리고 있었다. 별과 가스 구름으로 이어진 거대한 나선 모양의 띠 네 개가 우리은하 안팎을 크게 휘감고 있었다. 우리은하에도 크고 아름다운 나선팔이 네 개나 존재함을 발견한 것이다.

또 은하 중심부의 모양도 독특했다. 오랫동안 단순하게 별들이 둥글게 모여 있을 뿐이라고 생각했던 중심부는 약간 길게 찌그러진 모습을 하고 있었다. 길이 2만 광년, 너비 8,000광년에 달하는 기다란 막대 모양으로 은하 중심 별들이 모여 있었다. 우리은하는 중심에 별들이 막대 모양으로 길게 분포하는 **막대 나선 은하** Barred spiral galaxy였다.

은하 중심에 가장 바짝 붙어 있는 짧은 **직각자자리 나선팔** Norma arm이 있다. 그보다 조금 더 바깥에는 희미하고 길게 이어지는 **방패-남십자자리 나선팔** Scuturn-Crux arm이 있다. 천문학자에 따라서는 센타우르스자리 방향까지 더 가늘게 이어져 있다고 보기도 한다. 가장 바깥에는 우리은하에서 가장 길고 선명하게 볼 수 있는 두 개의 나선팔 **궁수자리 나선팔** Sagittarius arm과 **페르세우스자리 나선팔** Perseus arm이 휘감겨 있다.

우리 태양은 이 두 개의 가장 두껍고 선명한 나선팔 사이의 희미

우리은하 안쪽에서부터 바깥쪽으로 소용돌이치는 네 개의 거대한 나선 모양의 띠(나선팔).

한 곁가지에 해당하는 **오리온자리 나선팔** Orion arm에 속한다. 아쉽게도 중성 수소 가스 구름을 관측해서 새롭게 완성한 우리은하 나선팔의 지도에서조차 우리 태양계의 위치는 정말 볼품 없다. 가장 눈에 띄는 뚜렷한 메인 나선팔도 아니고 그 사이에 끼어 있는 흐릿한 곁가지에 우리가 살고 있다.

우리은하에 외계인이 아니라 유령이 살고 있다

우리은하 어딘가에 살고 있을지 모르는 외계 문명의 전파 신호를 찾기 위해서 시작되었던 탐색은 뜻밖에도 우리은하가 어떤 모습으로 소용돌이치고 있는지 지도를 그릴 수 있게 해준 발견으로 이어졌다. 아쉽지만 지금까지 완성된 우리은하 지도 어디에도 외계 문명이 존재하는 별로 의심되는 곳은 보이지 않는다. 더욱이 새롭게 완성된 은하수의 지도는 외계인보다 더 당황스러운 가능성을 보여주었다. 우리은하 안에는 외계인이 아니라 유령이 함께 살고 있는 것 같다는 가능성이다.

중성 수소에서 방출되는 마이크로파 관측을 통해 은하수의 지도를 그릴 수 있을 거라는 아이디어를 제시했던 천문학자 헐스트의 지도 교수 오르트는 1958년 직접 제자의 아이디어를 바탕으로 우리은하 원반을 맴도는 수소 가스 구름의 지도를 완성했다. 그리고 우리은하 중심에서부터 바깥쪽으로 가면서 궤도를 도는 가스 구름의 속도가 어떻게 변하는지를 비교했다.

가로축에 은하 중심으로부터 떨어진 거리를 나타내고, 세로축에는 회전 속도를 나타내서 표현하는 방식으로 오르트가 그린 그래프를 **은하의 회전 곡선**Galaxy rotation curve이라고 한다. 이러한 방식의 그래프는 이후 우리은하를 비롯해 회전하는 모든 은하들의 움직임을 가장 잘 보여주는 기법으로 자리잡았다.

우리은하 주변을 맴도는 별들의 속도는 각 별을 붙잡고 있는 우리은하의 정체 중력으로 결정된다. 당시 천문학자들은 우리은하가 단순히 눈에 보이는 별과 가스 구름으로만 이루어져 있다고 생각했다. 당연히 우리은하의 전체 질량은 눈에 보이는 별과 가스 구름의 질량을 모두 합하면 된다고 생각했다. 이렇게 유추한 우리은하의 전체 질량을 통해 우리은하가 주변 별들을 얼마나 강한 중력으로 붙잡고 있을지를 계산할 수 있다.

우리은하는 눈으로 보면 중심으로 갈수록 별의 밀도가 압도적으로 높아지고 은하 외곽으로 가면서 별의 밀도가 빠르게 줄어든다. 그래서 거의 대부분의 별들이 은하 중심에 밀집되어 있는 것처럼 보인다. 따라서 간단하게 생각하면 우리은하 외곽으로 갈수록 별들이 붙잡혀 있는 중력도 약해지고, 은하 주변을 맴도는 속도도 느려질 것이라 생각했다.

하지만 실제 관측된 우리은하의 회전 곡선은 이러한 예측을 벗어났다. 은하 가장자리 최외곽에 있는 별들도 속도가 그다지 줄지 않았다. 은하 안쪽에 있는 별들 못지않게 꽤 빠른 속도로 돌고 있었다. 분명 눈에 보이는 별과 가스 구름만 생각하면 설명할 수 없는 너무 빠른 속도였다. 이 정도 속도라면 우리은하 외곽에 있는 별들은 이미 우리은하의 중력을 벗어나 바깥 우주 공간으로 튕겨 날아갔어야 했다. 하지만 별들은 우리은하를 탈출하지 않고 계속 궤도를 유지하면서 돌고 있었다. 마치 무언가 더 강력한 중력으로 외곽의 별들이 붙잡혀 있는 것처럼 보였다.

이런 당황스러운 모습은 우리은하뿐 아니라 다른 은하에서도 관측되었다. 1965년 천문학자 베라 루빈은 동료 켄트 포드와 함께 캘리포니아 샌디에이고에 위치한 팔로마산 천문대에서 관측을 시작했다. 루빈은 팔로마산 천문대에서 밤하늘을 관측한 최초의 여성 천문학자였다. 루빈 이전까지 단 한 번도 여성이 이곳을 방문한 적이 없었다. 당황스럽게도 천문대 건물에는 여자 화장실도 없었다. 그래서 루빈은 직접 화장실 한 구석에 여자 화장실 마크를 그려 붙이고 사용했다는 재밌는 일화도 있다.

루빈은 가장 먼저 안드로메다 은하를 관측했다. 허블이 세페이드 변광성을 활용해 처음으로 거리를 재는 데 성공하면서 우리은하 바깥에 수많은 은하들의 섬으로 채워진 망망대해 우주의 진실을 발견했던 그 역사적인 안드로메다 은하였다. 안드로메다 은하도 우리은하처럼 별들이 납작한 원반 모양으로 일제히 돌고 있다.

지구의 하늘에서 안드로메다 은하는 비스듬하게 기울어진 원반의 모습으로 관측된다. 안드로메다 은하 전체가 일제히 한쪽 방향으로 돌고 있기 때문에 지구에서 봤을 때 은하 원반의 절반은 지구에서 멀어지는 쪽으로 움직이고, 나머지 절반은 지구를 향해 다가오는 모습으로 관측된다. 그래서 안드로메다 은하 원반에 있는 별 절반은 일제히 파장이 길어지는 적색이동을 겪게 되고, 나머지 절반은 일제히 파장이 짧아지는 청색이동을 겪는다. 이를 통해 루빈

은 안드로메다 중심으로부터 외곽으로 가면서 각 별들의 회전 속도
가 어떻게 달라지는지를 그려나갔다.

그런데 놀랍게도 안드로메다 은하 원반 위에 있는 별들도 너무 지
나치게 빠르게 돌고 있었다. 은하 가장자리에 있는 별들의 속도가
너무 빨라 보였다. 우리은하에서와 마찬가지로 단순히 눈에 보이는
안드로메다 은하 속 별들의 질량만 고려해서 그 전체 중력을 가늠
하면, 별들이 안드로메다 은하의 미약한 중력을 벗어나 은하 바깥
으로 진작 튕겨 날아가야 할 정도였다. 하지만 안드로메다 은하는
해체되지 않고 굳건하게 자신의 형체를 유지하고 있다. 은하 가장
자리에서 지나치게 빠르게 움직이는 별들이 떠나지 않도록 잘 붙잡
아둘 수 있을 정도로 안드로메다 은하는 강한 중력을 과시하는 것
처럼 보였다.

이후 루빈과 포드는 1978년까지 안드로메다 은하를 비롯해서 총
10개의 밝은 원반 은하 속 별들의 움직임을 관측했다. 그들이 관측
한 은하 모두 결과는 비슷했다. 은하 외곽을 맴도는 별들도 속도가
크게 줄지 않았다. 은하 안쪽에 있는 별들에 맞먹는 빠른 속도로 궤
도를 돌았다. 모든 은하들이 훨씬 강한 중력으로 외곽의 별들을 붙
잡고 있는 것처럼 보였다. 대체 이 난감한 문제를 어떻게 설명할 수
있을까?

루빈은 한 가지 흥미로운 가능성을 고민했다. 어쩌면 은하에 단순
히 눈에 보이는 밝은 별과 가스 구름뿐 아니라 빛으로는 볼 수 없는
또 다른 질량이 숨어 있는 게 아닐까? 빛을 내지 않아서 단순히 가
시광이나 전파를 관측하는 기존의 관측으로는 그 존재를 확인하기

어렵지만, 질량을 갖고 있어서 은하 전체의 중력에는 기여하고 있는 무언가가 있는 게 아닐까? 루빈은 이 미지의 존재를 **보이지 않는 질량**Invisible matter이라고 불렀다.

천문학은 빛으로 우주를 바라보는 학문이다. 말 그대로 천문학은 시각이라는 감각에 의존하는 학문이다. 그런데 이 우주에 빛으로 볼 수 없는 존재라니! 그 정의 자체만으로 마치 천문학의 대상이 될 수 없는 기묘한 존재처럼 느껴진다. 하지만 사실 루빈의 발견이 있기 전부터 천문학자들 사이에서는 우주에 무언가 단순히 빛으로는 그 존재를 드러내지 않는 기묘한 유령 같은 존재가 숨어 있다는 풍문이 돌고 있었다. 다만 천문학자들은 애써 그러한 가능성을 외면해왔다. 루빈의 발견은 오랫동안 천문학자들이 받아들이고 싶지 않았던 우주의 유령이라는 가능성을 결국 다시 들춰볼 수밖에 없게 만드는 계기가 되었다.

은하는 너무 거대하다. 그래서 저울 위에 은하를 올려두고 질량을 재는 건 불가능하다. 대신 천문학자들이 전통적으로 은하의 질량을 재는 두 가지 방법이 있다. 우선 첫 번째는 은하의 밝기를 활용한 방법이다. 은하를 채우고 있는 별의 수가 많다면 은하는 더 밝게 보인다. 그리고 은하의 전체 질량도 더 무겁다. 멀리 보이는 샹들리에의 전체 밝기를 보면서 샹들리에에 얼마나 많은 전구가 달려 있는지를 유추하는 것과 비슷한 원리다. 이렇게 은하 전체의 밝기만으로 유추하는 질량을 광도 질량으로 정의한다. 다만 광도 질량은 은하가 내뿜는 전체 밝기, 즉 빛으로 유추하는 질량이기 때문에 은하 속에서 밝게 빛나는 별의 질량을 합한 만큼의 질량만 알 수 있다.

은하의 질량을 재는 두 번째 방법은 은하 전체가 주변 별들을 붙잡고 있는 중력의 세기를 파악하는 것이다. 은하 가장자리에 은하 전체 중력에 붙잡혀 궤도를 도는 별들이 얼마나 빠르게 회전하는지 관측하면 그 별을 붙잡고 있는 은하 전체의 중력을 구할 수 있다. 은하의 전체 중력은 곧 은하가 머금고 있는 전체 질량에 비례한다. 이렇게 은하 전체의 중력으로 구한 은하의 질량을 역학적 질량으로 정의한다.

단순하게 생각하면 당연히 한 은하의 질량은 광도로 측정하든 역학적으로 측정하든 비슷하게 나와야 한다. 하지만 실제 우주는 그렇지 않다. (약간 치명적인 실수가 있기는 했지만 어쨌든) 허블이 안드로메다 은하까지의 거리를 구하는 데 성공하면서 1920년대 천문학계를 휩쓸었던 천문학 대논쟁이 종지부를 찍고 난 후, 1930년대 스웨덴 출신의 천문학자 크누트 룬드마크는 본격적으로 우리은하 바깥 또 다른 외부 은하들을 관측하기 시작했다. 특히 그는 각 은하들의 밝기와 역학적 움직임을 바탕으로 은하들의 질량을 비교하는 연구를 진행했다.

그런데 룬드마크가 관측한 은하들의 질량은 너무나 이상했다. 분명 똑같은 은하의 질량을 방법만 달리해서 쟀을 뿐인데, 질량을 구하는 방법에 따라 그 결과가 너무 다르게 나왔다. 룬드마크는 각 은하들의 역학적 질량이 광도 질량에 비해서 몇 배 더 무겁게 측정되는지를 비율로 정의했다. 이것을 은하의 **질량 대 광도 비**Mass to Light ratio, 줄여서 M/L 비라고 부른다. 룬드마크가 관측한 은하들 대부분 압도적인 M/L 비를 보였다. 은하들의 역학적 질량은 광도 질량에 비해 거의 10배에서 100배까지 무거웠다. 이건 마치 모든 은하들이 밝게 빛나지는 않지만 중력만 가지고 있는 또 다른 질량 덩어리를 대량으로 품고 있는 것처럼 보였다. 예상보다 무거워 보이는 은하를 설명하기 위해 부족한 은하의 질량을 채울 또 다른 재료가 필요한 상황이었다.

사실 룬드마크 때까지만 해도 천문학자들은 그 정체가 아주 기묘한 유령이라고는 생각하지 않았다. 단지 일반적인 별에 비해 너무 어두워서 잘 보이지 않는 행성이나 혜성, 소행성 같은 천체들일 것이라고 생각했다. 아마 다른 은하에도 우리은하와 마찬가지로 각 별들 주변에, 심지어 성간 우주 공간에도 수많은 행성과 소행성, 소천체들이 떠돌고 있을 것이다. 또 질량이 조금 부족해서 미처 밝게 빛나는 별이 되지 못한 채 어둡게 식어가고 있는 낙오된 별들, 갈색왜성, 적색왜성들도 은하 공간을 떠돌고 있을 것이다.

1960년대 이후로 **블랙홀** Blackhole이라는 새로운 괴물의 존재가 밝혀졌다. 블랙홀은 빛의 속도로도 빠져나올 수 없을 정도로 중력이 극단적으로 강하다. 또 그만큼 질량이 아주 무겁다. 그래서 천문학자들은 빛으로 볼 수 없으면서도 아주 무겁다는 점에서 성간 우주 공간을 떠도는 수많은 블랙홀들이 은하의 부족한 질량을 채워주는 열쇠가 될 거라 생각했다. 이런 천체들을 은하 헤일로 공간을 떠도는 높은 밀도의 무거운 천체라는 뜻에서 **마초** MACHO, MAssive Compact Halo Object라고 부른다.

허블 우주 망원경이 우주에 올라간 1990년대 이후로 마초를 찾는 대대적인 탐색이 10년 가까이 이어졌다. 실제로 은하계 공간을 홀로 떠도는 떠돌이 블랙홀들이 간혹 발견되기는 했다. 하지만 지금까지 발견된 마초의 질량을 다 합해봤자 부족한 은하 질량의 2%밖에 안 됐다. 마초는 이 미스터리의 해답이 되지 못했다.

결국 천문학자들은 우리은하에 빛을 내지는 않지만 분명 중력을 통해 자신의 존재감을 드러내는 유령이 함께 공존한다는 현실을 받아들일 수밖에 없었다. 그리고 오늘날 이 우주의 유령은 빛을 내지 않는다는 뜻에서 **암흑 물질**Dark Matter이라고 부른다. 이름에 붙은 암흑이라는 단어 때문에 많은 오해를 받고는 하는데, 물질의 색깔이 까맣다는 뜻이 아니다. 빛을 흡수하지도 방출하지도 않는, 그 어떤 방식으로든 빛과 상호작용하지 않는다는 뜻이다. 그래서 사실 더 정확히 말하면 단순히 암흑이라기보다는 빛에 대해 투명한 물질이라고 볼 수 있다.

일반적으로 빛을 통해 볼 수 있는 물질은 원자로 이루어져 있다. 원자는 빛을 흡수하거나 방출한다. 원자는 빛을 관측하는 기존의 고전적인 관측으로 쉽게 확인할 수 있다. 이처럼 빛을 통해 인식할 수 있는 평범한 물질을 일반 물질 또는 **바리온**Baryon이라고 한다. 우리의 몸, 지구, 태양 모두 바리온이다. 반면 암흑 물질은 정확히 어떤 종류의 기본 입자로 이루어졌는지 아직 밝혀지지 않았다. 단지 관측되는 은하와 우주의 모습을 설명하기 위해서 암흑 물질이라는 난감한 유령의 존재를 받아들여야 할 뿐이다. 암흑 물질이라는 유령이 우주를 배회하고 있는 셈이다.

오늘날 천문학자들이 밝혀낸 더 당황스러운 사실은 우주에서 유령이 차지하는 비중이 바리온보다 압도적으로 많다는 점이다. 우주

전체 질량을 100이라고 하면 그중 일반 물질, 별과 행성, 가스 물질
이 차지하는 비중은 25%밖에 안 된다. 나머지 75%의 질량은 전부
정체도 알지 못하는 우주의 유령, 암흑 물질로 채워져 있다.

사실상 우주의 진화는 눈에 보이는 존재가 아니라 눈에 보이지 않
는 존재에 의해 지배받고 있다고 해도 과언이 아니다. 눈에 보이는
것을 표시하고 종이 위에 옮기기 위해 시작되었던 우주 지도 그리
기 작업은 뜻밖에도 절대 눈으로 볼 수 없는 존재로 향하는 지름길
을 보여주고 있다.

은하의 지도를 너머, 은하 속 별 하나하나까지

1920년대 천문학계를 휩쓸었던 대논쟁은 결국 천문학자 허블이
안드로메다 은하까지의 거리를 알아내면서 결론이 났다. 더 정확히
말하면 대부분의 역사는 그렇게 알고 있다. 하지만 엄밀하게 보면
안드로메다 은하까지의 거리를 처음 알아낸 사람은 허블이 아니다.
허블보다 앞서서 이미 1918년 러시아 모스크바에서 열린 한 천문학
회 현장에서 자신이 직접 구한 안드로메다 은하까지의 거리 수치를
발표한 천문학자가 있다. 에스토니아 출신의 천문학자 에른스트 외
픽이다.

그는 비스듬하게 누워 있는 납작한 원반 모양으로 관측되는 안드
로메다 은하 속 별들이 그 은하 전체 중력에 붙잡혀 한쪽 방향으로
돌고 있다고 생각했다. 외픽은 안드로메다 은하 속 별들이 얼마나
빠른 속도로 맴돌고 있는지를 관측하면 각 별을 붙잡고 있는 안드

로메다 은하의 전체 중력을 파악할 수 있다고 생각했다.

외픽은 바로 여기에서 놀라운 통찰을 보여주었다. 안드로메다 은하의 중력은 곧 그 은하에 얼마나 많은 별들이 모여 있는지, 전체 질량이 얼마나 무거운지를 알려준다. 안드로메다 은하 안에 별이 얼마나 많이 모여 있는지를 가늠할 수 있다면 안드로메다 은하가 원래는 얼마나 밝은 은하인지 그 실제 밝기를 알아낼 수 있다! 다만 이 과정에서 외픽은 약간 투박한 가정을 했다. 그는 안드로메다 은하를 이루는 별들의 밝기도 마치 태양처럼 사방으로 둥글게 퍼지고 있을 거라 가정했다. 이러한 계산을 통해 그는 안드로메다 은하가 사실 어마어마하게 밝은 또 하나의 별 무리라는 사실을 알아냈다.

그런데 분명 가을 밤하늘에서 보이는 안드로메다 은하는 너무 어두웠다. 이것은 안드로메다 은하가 우리은하 가장자리를 훨씬 벗어나는 먼 거리에 떨어져 있다는 뜻이었다. 1918년 모스크바 학회에서 외픽이 처음 발표했던 안드로메다 은하까지의 거리 추정치는 약 250만 광년이었다. 이후 4년이 지난 1922년 외픽은 계산 결과를 조금 더 다듬었고, 안드로메다 은하까지의 거리를 150만 광년 정도로 추정했다. 이것은 당시 섀플리를 비롯한 천문학자들이 추정하고 있던 우리은하의 지름을 훨씬 뛰어넘는 거리였다. 이미 외픽은 허블의 발견이 있기 전에 안드로메다 은하가 우리은하 바깥에 멀리 동떨어진 별개의 우주라는 사실을 보여주었다.

더 흥미로운 점은 정작 우리에게 더 널리 알려진 허블의 추정치에 비해 별로 알려지지 않은 외픽의 추정치가 더 정확했다는 점이다. 외픽이 가장 처음 추정했던 안드로메다 은하까지 거리는 250만 광년이다. 이것은 오늘날 우리가 알고 있는 실제 수치와 완벽하게 일치한다. 오히려 허블이 추정한 결과는 절반 이하로 훨씬 짧은 90만 광년 정도였다. 물론 당시 허블의 계산 결과만으로도 안드로메다 은하가 우리은하 바깥에 있는 외부 은하라는 사실을 보여주기에는 충분했지만 허블의 결과는 외픽에 비해 많은 오차가 있었다.

아쉽게도 당시 외픽의 논문은 곧바로 큰 주목을 받지 못했다. 허블도 외픽의 논문을 알고 있었는지에 대해서는 아직도 논란이 남아 있다. 지금처럼 실시간으로 세계 곳곳에서 올라오는 논문을 바로 볼 수 있는 시대도 아니었기 때문에 허블이 외픽의 발견에 대해서 자세하게 알고 있었는지는 확실치 않다. 하지만 외픽의 방법은 1970년대 이후 본격적으로 먼 은하까지의 거리를 훨씬 효율적으로 추정할 수 있게 해주었다.

1977년 천문학자 브렌트 툴리와 리처드 피셔는 오랫동안 역사 속에 묻혀 있던 외픽의 고민을 다시 발굴하는 역사적인 논문을 발표했다. 그들은 지구의 하늘에서 봤을 때 은하 원반이 거의 옆으로 누운 것처럼 납작하게 보이는 원반 은하들 위주로 관측을 진행했다. 은하 속 별들이 한쪽 방향으로 궤도를 돌면서 절반의 별들은 지구를 향해 다가오고 나머지 절반은 지구에서 멀어지는 쪽으로 움직였다.

은하 원반 위에서 일제히 움직이는 별빛의 도플러 효과를 이용해서 그들은 각 은하들이 얼마나 빠르게 돌고 있는지 관측했다. 이를 통해 은하의 질량을 추정하고, 은하에 얼마나 많은 별들이 모여 있는지, 그리고 그 별들의 밝기를 모두 합하면 은하의 전체 밝기는 어느 정도로 밝게 보여야 할지를 추정했다. 밤하늘에서 보이는 은하의 겉보기 밝기와 은하의 회전을 통해 구한 실제 밝기를 비교하면 은하까지의 거리를 따로 알아낼 수 있었다.

흥미롭게도 이 새로운 방법으로 구한 은하까지의 거리는 각 은하에서 발견된 세페이드 변광성으로 구한 거리와 크게 다르지 않았다. 은하 자체의 회전 움직임을 통해 은하의 실제 밝기를 따로 알아내 그 은하까지 거리를 구할 수 있는 완전히 새로운 방법이었다. 은하의 밝기가 그 은하의 회전 속도에 비례해서 밝아진다는 것을 보여준 툴리와 피셔의 발견을 **툴리-피셔 관계** Tully-Fisher relation라고 부른다.

이후 이 법칙은 거리가 너무 멀어 개개의 별을 따로 구분해서 보기 어려운 은하의 거리를 파악할 때 유용하게 쓰이게 되었다. 비록 개개의 별을 구분해서 볼 수 없더라도 그 은하에 살고 있는 별들이 일제히 같은 방향으로 돌면서 겪게 되는 도플러 효과는 간단하게 관측할 수 있기 때문이다. 은하 원반의 절반에서 날아오는 빛의 파장이 얼마나 길어지고, 또 나머지 절반의 빛은 얼마나 짧아지는지만 보면 은하 원반이 통째로 얼마나 빠르게 돌고 있는지 알 수 있고 곧 그 은하의 질량과 전체 밝기를 유추할 수 있다. 툴리-피셔 관계는 인류가 그릴 수 있는 우주의 지도를 수십억 광년 스케일까지 확장시켰다.

툴리-피셔 관계도 중요한 한계가 있다. 별들이 일제히 한쪽 방향으로 회전하는 원반 모양의 은하에만 적용할 수 있다는 점이다. 사실 은하라고 하면 대부분 원반 모양의 이미지를 떠올린다. 우리가 살고 있는 우리은하도, 또 천문학 대논쟁의 주인공이자 가장 대중적인 안드로메다 은하도 전부 원반 은하다. 또 원반 은하가 확실히

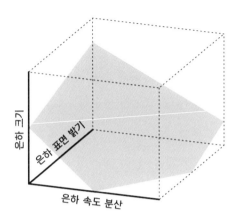

아름답고 눈길을 사로잡는다. 그래서 많은 사람들에게 별들이 납작한 원반 모양으로 모여서 함께 맴돌고 있는 원반 은하가 더 강한 인상을 남겼으리라.

반면 별들이 그저 주먹밥처럼 펑퍼짐하고 둥글게 모여 있는 은하가 있다. 타원 모양으로 별들이 모여 있다고 해서 타원 은하라고 부른다. 이런 모양을 갖는 이유는 은하를 이루는 별들이 특별한 방향성 없이 무작위하게 서로 다른 방향과 경사로 기울어진 궤도를 돌고 있기 때문이다. 타원 은하 속 별들은 원반 은하와 달리 일관된 움직임을 보이지 않는다. 단순히 은하 원반의 회전과 질량, 밝기를 비교하는 툴리-피셔 관계만으로는 타원 은하까지의 거리를 알아내기 어렵다.

원반 은하에 비해 더 까다로운 타원 은하를 어떻게 다루어야 할지에 대한 단서는 1976년 천문학자 샌드라 페이버와 로버트 잭슨에 의해 제시되었다. 그들은 타원 은하의 밝기와 질량이 단순히 은하 속 별들의 속도나 크기 등 단 하나의 속성으로만 표현되지 않는다는 점을 지적했다. 타원 은하 속 별들은 일관된 방향으로 궤도를 따라 돌지 않는다. 모든 별들은 제각기 다른 방향으로 무질서하게 움직인다.

그래서 타원 은하에서는 조금 다른 방식으로 은하 속 별들의 움직임을 표현한다. 우선 각 별들의 무질서하게 다른 속도의 평균을 구한 다음 그 평균값을 기준으로 각 별들이 얼마나 더 빠르고 느린 속도로 움직이는지를 비교한다. 즉, 은하 속 별들의 속도가 얼마나 다양하게 분포하는지 그 **속도 분산**Velocity dispersion을 비교하는 것이다. 은하를 이루는 별들의 속도 분산이 클수록 별들이 더 무거운 질량과 더 강한 중력의 은하에 붙잡혀 있다는 것을 의미한다. 실제로 타원 은하의 속도 분산은 은하의 질량, 밝기에 어느 정도 비례한다.

하지만 이것만으로는 충분하지 않다. 은하의 질량, 밝기에 영향을 주는 또 다른 요인이 있는데 바로 은하 자체의 크기다. 같은 개수의 별을 품고 있더라도 별들이 더 넓은 영역에 퍼져 있다면 은하의 밝기는 훨씬 어둡게 보인다. 별들이 더 좁은 영역에 높은 밀도로 모여 있어야 더 밝게 보인다. 이처럼 별이 얼마나 높은 밀도로 오밀조밀하게 모여 있는지에 따라 달라지는 은하의 밝기를 **표면 밝기**Surface brightness라고 한다.

타원 은하의 크기, 즉 반지름, 은하에 속한 별들의 속도 분산, 그리고 은하의 표면 밝기, 이 세 가지의 속성은 서로 어느 정도 비례한다. 은하의 크기가 크면 더 무겁고 더 밝다. 은하 속 별들의 속도 분산이 더 클수록 은하의 질량도 무겁고 더 밝다. 하지만 세 가지 속성 중 두 가지만 골라서 비교하면 그 오차가 비교적 크다. 페이버와 잭슨은 세 가지 속성을 모두 한꺼번에 비교해야 가장 적은 오차로 가장 깔끔한 관계를 얻을 수 있다는 사실을 발견했다!

때로는 수학적인 언어가 그림을 더 쉽게 이해할 수 있게 해준다. 보통 두 가지 속성만 비교할 때는 그래프를 평면으로 그린다. 속성 중 하나는 그래프의 가로축으로, 나머지 속성은 세로축으로 표현한다. 그리고 두 속성의 값에 맞게 그래프 위에 점을 찍으면서 어떤 관계를 나타내는지 비교한다.

그런데 타원 은하의 경우는 특별하다. 속성 두 가지가 아니라 세 가지가 동시에 관계를 갖고 있다. 그래서 세 개의 축을 그려야 하고 평면 그래프가 아닌 입체적인 그래프를 상상해야 한다. 그래프의 축이 세 개일 때는 보통 x축, y축, z축으로 정의한다. 우선 그래프의 x축에 타원 은하의 반지름을 표현한다. 그래프의 y축에는 타원 은하의 속도 분산을 표현한다. 마지막으로 그래프의 z축에 타원 은하의 밝기를 표현한다. 이제 이 입체적인 그래프 위에 실제 관측된 타원 은하들의 세 가지 속성에 맞게 점을 찍는다. 그러면 놀랍게도 타원 은하들의 값이 입체적인 공간 위에 비스듬하게 기울어진 하나의 평면을 이룬다!

평면 그래프 위에서는 두 속성이 서로 비례하는 관계를 가질 때 하나의 직선이 그려진다. 마찬가지로 입체적인 그래프 위에서 세 가지 속성이 서로 함께 맞물려 있는 관계를 갖고 있기 때문에 하나의 평면이 완성된다. 다시 말해서 z축에 표현된 타원 은하의 표면 밝기는 단순히 x축에 표현된 은하의 반지름하고만, 또 y축에 표현된 은하 속 별들의 속도 분산하고만 관계를 갖고 있는 단순한 단일 함수가 아니다. 동시에 두 가지의 변수 모두와 관계를 갖고 있는 일종의 **다변수 함수**Multivariate function다. 이렇게 타원 은하의 세 가지 속성을 각 축으로 입체적인 그래프를 그렸을 때 완성되는 가상의 평면을 타원 은하의 **기본 평면**Fundamental plane이라고 한다.

 우주에 있는 거의 모든 타원 은하들이 하나의 동일한 기본 평면 위에 놓인다. 타원 은하 모두가 따르고 있는 하나의 일관된 규칙인 셈이다. 기본 평면을 이루는 세 가지 속성 중에서 은하의 겉보기 크기인 반지름과 은하 속 별들의 움직임인 속도 분산은 관측을 통해 비교적 쉽게 알 수 있다. 이렇게 구한 두 가지 속성에 맞춰서 기본 평면 위에 점을 찍으면 마지막 한 가지 속성, 그 은하의 실제 밝기를 따로 알아낼 수 있다. 그러면 마찬가지로 밤하늘에서 보이는 겉보기 밝기와 비교해서 은하까지의 거리를 구하는 표준 촛불로 삼을 수 있다.

 툴리-피셔 관계와 은하의 기본 평면을 활용한 방법은 모두 비교적 쉽게 관측으로 파악할 수 있는 은하들의 다른 겉보기 특징을 통해 은하의 실제 밝기를 구하는 방법이다. 굳이 은하 속 별들이 하나하나 구분되어 보이지 않아도 쓸 수 있다. 별 하나하나의 움직임이 아니라 은하 속 별들의 전체적인 평균 움직임을 보고 은하의 밝기와 질량을 가늠하는 방법이기 때문이다. 그래서 이 두 가지 방법은 조금 덜 선명한 지상 망원경으로 먼 은하를 관측해야했던 1990년대까지 은하들의 거리를 추정하는 데 많이 사용되었다. 당시까지는 수천만, 수억 광년 거리에 떨어진 은하 속 별을 하나하나 또렷하게 구분해서 보기 어려웠기 때문이다.

1990년 천문학 역사에서 절대 빼놓을 수 없는 위대한 사건이 벌어졌다. 지구 대기권을 벗어나 직접 우주에서 우주를 바라보는 우주 망원경 시대가 시작되었다. 우주왕복선 디스커버리에 실린 채 스쿨버스만 한 크기의 망원경이 우주로 올라갔다. 지표면에서 약 530km 떨어진 지구 저궤도를 돌면서 지구 대기권의 방해 없이 훨씬 선명한 눈으로 우주 끝자락에서 날아오는 희미한 빛을 담기 시작했다. 이 역사적인 우주 망원경에게는 오래전 안드로메다 은하까지의 거리를 재고 은하를 단위로 우주의 진화를 탐구하는 은하 천문학, 우주론의 시대를 열어주었던 천문학자 허블의 이름이 붙었다.

허블 우주 망원경에 들어간 지름 2.5m의 거울은 아주 매끈하게 연마되었다. 어느 정도인지 비교하자면, 예를 들어 지름 2.5m의 거울을 지구 지름만 하게 늘린다고 생각해보자. 물론 아무리 매끈하게 깎았더라도 현미경을 자세히 살펴보면 중간중간 미세하게 울퉁불퉁할 것이다. 거울이 지구 지름만 하게 늘어나면서 표면의 요철도 똑같은 비율로 늘어난다면, 이때 지구만큼 커진 허블 우주 망원경 거울 표면의 요철은 최대 15cm 이내다. 지구 지름만 한 거울에 수m도 아니고 겨우 15cm도 안 되는 작은 수준의 요철만 있을 정도로 허블 우주 망원경의 거울은 거의 완벽할 만큼 매끄럽게 깎였다. 단순하게 계산해 이 정도 거울이면 서울에서 뉴욕 거리에 있는 3m 간격으로 찍힌 두 점까지 선명하게 분해해서 볼 수 있을 정도다.

천문학자들은 허블 우주 망원경을 통해 이전까지 그저 평퍼짐하게 덩어리진 모습으로 봐야 했던 먼 은하들 속 별들을 하나하나 구

분해서 볼 수 있으리라 기대했다. 하지만 허블 우주 망원경이 우주
에 올라간 직후 처음 보내온 사진의 퀄리티는 완전 기대 이하였다.
기존의 지상 망원경 관측에 훨씬 못 미치는 수준이었다. 당황스럽
게도 허블 우주 망원경에 들어간 거울의 곡률이 설계를 살짝 벗어
나 잘못 제작된 채로 조립되었던 것이다. 거울의 곡률이 틀어진 정
도는 사람 머리카락 두께의 50분의 1도 안 되는 아주 미세한 수준이
었지만 이로 인해 허블 우주 망원경의 초점은 완전 어긋나버렸다.

　불행 중 다행으로 허블 우주 망원경은 그나마 지구 표면에서 그리
멀지 않은 저궤도를 도는 일종의 인공위성이다. 아예 지구 바깥으
로 멀리 떠나 있지는 않았다. NASA는 이 치명적인 실수를 바로잡기
위해 우주왕복선에 우주인을 태우고 직접 허블 우주 망원경을 수리
했다. 설계에서 살짝 벗어난 망원경 거울의 곡률을 보정하기 위해
서 안에 또 다른 보정 거울들을 추가했다.

　이후 2009년까지 총 다섯 번에 걸쳐 망원경에 들어가는 광학 센
서들을 업데이트하고 지속적으로 광범위한 수리를 진행했다. 수리
미션을 진행할 때마다 우주인들은 오래된 부품을 다시 지구로 싣고
귀환했는데, 그 모습을 보면 부품 표면 곳곳이 살짝 움푹하게 휘어
진 것을 확인할 수 있다. 이것은 지구 주변을 지나가는 아주 작은 크
기의 미세한 운석에 맞아 생긴 상처다. 지구 주변을 맴돌면서 우주
를 관측하고 있는 허블 우주 망원경이 얼마나 혹독한 환경에서 꿋
꿋하게 버티며 임무를 수행하고 있는지 느낄 수 있는 영광의 상처
인 셈이다.

　비록 시작부터 민망한 실수가 있었지만, NASA의 발빠른 대처 덕

분에 허블 우주 망원경은 천문학자들의 기대 이상으로 더 선명한 우주를 보여주었다. 이를 통해 그저 한데 뭉쳐 있는 것 같았던 은하들도 우리은하처럼 셀 수 없이 많은 별들로 채워진 또 다른 우주였다는 사실을 적나라하게 확인시켜주었다.

현대 천문학의 새로운 시작을 열었던 천문학자 허블은 안타깝게도 무덤이 없다. 허블이 아내에게 남긴 천문학자다운 독특한 유언 때문이다. 그는 세상을 떠나기 직전 어차피 죽고 나면 우주의 먼지로 돌아가게 될 것이라면서 자신의 유해를 아무 곳에나 뿌려달라고 부탁했다. 허블과 아내 사이에는 자식도 없었다. 전하는 이야기에 따르면 그의 아내는 남편의 유언을 충실하게 따랐다고 한다. 그녀는 남편의 장례식도 치르지 않았다. 이후 허블의 동료와 제자들이 허블의 아내를 찾아가 무덤의 위치를 알려달라고 끈질기게 요구했지만, 그녀는 끝까지 무덤이 없다는 대답만 되풀이했다.

우리은하 너머 거대한 우주의 지도를 본격적으로 그릴 수 있게 해준 위대한 천문학자가 무덤조차 남기지 않다니 한편으로는 아쉽게 느껴진다. 대신 우리의 머리 위에 천문학자 허블을 추억할 수 있는 우주 묘비가 떠 있다. 바로 허블 우주 망원경이다. 허블 우주 망원경은 생전 인간 허블이 보지 못했던 더 먼 우주의 어둠 속을 겨냥하고 있다. 그리고 허블의 못다 이룬 꿈을 이루기 위해 우주 끝자락에서 날아오는 빛을 하나씩 담고 있다.

허블 우주 망원경은 천문학자 허블이 있게 해준 밤하늘의 역사적인 성지, 안드로메다 은하도 겨냥했다. 허블 우주 망원경으로 바라본 안드로메다 은하의 모습은 정말 입이 떡 벌어질 정도다. 꼭 한 번

직접 찾아보기를 바란다. 안드로메다 은하 원반의 한 구석을 담고
있는 허블 우주 망원경의 사진에는 총 1억 개의 별이 담겨 있다. 사
진의 해상도가 너무 뛰어나서 별을 하나하나 다 구분해서 볼 수 있
을 정도다. 사진 전체가 15억 픽셀이다. 이 사진을 한꺼번에 띄우려
면 고화질 HD 텔레비전이 600대는 필요하다.

  우주를 훨씬 더 선명한 눈으로 바라볼 수 있게 되면서 천문학자
들은 우주의 지도를 그리는 또 다른 방법을 고안하기 시작했다. 과
거에는 단순히 밤하늘에서 뭉쳐 있는 모습으로 보이는 은하 자체를
연결해서 굵고 뭉툭한 선으로 우주 지도를 그려나갔다면 이제는 은
하 속에서 빛나는 개개의 별을 구분하며 더 가늘고 세밀한 선으로
그려나가고 있다.

7장

우주의 지평선은
계속 물러나고 있다

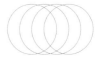

달리는 열차의 나팔 소리

1845년 6월 네덜란드 위트레흐트에서 마르센으로 향하는 열차가 선로를 달리고 있었다. 열차에는 브라스를 연주하는 악단 단원들이 타고 있었다. 그들은 열차가 달리는 동안 일제히 브라스에 바람을 불어넣었다. 이날 그들이 연주한 음악은 평범한 음악이 아니었다. 열차에서 악단이 만든 브라스의 소리는 계속 하나의 음만 이어지고 있었다.

사실 이날의 연주는 당시 위트레흐트 대학교에서 갓 박사 학위를 받은 젊은 기상학자 바이스 발롯이 진행한 실험의 일환이었다. 발롯은 브라스 연주자들과 함께 열차에 타고 있었고 그의 귀에는 아무런 변화 없이 계속 한 음으로 이어지는 브라스 소리만 들렸다. 한편, 열차를 타지 않은 다른 단원들도 있었는데, 열차가 지나가는 동안 열차 밖 선로 옆에 서 있던 그들의 귀에는 조금 다른 소리가 들렸다. 열차가 다가오는 동안에는 조금 더 높은 음색의 소리가 들렸고, 열차가 멀어지는 동안에는 더 낮은 음색의 소리가 들렸다. 브라스 소리가 어떻게 변하는지를 면밀하게 확인하기 위해서 발롯은 훨씬 음감이 뛰어난 악단을 동원했다. 움직이는 열차에서 울려퍼지는 브라스 소리의 음색이 달라진다는 실험 결과는 발롯을 비롯해 당시 많은 물리학자들이 의심하고 있던 하나의 가설을 뒷받침하는 놀라운 결과였다.

발롯의 실험이 있기 한참 전, 1727년 영국의 천문학자 제임스 브래들리는 움직이는 지구 위에 올라탄 채 밤하늘의 별을 바라볼 때 벌어지는 한 가지 흥미로운 현상에 주목했다. 브래들리는 1년 동안 밤하늘에서 관측되는 별들의 겉보기 위치가 조금씩 틀어진다는 사실을 발견했다.

1년 동안 하나의 별이 보이는 위치가 어떻게 달라지는지 추적하던 그의 눈에는 별이 마치 하늘 위에 살짝 찌그러진 작은 동그라미를 그리고 나서 다시 제자리로 돌아오는 것처럼 보였다. 브래들리는 이것이 태양을 중심으로 둥근 궤도를 따라 움직이는 지구 위에 올라탄 채 별빛을 보기 때문에 벌어지는 현상이라고 생각했다.

빛은 너무나 빠르지만 어쨌든 유한한 속도를 갖고 있다. 별빛은 우주 공간을 가로질러 곧게 날아온다. 멀리서 날아오는 별빛은 마치 일제히 한쪽 방향으로 곧게 쏟아지는 소나기와 같다고 생각할 수 있다. 비가 내리는 날 천천히 달리는 버스에 앉아 창밖에 떨어지는 빗방울을 바라보며 감성에 젖었던 경험을 떠올려보자. 빗방울은 땅을 향해 수직으로 떨어지는 것처럼 보이지 않는다. 버스가 앞으로 움직이고 있기 때문에 빗방울은 살짝 비스듬하게 기울어져 떨어지는 것처럼 보인다. 멀리서 날아오는 별빛의 소나기를 맞을 때도 비슷한 현상이 벌어진다고 해석할 수 있다.

멀리 떨어진 별에서 날아오는 별빛은 지구를 향해 곧게 쏟아져내리지만 그 속에서 자신의 궤도를 따라 천천히 움직이는 지구에 올라탄 채 별빛을 바라보면 그 별빛은 살짝 비스듬하게 기울어진 방향으로 날아오는 것처럼 보이게 된다. 지구 자체가 태양을 중심으로 둥근 궤도를 그리며 움직이기 때문에, 지구에서 보게 되는 별빛의 상대적인 위치가 동그라미를 그리면서 변한 것이다. 이러한 현상을 별빛의 **수차**Aberration라고 한다. (더 정확히 설명하려면 빛의 속도와 관련된 아인슈타인의 상대론적 효과까지 거론해야 하지만, 지구의 움직임처럼 빛의 속도에 비해 훨씬 느리게 움직이는 상황이라면 지금까지의 설명으로도 충분하다.)

브래들리가 발견한 지구에서 보게 되는 별빛의 상대적인 움직임은 19세기 오스트리아 출신의 물리학자 크리스티안 도플러를 매료시켰다. 당시는 빛의 정체에 대해서 아이작 뉴턴의 고리타분하고 고전적인 관점을 벗어나 새로운 관점이 빠르게 자리잡고 있던 시기였다. 이전까지 빛은 그저 눈에 보이지 않을 정도로 조그마한 입자들이 일직선으로 날아가는 현상이라고 생각했다. 그리고 이 가상의 작은 빛의 입자를 **광자**photon라고 불렀다.

하지만 다양한 실험을 통해 빛이 입자이기만 한 것이 아니라는 사실이 확인되었다. 빛은 마치 바다 위에서 출렁거리는 파도처럼 일종의 파동이기도 했다. 이러한 관점에서 도플러는 움직이는 지구 위에서 빛의 파도를 바라본다면 빛이 관측되는 위치뿐 아니라, 빛의 색깔도 달라질 수 있다고 생각했다. 빛의 색깔은 곧 빛의 파장이 얼마나 길고 짧은지에 따라 달라지기 때문이다. 잔잔한 호수 위에서 앞으로 천천히 나아가는 보트를 타고 있다고 상상해보자.

보트 주변으로 둥글게 물결이 퍼진다. 보트가 한 자리에 가만히 있다면 보트 주변으로 물결은 계속 같은 간격으로 퍼질 것이다. 그런데 보트에 시동을 걸고 움직이기 시작하면 조금 다른 상황이 펼쳐진다. 보트 주변으로 퍼지는 물결의 간격이 변한다. 호수 위에서 움직이는 보트 주변 물결이 어떻게 퍼지는지를 위에서 내려본다면 보트 앞으로는 좁은 간격의 물결이, 보트 뒤로는 넓은 간격의 물결이 퍼지는 모습을 보게 된다.

도플러는 이것과 똑같은 일이 별빛을 관측할 때도 벌어질 것이라 생각했다. 별이 지구를 향해 다가오는 쪽에서는 더 좁은 파장으로 변한 별빛을 보게 되고, 별이 지구에서 멀어지는 쪽으로 보이는 방향에서는 더 길어진 파장으로 변한 빛을 보게 될 거라 생각했다. 지구를 향해 다가오는 별빛은 파장이 더 짧은 푸른 빛으로 변하고, 지구에서 멀어지는 별빛은 파장이 더 긴 붉은 빛으로 변한다는 뜻이다.

실제로 우주의 별들은 가만히 있지 않다. 우주라는 거대한 바닷속을 누빈다. 특히 별 두 개가 중력으로 사로잡혀 서로의 곁을 맴도는 쌍성에서 별의 움직임은 뚜렷하다. 번갈아가면서 두 별이 지구를 향해 다가오고 멀어지는 모습을 보게 된다. 쌍성을 이루는 두 별 중 하나는 지구를 향해 다가오고 다른 하나는 지구에서 멀어지는 쪽으로 이동한다. 도플러는 이렇게 서로의 곁을 맴도는 쌍성을 관측하면 더 붉게 보이는 별과 더 푸르게 보이는 별이 함께 짝을 이루고 있는 모습으로 관측될 거라 생각했다. 그리고 실제로 겉보기에 붉은 별과 푸른 별이 가까이 붙어 있는 것처럼 보이는 사례를 확인하기도 했다.

이후 도플러는 자신의 발견과 이론을 정리한 내용을 **천국의 쌍성과 특정한 다른 별들의 색을 띠는 빛에 관하여** Über das farbige Licht der Doppelsterne und einiger anderer Gestirne des Himmels라는 아름다운 제목의 논문으로 발표했다. 빛을 파동으로 바라보고, 빛을 내는 광원 자체의 움직임에 따라 관측하게 되는 빛의 파장, 즉 색깔이 달라질 수 있다는 놀라운 가능성을 정리한 최초의 결과물이었다. 도플러는 아주 간단한 수식 하나만으로 광원이 움직일 때 빛의 파장이 변하는 방식에 대해서 깔끔하게 정리했다. 소리나 빛을 내는 전파원이 움직이면 파장이 다르게 관측될 수 있을 거라 생각했던 이러한 현상을 **도플러 효과** Doppler effect라고 부른다.

1848년 유럽 대륙은 혁명의 소용돌이가 휘몰아쳤다. 오스트리아에도 큰 변화가 있었다. 혁명을 거치면서 그해 12월, 프란츠 요제프가 오스트리아의 새로운 황제로 즉위했다. 신임 황제가 가장 중요하게 생각했던 목표 중 하나는 국가의 교육 개혁이었다. 그리고 당시 활발한 연구 성과를 발표하고 있던 도플러가 교육 개혁을 이끌 적임자로 물망에 올랐다. 덕분에 도플러는 오스트리아에서 처음 설립된 물리학 연구소의 초대 소장으로 임명되었다.

젊은 시절의 도플러는 아주 열정적이었다. 그는 당시 떠오르고 있던 사진술 분야의 발전을 독려하기 위해서 새로운 상을 설립하려고 시도했다. 하지만 이건 도플러의 큰 실수였다. 카메라 렌즈 기술은 이미 또 다른 물리학자 요제프 페츠발과 그의 지지자들이 자리를 차지하고 있는 분야였다. 페츠발의 입장에선 뜬금없이 굴러온 돌이 자신의 분야를 침범한다고 느꼈다. 페츠발은 시덥잖은 꼬투리를 잡으면서 도플러와 충돌했다. 특히 별이 움직이면서 관측되는 별빛의 파장이 달라지고, 별빛의 색깔도 다르게 관측될 수 있을 거라는 도플러의 가설을 대놓고 비난했다.

1852년 페츠발은 학회에 참석한 청중들 앞에서 도플러의 가설을 비난하는 자신의 논문을 낭독했다. 페츠발은 빛은 너무 신비로운 존재이기 때문에 도플러가 주장하는 것처럼 지극히 단순한 수식 하나로 설명하는 것은 불가능하다고 주장했다. 복잡한 미분 방정식도 쓰지 않은 도플러의 이론은 허점투성이라고 이야기했다.

사실 페츠발은 도플러의 주장을 제대로 이해하지 못했던 것으로 보인다. 도플러가 주장한 것은 전파원이 움직이면서 주변으로 파동을 퍼뜨릴 때, 관측되는 파동의 파장이 어떻게 달라질 수 있는지에 대한 설명이었다. 그런데 페츠발은 전파원이 아니라 매질이 움직이는 상황이라고 착각했다. 정작 도플러의 이론은 보트 자체가 움직이면서 그 주변에 퍼지는 물결의 간격이 어떻게 달라질 수 있는지를 설명하는 것이었지만, 페츠발은 보트가 아니라 강물 자체가 흘러가면서 물결의 간격이 달라져야 한다고 주장하는 것이라 착각했다.

그리고 이런 착각을 바탕으로 생뚱맞은 비유를 들어 도플러의 이론을 부정했다. 페츠발은 오케스트라의 음표는 바람을 타지 않는다고 이야기했다. 그는 도플러의 주장이 맞다면 바람이 부는 날에는 바람을 타고 퍼지는 소리의 파장이 변해야 하는데, 실제로는 바람이 불든 불지 않든 상관없이 항상 오케스트라의 음은 똑같이 들린다고 이야기했다. 실제 도플러가 주장했던 현상과는 전혀 상관없은 반박이었지만 도플러에 대한 반감이 가득했던 당시의 물리학계는 페츠발의 반박을 지지했다.

하지만 도플러의 가설을 실험을 통해 확인해보려는 시도도 있었다. 맨 처음 이야기를 시작하면서 소개했던 1845년 6월 네덜란드에서 진행된 열차 실험이다. 사실 발롯은 이 실험을 같은 해 2월 한겨울에 처음 시도했었다. 하지만 그때는 날씨가 너무 좋지 않았다. 실험이 진행되는 동안 소리를 제대로 들을 수 있도록 하기 위해서 브라스 연주자들은 열차 내부가 아니라 짐칸을 떼어낸 화물칸 바닥 위에 덩그러니 서 있었다. 거센 눈보라와 우박을 맞느라 열차에 타고 있는 브라스 연주자들은 소리를 제대로 낼 수 없었다. 그래서 몇 개월을 기다린 끝에 여름이 되자마자 다시 실험을 진행했다.

발롯은 이 열차 실험을 통해 정말 움직이는 열차에서 나오는 소리의 음이 달라진다는 사실을 확인했다. 도플러의 말대로 소리를 내는 음원이 가만히 멈춰 있지 않고 움직이면 소리의 파장은 다르게 들렸다. 열차가 다가오는 쪽에서는 반음 높은 음을 들었고, 열차가 멀어지는 쪽에서는 반음 낮은 음을 들었다. 도플러가 이야기했던 현상을 직접 자신의 귀로 확인한 것이다.

발롯의 역사적인 실험을 기념하기 위해서 네덜란드 위트레흐트 말리에반 기차역 주변 건물에는 당시 브라스 연주자와 함께 열차를 타고 실험을 진행하고 있던 발롯의 모습을 그린 벽화가 큼직하게 남아 있다. 그 아래에는 도플러가 주장한 물리학적 현상을 묘사하는 아주 간단한 수식도 함께 쓰여 있다. 하지만 이런 실험 결과에도 도플러의 주장은 큰 지지를 받지 못했다. 심지어 직접 실험을 이끌었던 발롯도 마찬가지였다. 그는 이 현상이 소리에만 국한된 현상일 거라 단정했다. 사실 소리와 빛 모두 따지고 보면 똑같이 파동의 형태로 에너지가 전달된다는 점에서 차이가 없었지만, 발롯은 소리와 달리 빛에서는 이러한 파장의 변화가 일어나지 않을 거라고 생각했다.

발롯의 실험 결과가 발표된 지 바로 1년 뒤 1848년 스코틀랜드의 토목 기술자 존 스콧 러셀도 비슷한 결과를 발표했다. 운하를 지나는 거대한 배를 설계하는 일을 했던 그는 1844년부터 1847년 사이에 영국의 철도 애호가를 위한 잡지 〈더 레일웨이 매거진The Railway Magazine〉의 편집장으로 재직한 덕분에 기차가 경적을 울리면서 지나가는 것을 자주 경험했다. 그는 시속 80~100km로 달리는 (당시 기준) 초고속 급행 열차들이 지나갈 때 경적 소리가 조금 다른 음으로 들린다는 사실을 발견했다. 멈춰 있는 열차에서는 이런 현상이 없었다. 원래 경적 소리가 어떤 음에 해당하는지와 상관없이, 열차가 움직이면 항상 경적 소리가 다른 음으로 들렸다. 더 오래전부터 열차를 자주 접할 수 있었던 존 러셀이 발롯보다 먼저 이 현상을 발견했으리라 추정하지만, 발롯이 먼저 결과를 논문으로 발표했기에 공식적으로 도플러의 가설을 실험으로 입증한 첫 번째 인물은 발롯으로 여겨진다.

우주를 떠도는 열차의 경적 소리

도플러는 페츠발의 맹렬한 공격에 홀로 맞서야 했다. 그는 복잡한 미분 방정식으로 기술할 수 없다는 이유로 실제로 관찰되는 현상조차 존재하지 않는다고 부정할 수는 없다고 반박했다. 하지만 이미 학계는 비주류 도플러에게서 등을 돌린 상태였다.

1852년 10월 학회에서 도플러의 가설에 대한 물리학자들의 판단이 결정되었다. 아쉽게도 이 자리에 도플러는 참석하지 못했다. 페츠발과 그의 지지자들에게 시달릴 대로 시달린 도플러는 스트레스에 더해 결핵까지 앓게 되면서 이미 건강이 악화된 상태였다. 그래서 요양을 위해 베니스로 향하는 배에 몸을 실었다. 하지만 학회는 도플러가 자리에 참석하지 않은 것은 자신의 패배를 인정하는 것이나 다름 없다고 판단했고, 결국 도플러의 주장이 거짓으로 판명났다고 선언했다.

그 사이 베니스에 도착한 도플러는 4개월 만에 세상을 떠났다. 결국 그는 눈을 감을 때까지 자신의 가설이 인정받는 순간을 보지 못했다. 도플러의 편에 선 극소수의 물리학자 중에 오스트리아의 안드레아스 폰 에팅스하우젠이 있었다. 그는 자신의 제자였던 에른스트 마흐에게 음파를 활용해 직접 도플러 효과를 입증하기 위한 실험을 고안하도록 했다. 흔히 전투기처럼 빠른 물체가 음속과 비교해 얼마나 빨리 움직이는지 표현할 때 사용하는 단위 마하 Mach가 바로 그의 이름에서 따온 것이다. 마흐는 공기를 가르고 날아가는 총알 뒤로 충격파가 만들어지는 모습을 최초로 사진에 담는 데 성공한 인물이기도 하다. 지금처럼 초고속 카메라도 없던 그 옛날 그는 이런 엄청난 시도에 성공했다.

마흐는 관악기 주둥이에 끼워서 소리를 내는 리드를 활용해 간단한 실험을 고안했다. 펌프에 기다란 파이프를 연결하고 그 끝에 리드를 붙였다. 계속해서 공기가 빠져나오면서 리드는 일정한 음으로 소리를 냈다. 그는 실험 장치가 통째로 회전하도록 했다. 장치가 돌면서 소리를 내는 리드는 멀어지고 가까워지는 것을 반복했다. 리드가 다가올 때는 소리의 음이 높아졌고, 멀어질 때는 음이 낮아졌다. 장치가 회전하는 속도도 변화시키면서 더 다양한 실험을 이어갔다. 리드가 다가오고 멀어지는 속도에 따라서 듣게 되는 음의 변화도 달라졌다. 정확하게 도플러의 가설을 뒷받침하는 증거였다.

아쉽게도 이미 도플러는 세상을 떠난 후였지만 비로소 점차 쌓여가는 여러 실험의 증거를 통해 학계는 도플러 효과를 뒤늦게 인정하기 시작했다. 하지만 페츠발은 끝까지 도플러의 주장을 인정하지 않았고, 결국 도플러 효과에 대해 논의하는 것 자체를 거부했다.

다양한 실험을 통해 소리에 대한 도플러 효과는 확실하게 입증되었지만, 소리와 달리 빛에 대한 논의는 해결되지 않고 있었다. 소리는 빛에 비해 훨씬 속도가 느리다. 그래서 빠르게 달리는 열차 정도의 속도만으로도 소리의 파장을 변화시키기에 충분했다. 하지만 엄청 빠른 빛도 도플러 효과로 파장이 변한다는 것을 확인하기 위해서는 열차와는 차원이 다른 훨씬 빠르게 움직이는 광원이 필요했다. 하지만 지구 위에서 이런 빠른 속도를 만들어내는 건 사실상 불가능한 도전이었다.

　이제 하늘 위로 눈길을 돌려야 했다. 연기를 내뿜으며 기찻길 위를 달리는 열차처럼 우주 공간을 달리는 존재가 있다. 어릴 적 나를 우주 애호가로 이끌었던 애니메이션 〈은하철도 999〉를 이야기하는 게 아니다. 현실 세계에 정말 그런 우주 열차가 존재한다. 그 주인공은 혜성이다.

　혜성은 화성과 목성 궤도 너머 태양을 중심으로 아주 길게 찌그러진 타원 궤도를 그린다. 대부분의 혜성들은 아주 크게 찌그러진 타원 궤도를 그린다. 태양에 가장 가까운 지점을 지나가는 동안 태양으로부터 가장 강한 중력을 받게 되어 속도가 가장 빨라진다. 혜성 하면 가장 먼저 떠오르는 핼리 혜성은 76년에 한 번씩 태양에 8,800만 km까지 접근한다. 핼리 혜성이 태양에 가장 가까이 접근할 때 속도는 초속 55km까지 빨라진다. 시속으로 환산하면 거의 시속 20만 km에 달한다. 발롯과 러셀이 탔던 열차의 속도에 비해 거의 2,000배는 빠르다! 이 정도 속도는 되어야 아주 빠른 빛에서도 도플러 효과가 벌어지고 있다는 것을 겨우 확인할 수 있다.

　대부분의 혜성은 오랫동안 태양계 끝자락 어둠 너머에 숨어서 살아가는 거대한 얼음 덩어리다. 그러다가 목성이나 토성, 또는 태양계 외곽 근처를 지나가는 이웃한 별의 중력으로 인해 궤도가 틀어지면 태양계 안쪽으로 돌진하면서 정체를 드러낸다. 태양계 안쪽으로 다가오면서 혜성은 더 강렬한 태양 빛을 받는다. 혜성 표면에 얼어 있던 얼음은 빠르게 수증기로 승화한다.

　혜성들은 45억 년 전 어린 태양계가 한창 형성되고 있던 시절, 미처 행성들을 만드는 데 쓰이지 못한 남은 재료들이 함께 얼어 있는

2011년 12월 22일에 국제 우주 정거장에 탑승한 NASA 우주인이자 제30차 원정대 사령관이 촬영한 러브조이 혜성의 모습.

얼음 창고다. 수십억 년 간 혜성이 비밀스럽게 간직하고 있던 연약한 추억들은 얼음과 함께 아스라이 부서지며 혜성 뒤로 긴 꼬리를 남긴다. 혜성의 가스 꼬리는 태양 반대편으로 길게 그려진다.

태양계 가장자리는 인간의 손길이 닿기에 너무 멀다. 하지만 태양계 끝자락에 살고 있다가 가끔씩 태양계 안쪽 지구 근처를 지나가는 혜성을 활용하면 태양계 구석에 어떤 추억이 얼어 있는지 파악할 수 있다. 혜성은 태양계 탄생의 비밀과 관련된 보물을 싣고 빠르게 날아오는 화물 열차인 셈이다.

영국의 천문학자 윌리엄 허긴스는 1868년 당시 유럽 하늘을 길게 가로질러 지나간 두 번의 혜성을 관측했다. 태양 빛을 받아 부서지고 있는 혜성의 몸통과 꼬리에 반사된 빛을 망원경으로 모았다. 그리고 다시 그 빛을 프리즘에 통과시켰다. 태양 빛을 프리즘을 통해 바라본 것처럼 혜성의 빛도 알록달록한 스펙트럼을 그렸다.

그런데 빨간색부터 보라색까지 스펙트럼이 빈틈없이 완벽하게 이어져 있지 않았다. 스펙트럼 중간중간이 검고 가느다란 줄무늬로 끊어져 있다. 이것은 혜성이 머금고 있던 화학 성분들이 중간중간 빛을 갉아먹어서 생긴 흔적이다. 모든 화학 성분들은 각 종류에 따라 특정한 파장의 빛을 흡수한다. 빛이 흡수되면 그 파장에서는 빛의 양이 적게 관측된다. 그래서 마치 특정한 좁은 파장에서 스펙트럼이 어둡게 끊겨 있는 것처럼 보이는 검은 줄무늬가 만들어진다. 이것을 **흡수선**Absorptionline이라고 한다.

이미 물리학자들은 실험실에서 다양한 화학 성분들이 어떤 파장의 빛을 흡수하는지 파악하고 있다. 그래서 천체의 스펙트럼에서 어느 파장의 빛이 줄어들었는지만 확인하면 그 천체가 어떤 종류의 화학 성분을 얼마나 가지고 있는지 화학 조성과 함량을 유추할 수 있다. 허긴스는 혜성을 타깃으로 스펙트럼을 분석하고 그것의 화학 성분을 파악하는 분광 관측을 했던 셈이다. 이를 통해 그는 혜성의 얼음 속에 에틸렌을 비롯해 탄소와 수소로 이루어진 여러 탄화수소 성분이 포함되어 있다는 사실을 발견했다.

흥미롭게도 허긴스가 이끌었던 혜성의 화학적 특성에 대한 연구는 이후 사람들에게 뜻밖의 공포감을 불러일으키는 계기가 되었다. 1910년 다시 주기가 돌아온 핼리 혜성이 지구 근처를 지나갔을 때 천문학자들은 허긴스와 마찬가지로 핼리 혜성이 그리는 기다란 가스 꼬리의 스펙트럼을 분석했다. 그런데 그 속에서 탄소와 질소가 각각 두 개씩 만나 결합되어 있는 시아노겐 성분이 발견되었다. 이것은 공기 중에서 100mg만 흡입해도 치사량에 이르는 유명 독성 물질이다. 흔히 첩보 영화에서 인물을 암살할 때 커피에 몰래 타는 청산가리에도 이와 비슷한 성분이 포함되어 있다.

끔찍한 독극물이 잔뜩 얼어 있는 거대한 혜성이 지구 근처를 지나간다는 사실은 많은 사람에게 큰 충격을 주었다. 사람들은 지구가 혜성이 우주 공간에 남긴 가스 물질 사이를 비집고 통과하면, 결국 지구에 사는 모든 생명체가 죽음을 맞이할 거라 걱정하기도 했다. 일종의 전 지구적인 **혜성 포비아** Comet phobia가 돌았다.

역사가 증명하듯 역시나 사람들의 두려움을 이용해 돈벌이를 하는 장사꾼들이 등장했다. 그들은 혜성이 뿌리는 독성 물질로부터 몸을 보호할 수 있다며 우산을 팔거나 알약을 팔기도 했다. 물론 아무런 효과는 없었다. 애초에 혜성이 남기는 가스 꼬리의 밀도가 너무 희박해서 설령 지구가 그 한가운데를 관통하더라도 지구 생명체의 치사량에 전혀 미치지 못한다. 다행히 핼리 혜성은 밤하늘에서 멋진 장관을 연출했을 뿐, 지구 생명체에는 아무런 피해를 끼치지 않았다.

혜성에 대한 허긴스의 발견은 1873년 당시 과학 잡지에 대서특필되었다. 홀로 망원경으로 태양 표면의 얼룩진 흑점을 관측하면서 천체 사진 기술을 익히고 있던 마거릿 머레이는 허긴스의 작업에 매료되었다. 우주의 빛으로 연결되어 있던 두 사람은 결국 1875년 사랑의 결실을 맺었다. 머레이는 허긴스보다 스물네 살이나 연하였지만 두 사람의 과학에 대한 열망 앞에서 나이 차이는 아무런 문제가 되지 않았다.

머레이를 만나기 전까지 허긴스는 망원경에 장착한 프리즘을 거쳐 만들어지는 천체들의 스펙트럼은 오로지 눈으로만 보고 분석해야 했다. 하지만 이제 사진술에 능통했던 머레이를 만나면서 스펙트럼도 사진처럼 기록할 수 있게 되었다. 덕분에 흔들림 없이 깨끗한 스펙트럼을 보고 더 정밀한 분석이 가능해졌다. 허긴스 부부는 겨울철 밤하늘에서 맨눈으로 봤을 때 가장 밝게 보이는 큰개자리의 시리우스를 관측했다. 그리고 그 별빛의 스펙트럼을 얻었다.

시리우스의 스펙트럼에도 그 안에 스며든 화학 성분의 존재를 보여주는 검은 흡수선들이 만들어졌다. 그런데 김은 줄무늬가 만들어진 위치가 이상했다. 시리우스의 스펙트럼에서 흡수선이 보이는 파장은 실험실에서 익히 파악하고 있던 화학 성분들의 흔적이 남아야 할 위치에서 조금씩 더 긴 파장 쪽으로 치우쳐 있었다. 시리우스 자체가 지구에서 멀어지는 쪽으로 이동하면서 그 빛의 스펙트럼 분포가 통째로 더 긴 파장으로 치우치는 적색이동을 확인한 것이다. 빠르게 달리는 열차의 경적 소리 파장이 변하면서 음색이 다르게 들리는 것처럼, 빛에 대해서도 똑같은 도플러 효과가 벌어진다는 것을 확실하게 보여주는 천문학적 발견이었다.

허긴스는 흡수선들의 위치가 모두 원래 보여야 할 파장에서 같은 비율로 조금씩 늘어졌기 때문이라는 것을 알아냈다. 고무줄 위에 중간중간 싸인펜으로 점을 찍고 고무줄을 길게 잡아당긴다고 생각해보자. 고무줄 자체가 늘어나면서 그 위에 찍힌 점들 사이 간격이 같은 비율로 벌어진다. 고무줄을 잡아당기지 않았을 때, 원래 각 점들의 위치와, 각 점들 사이 간격을 알고 있다면 고무줄이 얼마나 늘어난 상태인지를 알 수 있다.

허긴스는 아내와 함께 관측한 시리우스의 스펙트럼이 어느 정도 긴 파장으로 늘어진 상태인지를 확인했고, 시리우스가 초속 약 220km의 속도로 빠르게 지구에서 멀어지는 쪽으로 움직인다는 사실을 알아냈다. 이후 우주에서 빛나는 많은 존재들이 조금 더 길거나 짧은 파장으로 치우친 형태의 스펙트럼을 만들어내며, 자신의 움직임을 보여주고 있다는 사실이 하나둘 확인되었다.

우주에서 빛나는 존재들 중에서 우리 곁에 가장 가까이 있는 건 태양이다. 1871년 독일의 천문학자 헤르만 포겔은 태양 표면에서도 도플러 효과가 일어나고 있다는 것을 발견했다. 그는 태양 표면을 절반으로 나누어서 한쪽씩 따로 빛을 모았다. 태양 표면의 한쪽은 파장이 짧아지는 청색이동을 보였고, 다른 한쪽은 파장이 길어지는 적색이동을 보였다. 이것은 둥근 공 모양의 태양 자체가 회전하고 있기 때문이다. 태양이 빙글빙글 돌면서 절반은 지구를 향해 다가오는 쪽으로 움직이고, 나머지 절반은 지구에서 멀어지는 쪽으로 움직인다.

1872년 발표된 포겔의 연구 결과는 오래전 도플러가 주장했던 것과 정확히 같은 방식으로 빛에 대해서도 도플러 효과가 일어나고 있다는 것을 입증했다. 도플러는 시대를 너무 앞서간 탓에 동료 물리학자들로부터 미움을 받으며 외롭게 잊혔다. 그의 생각이 입증되기 위해서는 지구를 앞질러 초속 수백 km로 우주를 가르며 나아가는 별빛을 따라갈 필요가 있었다.

진실은 항상 꿈틀거린다

도플러 효과는 천문학의 역사를 가장 크게 뒤바꾼 위대한 발견 중 하나다. 도플러 효과가 발견되기 전까지 망원경으로 바라본 별빛에서 알 수 있는 정보는 별이 얼마나 밝게 보이는지, 그리고 별의 온도가 얼마나 뜨겁고 미지근한지 뿐이었다. 하지만 도플러 효과는 그 별의 스펙트럼 속에 정확히 어떤 화학 성분이 스며들어 있는지 파악할 수 있게 도와준다. 나아가 별들이 우주에 가만히 멈춰 있는 존재가 아니라 제각기 다른 속도로 우주 공간을 떠도는 존재라는 사실을 보여준다. 별들의 화학적 특성과 우주 공간에서의 역학적 움직임을 파악할 수 있게 되면서, 비로소 천문학은 진정한 천체물리학의 시대로 접어들게 되었다.

도플러 효과는 오늘날 현대 천문학에서도 가장 활발하게 활용된다. 특히 태양계 바깥 외계 생명체의 존재 가능성을 탐구할 때도 유용하다. 지구 바깥에 정말 생명체가 있다면, 우리가 따스한 태양 빛을 받으며 살고 있듯이 그들도 중심에 자신들의 태양을 거느리고 있을 것이다. 따라서 생명의 흔적을 찾기 위해서는 우선 다른 별 곁에도 생명이 살 만한 행성이 있는지부터 알아봐야 한다.

다만 외계 행성을 찾을 때 큰 문제가 있다. 행성은 별과 달리 스스로 빛나지 않는다. 모두 중심의 별빛을 반사하며 아주 희미하게 보일 뿐이다. 대부분 행성들은 압도적으로 밝은 중심 별빛에 파묻혀서 보이지 않는다. 곁에 외계 행성을 거느리고 있더라도 사실상 지구의 망원경으로 보이는 건 중심의 별빛뿐이다.

하지만 별들은 곁에 살고 있는 외계 행성의 존재를 은근슬쩍 내비친다. 외계 행성과 별은 서로 중력으로 붙잡혀 있다. 그래서 단순히 가만히 고정된 별을 중심으로 외계 행성이 궤도를 맴도는 게 아니라, 별과 외계 행성 모두 서로의 곁을 맴돈다. 그래서 아주 자세히 살펴보면 중심 별도 완벽히 멈춰 있지 않다. 곁을 맴도는 외계 행성의 중력에 의해 조금씩 앞뒤로 뒤뚱거리는 움직임을 보인다. 물론 보통은 중심 별이 외계 행성에 비해서 압도적으로 무겁기 때문에 얼핏 봐서는 별이 뒤뚱거리는 것을 파악하기 어렵다. 그러나 도플러 효과를 활용하면 훨씬 쉽게 알 수 있다.

외계 행성이 곁을 맴도는 동안 중심의 별도 지구를 향해 살짝 앞으로 다가왔다가 다시 뒤로 멀어지는 움직임을 반복한다. 그래서 별빛의 스펙트럼을 꾸준히 관측하면 일정한 주기로 스펙트럼 전체가 더 긴 파장과 짧은 파장 쪽으로 치우치는 것을 반복하는 모습을 볼 수 있다. 흐릿한 외계 행성 자체의 모습을 보는 건 아니지만, 중심 별에서 일어나는 미세한 변화를 통해 그 옆에 무언가 숨어 있다는 것을 알아내는 방식이다.

1995년 스위스 천문학자 미셸 마요르와 그의 제자 디디에 쿠엘로는 프랑스 남부에 있는 오토-프로방스 천문대에서 가을 밤하늘에 떠 있는 페가수스자리의 한쪽을 바라봤다. 태양과 비슷한 질량을 갖고 있는 별 페가수스자리 51 51 Pegasi의 스펙트럼은 일정한 리듬으로 파장이 길어지고 짧아지는 모습을 보였다. 확실한 도플러 효과였다. 그들은 별이 얼마나 뒤뚱거리는지를 통해 곁에서 별과 중력을 주고받는 행성의 질량을 파악할 수 있었는데, 목성 질량의 절반 정도로 육중한 가스 행성으로 추정했다.

이 거대한 행성이 별 곁에 바짝 붙어서 겨우 4.2일 주기로 작은 궤도를 돌았다. 덩치는 목성처럼 거대하지만 별 코앞에서 뜨겁게 달궈진 뜨거운 목성 Hot Jupiter 타입의 행성으로 여겨졌다. 이 행성에게는 라틴어로 절반을 의미하는 디미디엄 Dimidium이라는 별명이 붙었다. 이를 통해 마요르와 쿠엘로는 처음으로 태양과 비슷한 평범한 별 주변에서 외계 행성의 존재를 입증한 공로를 인정받아 이후 2019년 노벨 물리학상의 주인공이 되었다.

외계 행성이 있다고 해서 반드시 그곳에 생명체가 살고 있다고 징담할 수 없다. 더 확실한 증거가 필요하다. 이를테면 외계 행성의 하늘에 어떤 성분이 존재하는지를 확인해보는 것이다. 지구의 대기권

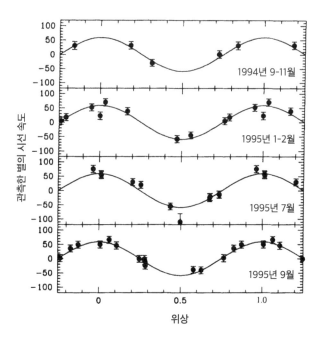

페가수스자리51을 감지하는 데 사용된 시선속도 곡선 그래프

에는 다양한 동식물이 들이쉬고 내쉬는 숨결의 흔적이 남아 있다. 마찬가지로 외계 행성의 대기에서 높은 수준의 물과 이산화탄소, 산소와 같은 화학 성분을 확인한다면 그곳에서 살고 있을지 모르는 누군가의 날숨의 흔적이 아닐까 기대해볼 수 있다.

외계 행성의 대기권을 확인할 때도 스펙트럼의 흡수선을 활용한다. 외계 행성이 자신들의 중심 별 앞을 가리고 지나갈 때, 운이 좋다면 별빛의 일부는 외계 행성을 덮고 있는 대기권을 뚫고 지구로 날아온다. 별빛의 일부는 외계 행성의 대기 성분에 의해 흡수된다. 그 흔적은 별빛의 스펙트럼에 고스란히 남는다. 외계 행성이 별 뒤로 넘어가서 별빛이 전혀 가려지지 않았을 때 관측한 별빛의 스펙트럼과 외계 행성의 대기를 통과한 별빛의 스펙트럼을 비교하면 어떤 파장에 해당하는 빛이 줄어들었는지 확인할 수 있다. 이러한 방법을 통해 최근 제임스 웹 우주 망원경은 지구처럼 꽤 많은 양의 물과 이산화탄소가 존재하는 행성을 확인하기도 했다. 물론 이마저도 꼬물거리는 외계 미생물들의 흔적일 가능성이 높다.

우리가 가장 기대하는 외계 지적 생명체의 흔적을 찾는 건 또 다른 차원의 문제다. 하지만 약간의 상상력을 가미하면 이 문제도 도플러 효과를 활용해 충분히 해결할 수 있을지 모른다. SETI 프로젝트의 정신을 이어받아 어떤 외계 문명이 우리처럼 전파 기반의 신호를 자신들의 행성 바깥으로 방출하고 있다고 생각해보자. 높은 확률로 그들이 살고 있는 행성도 중심 별 곁에서 주기적인 궤도를 그리며 움직일 것이다. 전파 신호를 내보내면서 앞 뒤로 움직이는 외계 행성은 계속해서 경적을 울리면서 동그란 기찻길 위를 맴도는 열차와 같다. 우리는 눈을 감아도 열차가 어떤 식으로 움직이고 있는지 파악할 수 있다. 일정한 주기로 앞뒤로 움직이면서 열차의 경적 소리의 음색이 높아지고 낮아지는 것을 반복하기 때문이다.

마찬가지로 어떤 외계 행성에서 날아온 전파에서 일정한 주기로 파장이 길어지고 짧아지는 도플러 효과가 관측된다면, 자신들의 행성 위에 달라붙어서 살고 있는 외계인들의 방송 신호를 우리가 우연히 엿들은 것이 아닐시 기대해볼 수 있다.

비록 SETI 프로젝트 자체는 뚜렷한 성과 없이 실패로 끝났지만, 정확히 이러한 도플러 현상의 원리를 활용해서 외계 신호를 탐색

프록시마 센타우리 행성을 표현한 상상도.

하는 새로운 프로젝트가 진행되고 있다. 무려 1억 달러의 예산으로
지구 전역의 전파 망원경을 총동원하는 **브레이크스루 리슨**Breakthrough
Listen 프로젝트다. 실제로 2020년 12월 18일, 호주에 있는 파크스 전
파 천문대는 정확히 도플러 효과를 겪고 있는 것으로 의심되는 흥
미로운 전파 신호를 포착하기도 했다.

  흥미롭게도 그 신호가 날아온 곳은 태양계 바깥 가장 가까운 4.2
광년 거리에 떨어진 프록시마 센타우리라는 별이었다. 이곳에서는

중심 별에서 적당한 거리를 두고 떨어져 있어서 충분히 지구처럼 액체 바다가 존재할 가능성이 있는 외계 행성까지 발견되었다. 그래서 천문학자들은 더욱 이 신호에 열광했다. 우리가 그토록 찾던 외계인이 예상 외로 바로 이웃집 별에 숨어 있을지도 모르기 때문이다. 이곳에서 포착된 전파 신호는 브레이크스루 리슨으로 포착된 첫 번째 후보 신호라는 뜻에서 **BLC 1**Breakthrough Listen Candidate 1이라고 부른다. 하지만 아쉽게도 이후 추가 분석을 통해 김빠지는 결론이 내려졌다. 이 전파 신호는 아마 주변 방송국이나 군사 기지에서 날아온 전파 신호가 우연히 비슷한 방향의 하늘에서 산란되면서 포착된 것으로 보인다.

아직까지는 천문학자들이 발견한 외계 문명 목록은 텅 비어 있다. 하지만 확실한 건 도플러 효과는 외계 생명체, 나아가 문명의 존재까지 입증할 수 있는 가장 유용한 도구라는 점이다. 생명체는 꿈틀거린다. 외계 생명체를 품고 있는 행성도 마찬가지다. 생명체를 찾고 싶다면 꿈틀거리는 것만 찾으면 된다.

일부 천문학자들은 외계 생명체를 찾기 위해 굳이 태양계 바깥까지 눈길을 돌릴 필요가 없다고 주장한다. 심지어 가장 가까운 화성에서도 생명의 흔적을 발견할 수 있을 것으로 기대한다. 19세기 미국의 천문학자 퍼시벌 로웰도 비슷한 생각을 갖고 있었다. 사실 로웰은 미국 보스턴의 아주 부유한 가문 출신으로, 정통 천문학자는 아니었다. 부유한 배경 덕분에 친문힉 연구를 취미로 한 경우라고 할 수 있다. 1900년대 이후로 화성에 푹 빠지기 시작한 로웰은 직접 애리조나 플래그스태프산 평원 위에 사비를 들여 개인 천문대를 지었다. 그리고 그곳에서 평생 화성을 관측했다.

　그는 화성 표면에 운하로 보이는 흔적이 있다고 주장했다. 그러면서 화성 극지방에 얼어 있는 얼음을 녹여서 적도로 끌어오면서 살아가는 화성인들이 있다는 주장을 펼치기도 했다. 당시 로웰 곁에는 베스토 슬라이퍼라는 젊은 천문학자가 관측 조수로 일하면서 로웰이 몽상을 펼칠 수 있도록 도와주었다.

　1901년 특수 제작한 분광 장치가 천문대에 도착했다. 슬라이퍼는 그 장치를 활용해서 화성의 대기에 생명의 징후를 보이는 성분이 존재하는지 분석하는 일을 맡았다. 슬라이퍼는 관측한 화성의 스펙트럼에서 재밌는 사실을 발견했다. 화성의 한쪽 절반은 더 짧은 파장으로 치우친 스펙트럼을 보였지만, 나머지 절반은 더 긴 파장으로 치우친 스펙트럼을 보였다. 앞서 독일의 천문학자 포겔이 태양을 관측하면서 확인했던 것과 정확히 같은 현상이다. 화성도 자전하고 있기 때문에 한쪽 절반은 지구를 향해 다가오는 쪽으로 움직이고, 나머지 절반은 지구에서 멀어지는 쪽으로 움직이고 있었다.

　10년이 지나도록 화성에 살고 있을지 모른다고 기대했던 외계인들의 모습은 보이지 않았다. 그 사이 슬라이퍼의 망원경은 조금씩 태양계 바깥으로 뻗어나갔다. 가장 먼저 그는 안드로메다 은하를 관측했고, 그 스펙트럼이 확연하게 짧은 파장 쪽으로 치우치는 청색이동을 겪고 있다는 사실을 발견했다. 이후 이 발견은 안드로메다 은하가 우리은하의 중력에 붙잡히지 않은 채 바깥 우주 공간을 떠돌고 있는 별개의 은하일 것이라는 추측에 힘을 싣는 증거로 활용되었다.

슬라이퍼의 발견은 여기에서 멈추지 않았다. 그는 1924년까지 총 41개의 나선 성운들의 스펙트럼을 면밀하게 분석했다. 대부분 초속 200km는 훌쩍 넘는 빠른 속도로 우주 공간을 누볐다. 태양계 가장 자리를 떠도는 혜성과 은하수 속의 별들, 그리고 우리은하 너머 머나먼 외부 은하에 이르기까지, 우주에서 빛나는 모든 존재는 빠르게 움직이며 도플러 효과를 겪는다.

처녀자리 방향에서 볼 수 있는 독특한 모습의 은하가 하나 있는데, 마치 챙이 둥글고 넓은 멕시코 모자를 닮았다고 해서 솜브레로 은하라는 별명을 갖고 있다. 이 은하는 확연한 적색이동을 보여주었는데, 도플러 효과를 고려하면 은하가 지구에서 무려 초속 1,000km를 넘는 어마어마한 속도로 멀어지고 있다는 것을 의미했다.

당시 슬라이퍼가 관측했던 41개의 은하들 중에서 36개 대부분의 은하들이 적색이동을 나타냈다. 마치 은하들이 일제히 우리에게서 도망가는 것처럼 보였다. 우리은하가 무슨 큰 잘못이라고 한 걸까? 대체 왜 외부 은하들은 우리은하를 버리고 멀리 떠나고 있는 걸까? 선뜻 이해하기 어려운 당황스러운 모습이었다. 그 안에는 우주의 탄생에 관한 완벽하게 새로운 패러다임의 실마리가 꿈틀거리고 있었지만, 당시에는 그 정체가 무엇일지 그 누구도 상상하지 못했다.

일제히 멀어지는 건포도 알갱이들의 움직임

천문학자들이 머리 위에 펼쳐진 진짜 우주에서 새로운 패러다임의 단서를 발굴하는 동안, 물리학자들도 비록 진짜 우주는 아니지만 칠판 속에 펼쳐진 우주에서 비슷한 결말을 내리고 있었다. 20세기의 시작은 모든 분야의 과학자들에게 가장 혼란스러운 대변혁의 시기였을 것이다. 천문학자들은 우주에서 유일하고 절대적인 세계일 것이라고 생각했던 우리은하가 실은 더 거대한 우주를 채우고 있는 수많은 작은 세계 중 하나였을 뿐이라는 슬픈 사실을 받아들여야 했기 때문이다.

안드로메다 은하가 우리에게는 외부 은하이듯 안드로메다 은하에서 사는 존재들에게는 우리가 외부 은하다. 우주의 가장 절대적인 기준, 중심 은하 같은 건 존재하지 않는다. 은하의 관계는 모두 상대적일 뿐이다. 물리학자들도 비슷한 혼란을 겪었다. 오랫동안 시간과 공간은 우주를 구성하는 가장 기본적이고 절대적인 개념이라고 생각했다. 우리가 무엇을 하든 상관없이 우주 어딘가 숨어 있는 절대 시계의 초침은 일정하게 흘러가고 있다고 생각했다. 하지만 아인슈타인이 등장하면서 시간과 공간마저 한낱 상대적일 뿐이라는 당황스러운 사실을 보여주었다. 은하도, 시간도, 공간도, 그 무엇도 우주에서는 절대적인 것이 없다.

아인슈타인의 상대성 이론은 절대 변치 않을 것이라 여겨졌던 시간과 공간의 권위에 흠집을 냈다. 시간과 공간은 태초부터 절대 변치 않는 우주 너머의 어떤 특별한 바탕 같은 게 아니었다. 아인슈타인은 시간과 공간에 가변성, 다시 말해 역동성을 부여했다. 우주의 시공간은 우주를 가득 채우고 있는 수많은 물질과 중력을 통해 상호작용하면서 더 팽창하거나 수축할 수 있는 세계가 되었다. 이제 우주조차 변화하는 세계여야 한다는 사실을 (적어도 수학적으로는) 부정할 수 없게 되어버렸다.

이후 많은 물리학자들은 우주 자체가 수축하거나 팽창할 수 있다는 사실을 받아들여야 할지 고민했다. 물론 모두가 이 새로운 생각을 환영하지는 않았다. 공교롭게도 우주의 역동성을 가장 강하게 부정했던 인물은 정작 그 빌미를 제공했던 아인슈타인이었다. 우주는 셀 수 없이 많은 은하로 채워져 있다. 은하들은 서로 중력을 주고받는다. 아무리 거리가 멀어도 결국 은하들은 천천히 서로의 중력에 이끌려 다가갈 것이고 결국 더 빠르게 모여들 것이다. 거대하게 부풀었던 별이 순식간에 블랙홀이라는 한 점으로 중력 붕괴하는 것처럼 우주도 붕괴하게 된다.

아인슈타인은 자신이 쌓아올린 중력에 대한 새로운 관점이 결국 우주의 붕괴라는 결말을 가리키고 있다는 사실에 매우 당황스러워했다. 아인슈타인은 우주가 절대 수축도 팽창도 하지 않는 정적인 세계라고 굳게 믿었다. 대체 무엇이 아인슈타인에게 그런 굳은 신념을 심어주었는지는 알 수 없다. 우주가 어떻게 탄생했는가에 대한 질문 못지않게 아인슈타인의 속내 역시 물리학 역사상 가장 혼란스러운 미스터리로 남아 있다.

결국 아인슈타인은 자신이 만든 중력 방정식을 스스로 망가뜨리기에 이르렀다. 그는 방정식 뒤에 우주의 붕괴를 막기 위한 어색한 항을 하나 더 추가했다. 밝게 빛나는 별은 바깥으로 팽창하려고 하는 압력 덕분에 중력에 버티며 붕괴를 막는다. 아인슈타인은 우주 시공간 역시 이처럼 중력에 저항하며 버틸 수 있게 해주는 무언가가 숨어 있을 거라고 기대했고 이를 위해 중력에 저항하는 새로운 상수를 추가한 것이다. 이것을 아인슈타인의 **우주 상수**Cosmological constant라고 부른다. 수식에서는 보통 그리스 알파벳에서 열한 번째에 해당하는 ΛLambda로 표기한다.

우주 상수가 있어야 할 정당성을 보여주는 관측적 증거는 없었다. 오로지 수학적으로 우주의 붕괴를 막기 위해서 추가한 상당히 작위적인 조치였다. 분명 아인슈타인의 수학 자체는 역동적인 우주를 이야기하고 있었지만, 아인슈타인은 자신의 방정식에 손을 대면서까지 정적인 우주를 지켜내고자 했을 정도로 완강했다.

1920년대 아인슈타인은 이미 인류의 패러다임에 두 번이나 큰 변혁을 이끌어내면서 가장 저명한 물리학자로 자리잡은 상태였다. 아인슈타인의 한 마디는 누구도 무시할 수 없는 강력한 권위를 가졌다. 권위는 매력적이지만 해롭기도 하다. 한때 과거의 패러다임을 무너뜨리고 스스로 새로운 변화의 선봉장에 섰던 혁명가도 결국 권위에 취하는 순간 또 다른 세대의 꼰대가 되어버린다.

벨기에 출신의 물리학자 조르주 르메트르는 이러한 아인슈타인의 권위에 용감하게 도전했다. 그는 아인슈타인의 중력 방정식이 분명 우주의 역동성을 보여준다고 생각했다. 르메트르는 우주가 마치 오븐 속에서 구워지고 있는 빵 반죽과 같은 세계라는 사실을 깨달았다. 빵 반죽이 부풀면 그 위에 붙어 있는 건포도 알갱이들 사이의 간격이 벌어진다. 건포도 알갱이가 움직이는 건 아니다. 다만 건포도 알갱이가 붙어 있는 반죽 덩어리 자체가 팽창하면서 그 사이 간격이 벌어질 뿐이다. 르메트르는 우주를 거대한 빵 반죽으로, 은하들은 그 속에 콕콕 박혀 있는 거대한 건포도 알갱이들로 생각했다. 은하가 직접 우주 공간을 가로지르며 움직이는 게 아니라 은하가 놓여 있는 시공간이라는 무대, 빵 반죽 자체가 팽창하면서 각 은하들 사이 간격이 벌어지는 것이다.

먼 거리에 놓인 은하에서 빛이 날아오는 동안 우주 시공간이 팽창하면서, 결국 그 시공간을 타고 날아오는 빛의 파장도 함께 늘어난다. 이러한 변화가 반영된 은하들의 스펙트럼은 더 긴 파장 쪽으로 늘어진 모습으로 관측된다. 우주 시공간 자체의 팽창으로 인해 스펙트럼이 더 긴 파장 쪽으로 치우쳐 보이는 현상을 따로 구분해서 **우주론적 적색이동** Cosmological redshift이라고 한다.

더 멀리서 빛이 날아온다면 그만큼 빛이 경험하게 되는 우주 팽창의 효과도 커진다. 더 먼 거리에 있는 은하일수록 그 은하의 빛은 더 강한 우주론적 적색이동을 겪는다. 은하까지의 거리에 따라 스펙트럼이 긴 파장으로 치우쳐 보이는 정도가 어떻게 달라지는지만 확인한다면 우주 시공간이 정말 균일하게 팽창하고 있다는 사실을 보일 수 있다.

아쉽게도 르메트르는 직접 망원경으로 우주를 볼 수 있는 기회가 없었다. 그래서 앞서 여러 은하들의 스펙트럼을 관측했던 슬라이퍼의 데이터를 빌려서 활용했다. 당시 어설프게 추정되고 있던 각 은하들까지의 거리와 은하들의 스펙트럼을 비교했다. 데이터 자체가 워낙 엉성했기 때문에 아주 큰 오차가 있었지만, 르메트르는 은하들이 어느 정도 더 거리가 멀수록 스펙트럼에서 더 뚜렷한 적색이동을 보인다고 결론 내렸다.

1927년 르메트르는 〈은하수 외부 성운들의 방사 속도를 설명하는 일정한

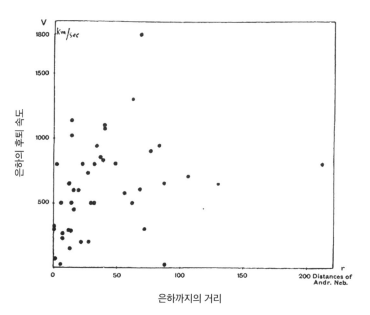

1927년 르메트르 발표 논문에 수록된 그래프.

질량과 증가하는 반지름을 가진 균일한 우주A Homogeneous Universe of Constant

Mass and Increasing Radius Accounting for the Radial Velocity of Extra-Galactic Nebulae〉

라는 제목으로 조심스럽게 논문을 발표했다. 논문 제목만 봐도 알

수 있듯이 르메트르는 반지름이 증가하는 우주, 즉 우주가 균일하

게 팽창하는 모델을 제시했다. 르메트르는 수학에 기반한 이론적

추론과 (엉성하기는 했지만) 관측 데이터를 모두 모아서 우주의 모델

을 주장했다. 하지만 그는 자신의 역작을 별로 잘 읽히지 않는 저널

에 발표했다. 이에 대해서는 두 가지 해석이 있는데, 하나는 당시 주

류 학계의 반발을 우려했던 르메트르가 일부러 논쟁을 피하기 위해

소심한 선택을 했던 것이라는 해석이고, 또 다른 하나는 오히려 논

문이 거절 당하지 않고 빠르게 게재되도록 하기 위한 전략적인 선택이었다는 해석도 있다.

르메트르가 상상한 팽창하는 우주 모델은 자연스럽게 이러한 상상으로 이어진다. 그렇다면 과거의 우주는 어땠을까? 우주가 계속 팽창하고 있는 중이라면 과거의 우주는 더 작은 상태였을 것이다. 그렇게 계속 거슬러올라가다 보면 어느 순간 우주가 너무 작고 높은 밀도로 뭉쳐버려서 더 이상 줄일 수 없는 지경에 이를 수 있다. 르메트르는 바로 이것이 우주의 시작이었을 것이라는 엄청난 통찰을 보였다. 그는 태초에 극도로 높은 밀도와 온도로 뭉쳐 있던 **원시원자**Primeval atom와 같은 상태에서 우주가 시작되었다고 생각했다.

이미 도플러의 사례에서 봤듯이, 시대를 너무 앞서간 상상은 오히려 주변으로부터 비난의 화살을 받는 빌미가 되기도 한다. 르메트르는 오늘날 우주의 탄생을 이야기하는 **빅뱅**Big bang 모델과 가장 근접한 밑그림을 그렸지만, 대부분의 물리학자들은 쉽게 받아들이지 않았다. 공교롭게도 르메트르의 출신 성분으로 꼬투리를 잡는 사람들도 있었다. 르메트르는 물리학과 함께 신학을 전공했던 독실한 가톨릭 신부이기도 했다. 평소에도 로만 칼라가 있는 검은 사제복을 입고 다녔다. 일부 사람들은 그가 이야기하는 우주의 탄생에 대한 가설이 지나치게 창세기에 등장하는 세상의 창조에 대한 묘사를 떠올리게 한다고 생각했다. 그러면서 르메트르가 과도하게 종교적 신념을 투영해서 잘못된 가설에 집착하고 있다고 비판했다.

도망가는 은하의 속도를 알면 거리를 알 수 있다

대부분의 은하들이 우리에게서 멀어지고 있다는 발견이 로웰의 아주 호화스러운 개인 천문대에서 처음 시작되었다면, 그 결말은 로웰과는 가장 거리가 멀어 보이는 인물에 의해 완성되었다. 그 주인공은 밀턴 휴메이슨이다. 휴메이슨은 정식으로 수학과 물리학을 전공하지도 않은 무학자다. 원래 그는 L.A. 윌슨산에 새로운 망원경이 건설되고 있던 당시 자재를 운반하는 노새 몰이꾼이었다. 그러면서 자연스럽게 윌슨산 천문대를 기획했던 천문학자 조지 헤일과 친분을 쌓았다. 헤일은 휴메이슨의 성실함을 좋아했다. 그래서 천문대가 완공된 이후 그에게 관측 조수 임무를 맡겼다.

그로부터 얼마 지나지 않아 야심찬 젊은 천문학자 에드윈 허블이 찾아왔다. 휴메이슨은 허블을 도와 성실하게 관측을 이어나갔다. 그 사이 허블은 안드로메다 은하까지의 거리를 추정하는 데 성공하면서 섬 우주라는 새로운 패러다임을 정착시켰고, 일약 천문학계의 대스타가 되었다. 하지만 직접 거대한 망원경으로 빛을 담고 스펙트럼을 그려내는 실전 경험에 있어서만큼은 휴메이슨이 허블을 앞섰다.

휴메이슨은 허블이 세상을 떠나는 순간까지 600개가 넘는 은하들의 스펙트럼을 관측했다. 허블에게는 슬라이퍼와 르메트르에게는 없었던 강력한 무기, 즉 세페이드 변광성을 활용해서 은하까지의 거리를 잴 수 있는 노하우를 갖고 있었다. 덕분에 먼 은하와 가까운 은하가 보이는 적색이동의 정도가 정말 차이가 있는지, 어떤 관계를 갖고 있는지를 직접 비교할 수 있었다.

허블은 휴메이슨과 함께 관측한 24개 은하들의 데이터를 아주 간단한 그래프로 표현했다. 그래프의 가로축은 직접 추정한 각 은하들의 거리를 나타냈다. 세로축은 스펙트럼의 적색이동으로 파악한 각 은하가 우리에게서 멀어지는 속도를 나타냈다.

허블은 그래프에 찍힌 점들에서 중요한 경향을 파악했다. 그래프에서 더 오른쪽에 찍힌 점일수록 더 위에 찍혔다. 더 먼 은하일수록 더 빠른 속도로 우리에게서 멀어지고 있는 것처럼 보였다. 르메트르가 예측했던 것처럼 은하들은 거리에 비례해서 더 빠르게 멀어지고 있었다. 우주 시공간이 정말 오븐 속의 빵 반죽처럼 부풀고 있다는 뜻이었다.

허블은 인류가 상상할 수 있었던 우주의 지도를 은하수 너머까지 확장시켰을 뿐 아니라, 넓어진 우주가 지금도 계속해서 빠르게 더 넓어지고 있다는 사실까지 발견했다. 이후 지금까지도 은하의 거리와 후퇴 속도를 직접 비교하는 이 간단한 방식의 그래프를 **허블 다이어그램** Hubble diagram이라고 부른다.

사실 당시 허블이 직접 그렸던 그래프에 찍힌 점들의 분포는 굉장히 지저분했다. 하지만 허블은 그 위에 아주 과감하게 하나의 직선을 그었다. 그는 1929년에 발표한 논문 〈**우리은하 바깥 성운들의 거리와 방사 속도의 관계** A Relation between Distance and Radial Velocity among Extra-Galactic Nebulae〉에서 은하들이 우리에게서 멀어지는 후퇴 속도는 그 은하가 놓여 있는 거리에 비례한다고 선언했다. 허블의 주장은 너무나 간단한 단 한 줄짜리 수식으로 축약할 수 있다. 은하가 멀어지는 속도 v는 은하가 놓여 있는 거리 r에 비례한다. 즉 $v = H \cdot r$이라는 아주 투박하고 단순한 식으로 표현할 수 있다. 여기서 H는 은하의 거리와 후퇴 속도가 서로 얼만큼의 비율로 비례하는지를 나타내는 비례 상수다. 간단히 말해서 은하의 거리를 가로축에, 은하의 후퇴 속도를 세로축에 표현한 허블 다이어그램에서 그래프의 기울기에 해당한다. 지금도 허블의 이름을 따서 **허블 상수**Hubble constant로 부른다.

우주의 진화가 겨우 곱하기 하나만으로 이루어진 간단한 수식으로 설명된다니! 자연의 신비로움은 복잡한 미분 방정식으로만 담을 수 있다면서 도플러의 주장을 묵살했던 페츠발의 논리가 얼마나 잘못된 생각이었는지 보여준다.

균일한 우주 시공간의 팽창과 함께 은하들이 우리에게서 얼마나 빠른 속도로 멀어지고 있는지만 측정하면 손쉽게 그 은하까지 거리를 잴 수 있다는 것을 보여준 이 법칙을 최근까지 **허블의 법칙**Hubble's law이라고 불러왔다. 2018년 8월 오스트리아 빈에서 개최된 국제천문연맹 회의에서 천문학자들은 그동안 공정한 대우를 받지 못했던 르메트르의 공을 함께 인정해주기 위해 **허블-르메트르의 법칙**Hubble-Lemaître law으로 명칭을 바꾸는 안건을 통과시켰다. 이후 10월 26일까지 현장에 참석하지 못한 천문학자들까지 온라인으로 투표에 참여했고 총 4,060명의 천문학자들 중에서 78%가 명칭 변경에 찬성했다.

일부 천문학자들은 이름이 나오는 순서가 허블이 앞선다거나 또 가장 처음으로 은하들이 일제히 멀어지는 듯한 움직임을 보인다는 사실을 발견했던 주인공 슬라이퍼의 이름은 빠져 있다는 것에 문제를 제기하기도 한다. 아예 허블의 이름을 빼고 르메트르의 법칙이라고만 불러야 한다는 주장도 있었다. 늦게나마 잠시 역사 속에서 잊혔던 르메트르의 이름을 추억할 수 있게 되었지만, 아쉽게도 은하들의 거리와 후퇴 속도를 비교한 기울기는 허블의 이름만 들어간 채 허블 상수로 불리고 있다.

우주가 통째로 균일하게 팽창하고 있다는 사실을 받아들일 수 있다면, 기존의 방법만으로는 시도조차 할 수 없을 정도로 너무 멀리 떨어져 있던 은하까지의 거리를 잴 수 있는 새로운 길이 열린다. 전통적으로 먼 은하까지의 거리를 재려면 표준 촛불에 해당하는 천체를 우선 발견해야 한다. 대표적으로 레빗이 처음 발견하고, 이후 허블을 비롯한 많은 천문학자들에 의해 활용된 세페이드 변광성이 있다. 거리를 알지 못하는 상태에서 다른 방식으로 해당 천체의 실제 밝기를 따로 알아낸 다음 그것을 밤하늘에 보이는 겉보기 밝기와 비교해서 거리를 구한다. 아주 효과적이지만 여전히 중요한 한계가 있다. 유용한 표준 촛불로 쓸 수 있는 천체가 발견되지 않은 은하라면 그 어떤 방법으로도 은하까지의 거리를 구할 수 없다는 점이다. 운 좋게 적당한 변광성이 발견된 은하에 대해서만 레빗의 방법을 적용할 수 있다.

그런데 우주의 팽창은 은하에 변광성이 있는지, 없는지 신경쓰지 않는다. 모든 은하에서 공평하게 일어난다. 우주가 부풀면서 은하까지의 거리가 멀어지고, 그 은하로부터 날아오는 빛의 스펙트럼이 너 긴 파장으로 치우치는 적색이동은 모두 똑같이 적용된다. 은하가 우리에게서 얼마나 빠른 속도로 멀어지고 있는지는 은하의 스펙트럼만 관측하면 비교적 쉽게 알 수 있다. 거리를 몰라도 전혀 문제가 되지 않는다. 그저 은하의 스펙트럼이 얼마나 더 긴 파장 쪽으로 치우쳐 보이는지만 비교하면 된다.

허블은 은하의 후퇴 속도와 거리가 곱하기 하나만으로 이루어진 아주 간단한 관계를 따른다는 사실을 발견했다. 스펙트럼 관측을 통해 은하가 멀어지는 속도 v는 쉽게 구할 수 있다. 우리가 궁극적으로 구하고 싶은 은하까지의 거리 r은 은하의 후퇴 속도 v를 일정한 상수 H로 나눈 값이다. 충분한 관측을 통해 상수 H의 값만 확실하게 알 수 있다면, 은하가 우리에게서 멀어지는 속도 v만 관측해서 곧바로 은하의 거리 r로 환산할 수 있게 된다. 르메트르의 손을 거쳐 비로소 허블의 손끝에서 완성된 우주 팽창 모델은 우주의 탄생과 진화에 대한 놀라운 실마리를 제공할 뿐 아니라, 훨씬 손쉽게 머나먼 은하까지의 거리를 구할 수 있게 해주는 아주 실용적인 도구다.

따라서 이제 은하까지의 거리를 얼마나 정확하게 구할 수 있는지의 문제는 허블 다이어그램에서 기울기에 해당하는 허블 상수 H를 얼마나 정확하게 알 수 있는지의 문제로 이어진다. 은하의 후퇴 속도는 스펙트럼만 관측하면 쉽게 파악할 수 있는 값이다. 하지만 아무리 은하의 후퇴 속도를 정확히 쟀더라도 그 값에 나눠주는 상수 자체가 잘못된 값이라면 결국 은하까지 거리 r도 틀리게 된다.

허블 상수는 조금 독특한 단위로 표현한다. 은하가 도망가는 속도를 다시 한 번 은하의 거리로 나눠준 값이기 때문에 속도km/s 나누기 거리Mpc를 의미하는 km/s/Mpc 단위를 사용한다. 가장 처음 허블이 추정했던 허블 상수의 값은 대략 500km/s/Mpc 정도다. 우주가 팽창하면서 1Mpc, 즉 326만 광년 정도 거리에 떨어진 은하가 초속

500km의 속도로 멀어진다는 뜻이다.

허블 상수는 우주가 얼마나 긴 세월 동안 팽창해왔을지, 우주의 나이를 유추할 수 있게 해준다. 은하가 지금의 비율로 쭉 멀어지고 있다면 얼마나 오랫동안 도망갔어야 지금 놓여 있는 거리까지 다다를 수 있었을지 가늠할 수 있기 때문이다. 허블 상수는 우주의 팽창률을 반영한다.

허블 상수가 크다면 더 빠르게 팽창하는 우주를 의미한다. 주어진 거리에서 은하가 더 빠르게 멀어지고 있다는 뜻이기 때문이다. 우주의 팽창률이 빠를수록 우주가 지금의 크기에 다다르기까지 더 짧은 시간이 걸렸을 것이다. 빠른 속도로 우주가 금방 부풀었을 테니까. 그렇다면 우주의 나이는 훨씬 적게 계산된다. 반대로 허블 상수가 작다면 우주의 팽창은 더디게 진행된다는 것을 의미한다. 그리고 우주는 더 긴 세월에 걸쳐 천천히 팽창한, 더 늙은 우주가 되어버린다.

사실 허블이 맨 처음으로 추정했던 허블 상수의 값에는 문제가 있었다. 너무 지나치게 컸다. 은하들의 거리를 실제보다 지나치게 가깝게 측정했기 때문이다. 우주의 팽창과 함께 은하가 멀어지면서 도달해야 하는 목표 거리가 실제보다 많이 짧아지게 된 셈이다. 이러한 실수는 은하가 목표 거리까지 도달하는 데 걸리는 시간도 짧게 오해하게 만든다. 다시 말해서 우주의 나이가 너무 적게 나왔다. 허블이 추정했던 값을 그대로 적용하면 우주의 나이가 고작 15억 년밖에 안 된다는 결론이 나온다.

1940년대 이미 지질학자들이 지구에서 발견한 가장 오래된 암석의 나이가 20억 년이었다. 우주 전체 나이가 지구의 나이보다 젊다. 분명 우주가 탄생하고 난 이후에야 지구가 만들어졌을 테니, 당연히 우주가 지구보다는 나이가 많아야 한다. 그런데 허블의 결과는 우주가 지구보다 더 어리다는 당황스러운 모순을 낳았다. 이 문제는 오랫동안 천문학계에서 우주 팽창 모델과 빅뱅 이론이 받아들여지지 못하는 빌미가 되었다.

허블의 치명적인 실수는 이후 바데의 발견으로 바로잡혔다. 앞서 소개했듯이 바데는 제2차 세계대전 당시 밤새 조명을 끄도록 강제했던 L.A.의 블랙아웃 조치 속에서 어느 때보다 깜깜한 밤하늘을 볼 수 있었다. 그 아래에서 세페이드 변광성이 사실 두 가지 종류로 구분된다는 사실을 뒤늦게 발견했다. 밝기 변화의 주기가 똑같더라도 어떤 변광성은 더 밝게 빛났고, 또 다른 종류의 변광성은 더 어두웠다. 세페이드 변광성 사이에서 일관된 법칙을 처음 발견했던 레빗과 허블조차 미처 알지 못했던 이 미묘한 차이를 통해 바데는 은하들의 거리를 더 정확하게 잴 수 있었다.

바데는 앞서 허블이 은하들까지의 거리를 실제에 비해 거의 절반 정도로 지나치게 가깝게 재왔다는 사실을 입증했다. 그래서 허블이 추정했던 우주의 팽창률이 실제보다 지나치게 빠르게 과대평가되었다는 사실을 보여주었다. 바데가 새롭게 보정한 허블 상수의 값은 약 100km/s/Mpc 정도다. 허블이 추정한 값보다 5배나 더 적다. 바데는 허블이 추정했던 수준에 비해 실제 우주가 훨씬 느린 비율로 더 오랜 세월에 걸쳐 팽창해왔다는 사실을 보여주며 허블의 치명적인 실수를 바로잡았다. 덕분에 비로소 우주는 지구보다 더 나이가 많아졌다. 우주가 지구보다 더 어리다는 모순은 말끔히 사라졌다.

 이후로도 관측 기술이 계속 정밀해지면서 허블 상수의 추정치는 더 정교해졌다. 지금도 허블 우주 망원경과 제임스 웹 우주 망원경을 비롯한 다양한 망원경들의 주요 임무가 허블 상수의 값을 더 정확하게 파악하는 것이다. 20세기 중반까지 허블 상수는 50km/s/Mpc에서 100km/s/Mpc 사이에서 다양하게 추정되었다.

 특히 허블의 직속 제자였던 천문학자 앨런 샌디지는 허블 상수를 새롭게 보정하고 정확한 우주의 나이를 추정하기 위한 관측 데이터를 모으는 데 커리어 대부분을 보냈다. 자신의 스승이 미처 해결하지 못하고 떠났던 과제를 마무리짓기 위해 인생을 바쳤다. 1958년 샌디지는 더 정교하게 보완된 별의 진화 모델을 적용해서 세페이드 변광성을 활용해 거리를 추정하는 방법을 개선했다. 이를 통해 그는 허블 상수의 값을 70km/s/Mpc 정도로 추정했다. 샌디지의 추정치를 적용하면 우주의 나이는 대략 140억 년이 된다. 샌디지의 결과는 현재까지 인정된 값에 매우 근접하다.

 현재 다양한 관측을 통해 추정된 허블 상수는 대략 65km/s/Mpc 정도다. 우주의 나이는 138억 년로 추정된다. 불과 반 세기 전까지만 해도 우주의 나이는 그냥 뭉뚱그려서 50억, 100억, 200억 년, 이런 식으로 대충 유추하는 게 최선이었다. 그런데 오늘날 천문학자들은 우주의 나이가 137.5억 년인지 137.6억 년인지를 두고 논쟁한다. 심지어 이제 소숫점 첫 번째 자리까지는 우주의 나이를 꽤 정확히 이야기할 수 있는 수준에 이르렀다. 방대한 관측 데이터가 쌓인 덕분에 대담한 오차 범위의 대명사였던 천문학도 이제는 정밀 과학의 한 영역으로 들어오고 있다.

우주 끝자락까지 지도를 그릴 수 있는 방법

$v = H \cdot r$이라는 간단한 식으로 우주의 모든 것을 설명할 수 있다니 정말 매력적인 법칙이다. 사용된 글자가 적을수록 더 명료하고 훌륭한 결과물로 평가를 받는다는 측면에서 과학과 시는 비슷한 매력을 품고 있다. 실용적인 측면에서도 이 법칙은 아주 매력적이다. 변광성처럼 특정한 표준 촛불을 활용해서 은하의 거리를 구하기 위해서는 우선 그 은하 안에서 개개의 별을 분간할 수 있어야 한다. 별을 하나하나 구분할 수 없을 정도로 너무 거리가 먼 은하라면 결국 이 방법도 무용지물이다.

반면 은하의 후퇴 속도를 측정하는 건 훨씬 간편하다. 굳이 별빛을 하나하나 분간하지 못해도 괜찮다. 은하 속 모든 별빛이 한 덩어리로 보일 정도로 멀리 떨어져 있더라도 은하에서 날아오는 빛 전체의 스펙트럼은 훨씬 쉽게 관측할 수 있다. 스펙트럼 중간중간 흡수선이 보이는 파장의 위치가 어느 정도 더 긴 파장으로 치우쳐 있는지 적색이동의 정도만 확인하면 곧바로 은하의 후퇴 속도를 알 수 있고, 그것을 다시 허블 상수로 나눠주기만 하면 은하의 거리가 나온다.

따지고 보면 은하의 적색이동은 그 스펙트럼을 관측하자마자 곧바로 알 수 있는 직접적인 수치다. 반면 은하까지의 거리는 스펙트럼 분석으로 파악한 적색이동을 후퇴 속도로 환산한, 즉 또다시 여러 가정에 기반한 허블 상수로 나누어서 구하게 되는 다소 부정확한 값이다. 그래서 천문학자들은 굳이 거리로 환산하지 않고 가장 직접적인 관측 값인 은하들의 적색이동 수치를 거리를 대변하는 물리량으로 사용하기도 한다. 전통적으로 천문학에서는 천체의 스펙트럼의 적색이동 정도를 알파벳 z로 표현한다.

적색이동 z는 다음과 같은 식으로 정의된다.

$1 + z = (관측되는 파장) \div (원래 파장)$

z = 0, 즉 적색이동이 없는 경우에는 관측되는 파장은 원래의 파장과 같다. 그래서 관측되는 파장과 원래 파장의 비율은 1 + 0 = 1이다. 스펙트럼이 적색이동을 겪은 정도가 커지면서 관측되는 파장이 원래 파장에 비해 더 길어지면, 관측되는 파장을 원래 파장으로 나눈 값은 1을 넘게 된다. 그리고 적색이동 z도 0보다 커진다. 예를 들어 관측되는 파장이 정확히 원래 파장의 두 배까지 늘어나는 수준으로 적색이동을 겪는다면, 그때의 적색이동 z는 1이다. 이러한 경우 천문학에서는 z = 1이라고 표현한다.

우주 공간 자체는 아마도 끝없이 무한할 것이다. 하지만 실제 빛을 통해 볼 수 있는 관측 가능한 우주의 범위는 무한하지 않다. 우주가 하염없이 무한한 과거부터 존재하지 않았기 때문이다. 현재 우주의 팽창률을 고려했을 때 추정할 수 있는 우주의 나이는 138억 년이다. 우리가 볼 수 있는 우주의 가장 오래된 빛은 138억 년 전에 날아온 빛이다. 그보다 더 오래된 빛은 볼 수 없다. 그 빛을 보려면 우주가 지금까지 존재했던 세월보다 더 긴 시간을 기다려야 하기 때문이다.

그래서 얼핏 빛으로 볼 수 있는 관측 가능한 우주의 반지름이 단순히 우주의 나이에 빛의 속도를 곱한 138억 광년이라고 생각할지 모른다. 하지만 그렇지 않다. 우주는 오래전부터 지금까지 팽창해 오고 있기 때문이다. 우주 끝자락에서 빛이 날아오는 동안 우주 시공간 자체도 계속 팽창했다. 이러한 우주 팽창 효과를 함께 고려해야 관측 가능한 우주의 정확한 크기를 가늠할 수 있다. 이 모든 효과를 고려하면 실질적으로 우리가 빛을 통해 볼 수 있는 가장 먼 우주까지의 거리는 대략 460억 광년까지다. 이 정도로 먼 거리에서 날아오는 빛은 아주 극단적인 우주 팽창 효과를 겪는다.

간단한 한 줄짜리 법칙 $v = H \cdot r$에서 알 수 있듯이, 은하들의 후퇴 속도는 단순히 그 거리에 비례해서 계속 증가한다. 심지어 빛의 속도를 넘어설 수도 있다. 분명 아인슈타인의 상대성 이론은 우주에 존재하는 그 어떤 것도 빛을 앞지를 수 없다고 이야기하지만 전혀 문제될 것은 없다. 은하의 후퇴 속도는 은하가 직접 우주 공간을 가르고 나아가는 속도가 아니기 때문이다. 단지 그 은하가 박혀 있는 우주 시공간 자체가 팽창하면서 은하까지 거리가 멀어질 뿐이다.

따라서 우주 팽창으로 인한 은하의 후퇴 속도는 빛을 넘어설 수 있다. 이 정도로 멀리 떨어진 은하들의 스펙트럼은 아주 극단적인 적색이동을 보인다. 스펙트럼의 파장이 너무 극단적으로 늘어나서 대부분의 빛이 아예 가시 범위를 넘어설 정도다. 그래서 이런 극단적인 적색이동을 보이는 은하들은 조금 특별한 방법으로 측정한다.

　은하의 스펙트럼에는 다양한 화학 성분의 흔적인 흡수선이 남아 있다. 원자의 중심에 양성자로 이루어진 원자핵이 있고 그 주변에 전자가 맴돌고 있다. 원자의 에너지가 낮을 때는 전자가 원자핵 주변에 더 가까이 붙은 작은 궤도를 그리지만, 원자가 더 많은 에너지를 가지게 되면 전자는 원자핵으로부터 조금 더 멀리 벗어난 넓은 범위의 궤도를 돈다.

　특히 빅뱅 직후부터 지금까지 우주 전체 질량의 가장 압도적인 비중을 차지하는 성분은 수소다. 수소가 우주 전체 질량의 75%를 차지한다. 따라서 간단한 비교를 위해 중심에 원자핵 하나, 주변에 전자 하나가 맴도는 수소 원자를 생각해보자.

　사실 원자의 구조를 중심에 양성자로 이루어진 원자핵이 있고 그 주변에 전자가 맴돌고 있다고 설명하는 방식에는 큰 문제가 있다. 전자가 원자핵 주변에 원을 그리면서 맴도는 동안 결국 에너지를 잃고 원자핵 쪽으로 끌려가야 하기 때문이다. 단순하게 계산해보면 1초도 되지 않는, 수 나노초 안에 전자가 원자핵 쪽으로 끌려가면서 원자가 붕괴되고 사라져야 한다는 당황스러운 결론에 도달한다. 그런데 분명 우리 우주는 멀쩡하게 존재한다. 그 어떤 원자도 붕괴해서 사라지지 않는다.

　물리학자 닐스 보어는 원자가 오랜 세월 동안 안정적으로 존재할 수 있도록 하기 위해서 한 가지 간단한 가정을 제안했다. 원자핵 주변 전자들이 아무 곳에 놓일 수 없으며, 원자핵으로부터 일정한 거리를 두고 떨어져 있는 특정 궤도 위에만 놓일 수 있다는 가정이다. 마치 태양 주변 행성들이 일정한 거리를 두고 떨어진 채 그 위에서만 궤도를 그리는 것과 비슷하다. 중심의 원자핵에 가장 가까운 안쪽 궤도부터 바깥쪽까지 순서대로 한 단계씩 더 바깥으로 가면서 n = 1, 2, 3, 4, … 이런 식으로 더 큰 숫자를 매긴다. 전자가 아예 원자핵의 속박으로부터 벗어나 원자 바깥으로 탈출하는 경우 전자가 원자핵으로부터 무한히 먼 거리로 떨어져나갔다는 뜻에서 n = ∞로 표현한다.

공이 바닥에 딱 붙어 있을 때는 위치에너지가 제일 낮다. 반면 높이 올라갈수록 더 높은 위치에너지를 갖는다. 마찬가지로 원자핵 주변 전자도 낮은 궤도에 있을 때는 에너지가 낮지만 더 높은 궤도에 오를수록 에너지가 높아진다. 각 궤도의 에너지 차이에 해당하는 빛을 흡수하거나 방출하면서 궤도를 오르내린다.

높은 댐에 고여 있던 물이 아래로 떨어지는 에너지로 터빈을 돌린다. 물이 떨어질 때 높이 차이가 클수록 더 높은 에너지를 얻을 수 있다. 원자핵 주변 더 높은 궤도에 머무르던 전자가 아래 궤도로 떨어질 때도 마찬가지다. 당연히 가장 안쪽 n = 1 궤도로 떨어질 때 가장 큰 낙차를 겪는다. 예를 들어 전자가 원래 n = 4에 해당하는 궤도에 머무르고 있다면, 전자는 그보다 낮은 n = 2 또는 n = 3 궤도에 떨어지면서 빛을 방출할 수 있다. 가장 낮은 n = 1 궤도로 떨어질 때 에너지의 차이가 가장 크다. 그만큼 가장 에너지가 높은, 가장 짧은 파장의 빛을 방출한다.

전자가 얼마나 높은 궤도에 머무르고 있다가 얼마나 낮은 궤도로 떨어지면서 방출하는 빛인지에 따라 빛의 종류를 구분한다. n = 2 이

상으로 더 높은 궤도에 머무르던 전자가 가장 낮은 n = 1 궤도로 떨
어질 때 방출하는 빛을 **라이먼 계열**Lyman series이라고 부른다. 이때 전
자들은 가장 파장이 짧고 에너지가 강한 빛을 방출한다. 더 높은 궤
도에 머무르던 전자가 n = 2 궤도까지 떨어질 때 방출하는 빛은 **발
머 계열**Balmer series, n = 3 궤도까지 떨어질 때 방출하는 빛은 **파셴 계
열**Paschen series, n = 4 궤도까지 떨어질 때 방출하는 빛을 **브래킷 계
열**Brackett series이라고 부른다. 각 종류의 빛을 연구한 물리학자들의
이름을 붙인 것이다.

　라이먼 계열은 전자가 가장 낮은 바닥 궤도까지 떨어지기 때문에
가장 큰 낙차를 경험한다. 그만큼 가장 에너지가 크고 짧은 파장의
빛을 방출한다. 눈으로 볼 수 없을 정도로 파장이 더 짧은 자외선이

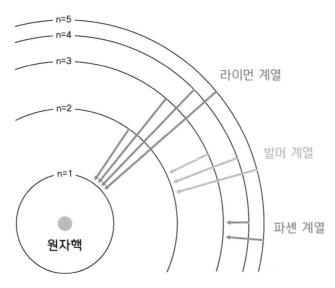

수소 원자 스펙트럼

여기에 해당한다. 반면 발머 계열은 전자가 n = 1 궤도보다는 조금 더 바깥에 있는 n = 2 궤도까지 떨어진다. 그래서 조금 더 적은 낙차를 겪는다. 대부분의 발머 계열은 비교적 에너지가 적고 파장이 조금 더 긴 가시광선 영역에서 빛을 방출한다. 이 빛은 우리 눈으로 볼 수 있다. 특히 발머 계열은 파장이 650nm 정도인 붉은 빛을 많이 방출한다.

실제로 별들이 한창 탄생하고 있는 어린 별 탄생 지역의 사진을 보면 유독 선명한 불그스름한 빛을 쉽게 볼 수 있다. 갓 태어난 어린 별들이 주변을 애워싸고 있는 가스 구름에 밝은 별빛을 비춘다. 가스 구름 속에는 많은 수소 원자가 있다. 수소 원자 속 전자들이 별빛을 흡수하고 잠시 더 높은 궤도로 올라가 들떠 있다가 다시 n = 2 궤도로 떨어지면서 붉은 빛을 많이 방출하고 있기 때문이다.

전자가 원자핵 주변 궤도를 오르내리면서 방출할 수 있는 가장 파장이 짧고, 가장 에너지가 큰 빛은 무엇일까? 가장 큰 낙차를 경험할 때 방출하는 빛이다. 전자가 아예 원자핵의 속박으로부터 벗어나 따로 떠돌고 있다가 순식간에 가장 낮은 안쪽 궤도로 떨어질 때다. 간단하게 표현하면 n = ∞에서 n = 1로 떨어질 때다. 이때 방출되는 빛의 파장은 91.2nm 정도다. 매우 파장이 짧은 자외선이다. 수소 원자핵 주변 전자가 궤도를 오르내리면서 방출할 수 있는 가장 짧은 파장의 빛이다. 이보다 더 짧은 파장의 빛은 방출할 수 없다. n = 1 궤도가 수소 원자핵 주변 전자가 놓일 수 있는 가장 아래 밑바닥 궤도이기 때문이다.

전자가 방출할 수 있는 빛의 파장 범위에는 더 이상 짧아질 수 없는 일종의 한계가 존재하게 된다. 이 한계로 인해 많은 수소 가스를 머금고 있는 은하의 스펙트럼을 관측하면 아주 독특한 형태가 만들어진다. 다양한 원자 성분들이 뒤섞여 있는 은하 속 가스 구름은 길고 짧은 다양한 파장의 빛을 방출하고 흡수하므로 다양한 파장에 걸쳐 강하고 약한 빛의 흔적이 뒤섞인 지글지글한 스펙트럼이 만들어진다.

　그런데 은하에서 파장이 91.2nm보다 더 짧은 빛은 존재할 수 없다. 그보다 파장이 짧아지는 순간 모든 빛은 사라지고 스펙트럼은 뚝 끊긴다. 은하에서 방출되는 모든 빛의 스펙트럼은 오직 파장이 91.2nm보다 긴 구간에서만 존재한다. 파장이 91.2nm에 해당하는 가장 짧은 한계에서 스펙트럼이 뚝 끊기는 것처럼 보인다고 해서 이러한 현상을 **라이먼 브레이크**Lyman break라고 한다.

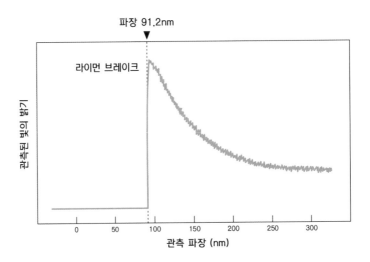

라이먼 브레이크를 나타낸 그래프

　실제로 관측되는 은하의 스펙트럼은 상당히 복잡하다. 은하는 수천억에서 수조 개에 이르는 아주 많은 별들이 한데 모여 있는 거대한 집단이다. 은하 속 별들은 모두 각기 다른 온도로 빛나고, 다양한 화학 성분을 머금고 있다. 은하가 내보내는 전체 빛의 스펙트럼은 여러 화학 성분이 방출하는 빛이 뒤섞여 있다. 게다가 아주 먼 거리에 떨어진 은하의 빛은 아주 극단적인 적색이동을 겪는다. 그렇지 않아도 복잡한 은하의 스펙트럼이 일제히 더 긴 파장 쪽으로 치우친 모습으로 관측된다.

　은하의 빛이 얼마나 적색이동을 겪었는지 파악하기 위해서는 복잡한 은하의 스펙트럼 속에서 각 흡수선들이 어떤 화학 성분에 의해 만들어진 흔적인지를 먼저 구분할 필요가 있다. 관측된 스펙트럼 속 흡수선이 보이는 파장 위치가 적색이동을 겪지 않았을 때의 파장 위치에서 얼마나 더 긴 파장 쪽으로 치우쳤는지를 비교해서 적색이동 정도를 파악한다. 이건 상당히 복잡한 계산이 필요하다.

　그에 비해 라이먼 브레이크는 적색이동을 훨씬 쉽게 파악할 수 있는 아주 유용한 방법이다. 사실상 우주 끝자락에서 극단적인 적색이동을 겪는 은하까지 거리를 구할 수 있는 거의 유일한 방법이다. 관측되는 은하의 스펙트럼 전체 형태에서 파장이 짧아지는 쪽으로 가면서 스펙트럼 형태가 갑자기 내려앉는 위치만 찾으면 된다. 스펙트럼의 절벽 구간만 발견하면 그곳이 바로 라이먼 브레이크의 위치라고 생각할 수 있다. 그 위치의 원래 파장은 91.2nm였어야 한다. 그런데 실제 관측되는 스펙트럼에서 절벽 구간이 어느 정도로 더 늘어진 파장에서 형성되는지와 비교하면 은하의 스펙트럼이 전

체적으로 얼마나 더 긴 파장 쪽으로 치우쳐 보이는지 적색이동의
정도를 알 수 있다.

특히 우주 끝자락의 아주 먼 은하들은 그 먼 거리만큼 아주 희미
하고 어둡게 보인다. 관측 환경이 아주 제한적이고, 관측 데이터의
퀄리티도 좋지 못하다. 오히려 이런 까다로운 조건에서 라이먼 브
레이크는 아주 유용하다. 가장 완벽한 은하의 스펙트럼을 그리기
위해서는 짧은 파장부터 긴 파장에 이르는 다양한 모든 파장에 걸
쳐 은하를 일일이 관측한 다음, 각 파장에서 은하가 얼마나 어둡고
밝게 보이는지를 모두 표현해야 한다.

이를 위해서 보통 천문학자들은 망원경에 프리즘과 같이 빛을 다
양한 파장 범위로 보여주는 분광 관측을 한다. 하지만 분광이라는
관측 방식은 은하의 빛을 다시 한 번 다양한 파장으로 퍼뜨려서 분
산시키는 방식으로, 태생적 한계가 있다. 그렇지 않아도 어두운 은
하의 빛을 또다시 다양한 파장으로 분산시키면 각 파장에 도달하는
빛은 아주 희미해지고, 노이즈가 더 많이 섞이기 때문이다. 그래서
분광 관측을 하려면 훨씬 더 긴 관측 시간과 정밀한 망원경이 필요
하다. 그만큼 비용도 더 많이 든다.

그에 비해 라이먼 브레이크는 특정한 파장에서 갑자기 스펙트럼
이 뚝 끊기고 내려앉는 현상이기 때문에 굳이 모든 파장에 대해서
세밀한 스펙트럼을 그릴 필요가 없다. 예를 들어 파장이 조금씩 다
른 세 가지 빛을 볼 수 있는 필터를 거쳐 은하의 빛을 담는 측광 관
측을 한다고 생각해보자. 셋 중에서 파장이 조금 더 긴 첫 번째, 두
번째 필터는 라이먼 브레이크가 만들어지는 구간보다 파장이 조금

더 긴 빛을 찍는다. 이 파장 범위에서 은하는 빛을 낸다. 그래서 첫 번째, 두 번째 필터로 찍은 사진 속에서 은하는 비교적 밝게 보인다.

반면 가장 파장이 짧은 세 번째 필터는 라이먼 브레이크가 만들어지는 구간보다 파장이 더 짧은 빛을 본다고 생각해보자. 은하는 이 정도로 짧은 파장의 빛은 아무것도 방출하지 못한다. 따라서 세 번째 필터로 찍은 사진 속에서 은하는 보이지 않는다. 라이먼 브레이크가 만들어지는 한계 파장보다 더 짧은 파장에서는 은하가 아무런 빛도 방출하지 않기 때문이다. 세 번째 필터를 장착한 망원경의 눈으로 보기에 은하는 아무 빛도 나오지 않는 깜깜한 암흑이다.

이 세 장의 사진을 통해 우리는 이 은하의 라이먼 브레이크가 대강 어느 정도 파장에서 형성되고 있는지를 추정할 수 있다. 라이먼 브레이크의 위치는 은하가 비교적 밝게 보이는 첫 번째, 두 번째 필터의 파장보다는 더 짧을 것이다. 반면 은하가 보이지 않는 세 번째 필터의 파장보다는 더 길 것이다. 그 사이에서 은하의 스펙트럼이 절벽처럼 뚝 끊기는 라이먼 브레이크가 있을 것이라고 추정할 수 있다.

라이먼 브레이크를 활용한 방법의 또 다른 장점은 애초에 라이먼 브레이크 자체가 파장이 아주 짧은 영역에서 형성된다는 점이다. 은하가 가만히 멈춰 있을 때, 즉 아무런 적색이동을 겪지 않을 때 라이먼 브레이크는 원래 파장이 극도로 짧은 자외선 영역에서 형성된다. 그래서 적색이동을 겪으면서 스펙트럼이 통째로 더 긴 파장으로 늘어지면 라이먼 브레이크가 보이는 위치도 똑같은 비율로 파장이 늘어지면서 가시광선 쪽으로 이동한다. 원래는 눈으로 볼 수 없을 정도로 아주 짧은 파장에서 형성되는 라이먼 브레이크가 극단적인 적색이동을 겪으면서 눈으로 볼 수 있는 가시광선 범위로 이동한다. 덕분에 가시광선을 관측하는 지상 망원경 관측만으로도 비교적 쉽게 라이먼 브레이크를 확인할 수 있다.

그런데 만약 라이먼 브레이크가 가시광선보다도 더 파장이 긴 적외선 영역에서까지 관측되고 있다면? 원래는 훨씬 파장이 짧은 자외선에서 보여야 할 라이먼 브레이크가 가시광선도 아니고, 적외선 영역에서 보인다는 것은 은하의 스펙트럼이 정말 말도 안 되게 아주 긴 파장 쪽으로 늘어져 있다는 것을 의미한다. 은하가 관측 가능한 우주 끝자락에 놓여 있어서 아주 극단적인 적색이동을 겪고 있다는 뜻이다.

이처럼 라이먼 브레이크는 우리가 빛을 통해 그 모습을 볼 수 있는 경계에 다다를 수 있게 해준다. 실제로 지금까지 발견된 가장 먼 은하의 기록을 연이어 갱신하고 있는 제임스 웹 우주 망원경이 최근 머나먼 은하를 포착하고 그 거리를 추정할 때 활용하는 방법이 바로 라이먼 브레이크다. 이처럼 아주 먼 거리에 떨어져 있어서, 극단적으로 긴 파장으로 치우친 라이먼 브레이크를 보이는 은하들을 **라이먼 브레이크 은하** LBG, Lyman Break Galaxy라고 한다. 현재까지 실제 관측을 통해 우주 끝자락 아주 먼 거리에서 그 존재가 확인된 은하의 기록 상위권은 전부 라이먼 브레이크 은하들이 차지하고 있다.

허블 우주 망원경은 빅뱅 직후 아주 오래전 존재했던 과거의 원시 은하를 찾는 **우주 구조 및 고대 심우주 외부 은하 탐사** Cosmic Assembly Near-infrared Deep Extragalactic Legacy Survey를 진행한다. 허블 우주 망원경 역사상 가장 거대한 규모의 프로젝트다. 이 장황한 프로젝트의 이름을 줄여서 CANDELS라고도 부른다. 마침 현대 천문학에서 거리를 재는 데 기준이 되는 천체를 표준 촛불로 부른다는 점에서 아주 탁월한 작명 센스다.

2015년 CANDELS를 통해 북쪽 하늘 큰곰자리 방향에서 아주 작게 보이는 희미한 얼룩을 하나 발견했다. 놀랍게도 은하였다. 얼룩에서 새어나오는 빛의 스펙트럼을 관측해보니 적색이동이 무려 11에 달하는 아주 먼 은하의 빛이었다. 라이먼 브레이크를 통해 극단적인 적색이동을 확인한 것이다. 이 은하는 GN z-11으로 부른다. 지금으로부터 134억 년 전, 빅뱅 이후 겨우 4억 년밖에 지나지 않았을 때의 모습을 간직하고 있다. 우주 팽창 효과를 고려하면 현재 이 은하까지 거리는 약 320억 광년에 달한다.

이 은하의 크기는 우리은하의 4분의 1 정도로 작다. 빅뱅 직후 갓 태어나기 시작한 어린 원시 은하이기 때문에 은하 속 별의 전체 질량을 다 합해도 우리은하의 겨우 1%에 불과하다. 사람도 어렸을 때 가장 성장 속도가 빠르다. 하루가 다르게 키가 쑥쑥 자란다. 반면 어른이 되면 더 이상 키는 자라지 않는다. 은하도 마찬가지다. 갓 태어난 어린 은하는 오늘날 존재하는 은하들에 비해 훨씬 역동적인 별 탄생 속도를 보인다. GN-z11은 우리은하에 비해서 거의 20배에 달하는 속도로 별들이 왕성하게 태어난다. 이처럼 폭발적으로 새로운 별들이 태어나는 은하들을 **스타버스트** Starburst 은하라고 부른다.

GN-z11 은하는 허블 우주 망원경이 이룩한 21세기 현대 천문학의 가장 머나먼 한계에 놓인 은하로 여겨졌다. 하지만 놀랍게도 이

2015년 허블 우주 망원경이 관측한 불규칙 은하 GN-z11.

것이 끝이 아니었다. 천문학자들은 계속해서 더 머나먼 우주 끝자
락에서 날아오는 희미한 빛을 담고 있다. 극단적인 적색이동을 겪
으면서 훨씬 긴 파장에서 형성된 라이먼 브레이크를 확인하면서 계
속해서 새로운 기록이 세워지고 있다.

2022년에는 지상과 우주의 망원경 총 네 가지가 동원되어 새로

342

운 기록이 세워졌다. 하와이 마우나케아에 위치한 일본의 스바루 망원경과 영국의 적외선 망원경 UKIRTUnited Kingdom Infrared Telescope, 칠레 파라날산에 위치한 가시광 및 적외선 천문학 탐사 망원경 VISTAVisible and Infrared Survey Telescope for Astronomy, 그리고 우주를 떠돌며 적외선을 보는 **스피처 우주 망원경**Spitzer Space Telescope으로 우주를 관측했다. 네 가지 망원경이 관측한 전체 시간을 모두 합하면 1,200시간에 달한다.

이 방대한 관측 데이터를 뒤진 천문학자들은 특히 파장이 긴 적외선 영역에서 밝게 보이는 천체 70만 개를 찾아냈고, 그중에서 유독 눈에 띄는 가장 극단적인 적색이동을 보이는 후보 두 개를 골라냈다. 조금 더 먼 HD 1 은하는 13.3에 달하는 적색이동을 보이고, HD 2 은하는 12.3 정도의 적색이동을 보인다. 둘 모두 앞선 허블 우주 망원경으로 발견했던 가장 먼 GN-z11의 기록을 넘어선다. 기존의 기록보다 1억 년 더 앞선, 더 이른 시기의 은하라는 뜻이다.

허블 우주 망원경의 뒤를 이어 가장 최근에 우주로 올라간 제임스 웹 우주 망원경도 마찬가지로 극단적인 적색이동을 보이는 우주 끝자락의 은하들을 발견해나가고 있다. 제임스 웹은 아주 머나먼 빅뱅 직후의 초기 우주에서 날아오는 빛을 관측한다. 이 정도로 먼 우주의 빛은 극단적인 적색이동을 겪으면서 가시광선을 넘어 더 파장이 긴 적외선으로 치우친다. 그래서 제임스 웹 우주 망원경은 적외선을 관측한다. 덕분에 허블 우주 망원경보다 더 극단적인 적색이동을 겪는 라이먼 브레이크 은하를 발견하고 있다.

제임스 웹 우주 망원경을 활용해 **고급 심우주 외부 은하 탐사** JWST

Advanced Deep Extragalactic Survey, 줄여서 JADES로 부르는 관측 프로젝트를 진행 중이다. 2024년 JADES 관측을 통해 적색이동이 무려 14.32에 달하는 새로운 은하 JADES-GS-z14-0를 발견했다. 이 정도면 우주의 역사가 시작되고 겨우 2억 9,000만 년밖에 지나지 않았을 때 존재한 태초의 은하라 볼 수 있다. 사진에 뿌연 얼룩으로 담긴 은하 JADES-GS-z14-0의 모습을 보면, 이 은하의 크기는 1,600광년으로 추정된다. 지름 10만 광년에 달하는 오늘날 우리은하에 비해 겨우 100분의 1 수준으로 아주 작다.

최근에는 더 놀라운 주장도 나왔다. 제임스 웹 우주 망원경의 관측 데이터 속에서 적색이동이 무려 20으로 의심되는 은하 후보들을 발견했다는 것이다. 이건 정말 엄청난 기록이다. 이 은하를 포착하는 데 성공했다는 것은 100m 달리기로 비유하자면 절대 깨질 수 없을 거라고 생각했던 9초 60의 벽을 우사인 볼트가 깨트린 것에 버금가는 충격이다. 이 주장이 정말 사실이라면 지금으로부터 137억 5,000만 년 전의 모습을 간직한 은하라는 뜻이다. 우주의 나이가 138억 년이므로 우주가 탄생하고 겨우 5,000만 년밖에 지나지 않았을 때의 모습을 간직한 은하일지 모른다. 천문학자들은 올림픽 선수 못지않게 계속 더 험난한 한계로 스스로를 몰아붙이며 매번 새로운 기록을 세우고 있다. 우리가 빛을 통해 추억할 수 있는 우주의 유년기는 조금씩 더 어려지고 있다.

천문학자들이 계속해서 우주의 유년 시절 추억을 캐내고 있는 이유는 우주의 과거를 통해 우주의 미래를 내다보기 위해서다. 미래를 알려면 과거부터 돌아봐야 한다는 역사의 불문율은 천문학에

JADES-GS-z14-0

제임스 웹 망원경이 발견한 우주 관측 사상 가장 오래되고 먼 은하 JADES-GS-z14-0.

도 똑같이 적용된다. 이 불문율은 어쩌면 인간의 역사보다 천문학에 더 적합한 규칙일지도 모른다. 역사 속에서 인간은 항상 논리적인 선택을 해온 것은 아니다. 인간의 불완전한 모습은 역사에 예측할 수 없는 사건을 불러오기도 한다. 그러나 인간과 달리 우주는 물리 법칙을 거스르지 않는다. 먼 과거부터 우주가 어떤 방식으로 흘러왔는지 알 수 있다면 그 흐름이 앞으로도 쭉 이어질 것이라고 기대할 수 있다.

18세기 프랑스의 수학자 피에르 시몽 라플라스는 현재가 과거의 결과이자, 미래의 원인이라고 정의했다. 한 방향으로 흘러가는 시간의 흐름 속에서 그 무엇도 벗어날 수 없는 인과율의 강력함을 선언했던 셈이다. 심지어 이 거대한 우주조차 인과율을 거스를 수 없다. 미래의 우주는 아직 실현되지 않은 상상의 대상이지만, 이미 흘러가버린 과거의 우주에 의해 이미 그 운명이 규정되었다고도 볼 수 있다. 우주가 어떤 과거를 거쳐왔는지 정확히 알 수만 있다면 앞으로 우주가 어떤 운명을 맞이할지도 알 수 있다.

흔히 사람들은 우주의 미래에 대한 예측이 불확실한 것은 미래가 갖고 있는 본성 때문이라고 이야기한다. 하지만 꼭 그렇지만은 않다. 우리가 우주의 미래를 정확히 내다보지 못하는 이유는 아직 우주의 과거도 정확히 추억하지 못하고 있기 때문이다. 여전히 우리가 파악한 우주의 과거는 빈 구멍이 많다.

하지만 이제는 허블 우주 망원경과 제임스 웹 우주 망원경을 비롯한 다양한 관측을 통해 우리가 추억할 수 있는 우주의 과거가 조금 더 선명해졌다. 덕분에 우주가 앞으로 수십억 년 뒤, 심지어 지금까

지 우주가 살아왔던 세월보다 더 긴 세월을 살고 나서 맞이하게 될
우주의 종말에 대해서까지 어렴풋하게나마 상상할 수 있게 되었다.
우주의 미래를 흐릿하게 보여주는 스포일러인 셈이다. 그 속에서
우리는 뜻밖의 장면을 맞이했다.

8장

별의 지도에서
미래를 내다보는
21세기 점성술사

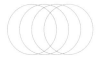

예고 없이 찾아오는 별의 폭발

어느 날 갑자기 하늘 위에 밝게 빛나는 보름달이 두 개나 등장했다고 생각해보자. 많은 사람이 넋을 잃고 하늘을 바라볼 것이다. 또 어떤 사람들은 서둘러 스마트폰을 꺼내서 그 놀라운 순간을 놓치지 않고 기록할 것이다. 그날 밤새도록, 아니 그 이후로도 며칠 내내 인스타그램과 유튜브, 온갖 소셜 미디어에서는 사람들이 포착한 두 개의 밝은 달 사진이 홍수처럼 쏟아질 것이다. 놀라운 광경을 직접 목격했을 때 그것을 생생하게 기록하고자 하는 욕망은 어쩌면 인간의 DNA에 오래전부터 각인되어 있던 순수한 본능일지도 모른다.

지금으로부터 5,000년 전에도 비슷한 일이 실제로 벌어졌다. 물론 당시에는 스마트폰은커녕 문자도 없는 기록 이전의 선사시대였다. 하지만 그럼에도 당시 고대인들은 하늘에서 벌어진 충격적인 장면을 최대한 생생하게 기록으로 남겼다.

인도 북부 카슈미르 지역에는 기원전 4,000년에서 기원전 2,000년 사이에 존재했던 것으로 추정되는 **부르자홈**Burzahom 선사 유적지가 있다. 이곳에서 고고학자들은 이상한 그림이 새겨진 돌멩이를 하나 발견했다. 원래 이 돌멩이는 기원전 2100년쯤에 지어진 것으로 추정되는 오래된 건축물의 벽에 파묻힌 모습으로 발견되었다. 발견되었을 당시에는 그림이 새겨진 면은 안쪽에 숨어 있었다. 그래서 아마 당시 고대인들은 돌멩이에 조상들이 남겨놓은 의미심장한 그림이 새겨져 있었다는 사실을 눈치채지 못하고 그대로 건축물을 짓는 데 사용했던 것으로 보인다.

돌멩이에는 사람과 동물들의 형체가 표현되어 있다. 가장 왼쪽에 화살을 든 사람이 있고 그 옆에는 긴 뿔이 달린 사슴으로 추정되는 동물의 그림이 그려져 있다. 가장 오른쪽에는 또 다른 사람이 한 손에 긴 창을 든 자세로 서 있고 오른쪽 위에는 작은 늑대나 강아지로 추정되는 또 다른 동물 그림이 그려져 있다.

이 그림에서 가장 흥미로운 부분은 그림 가장 위쪽에 표현된 두 개의 밝게 빛나는 물체다. 지구의 하늘에서 맨눈으로 봤을 때 가장 밝게 보이는 건 태양과 달이다. 이 둘은 문자가 있기 한참 전부터 인류의 역사 속에서 독보적인 위치를 차지해왔다. 태양과 달의 움직임은 곧 시간과 계절의 흐름을 보여주는 지표였고, 한 해 농사와 부족의 운명까지 결정짓는 미스터리하고 권위적인 존재로 여겨졌다. 자연스럽게 많은 유물 속에 태양과 달에 대한 경외심이 표현되었다.

그런데 부르자홈 유적지에서 발굴된 석조 그림 속 두 개의 밝은 물체를 단순히 태양과 달을 한꺼번에 표현한 것이라고 판단하기 어

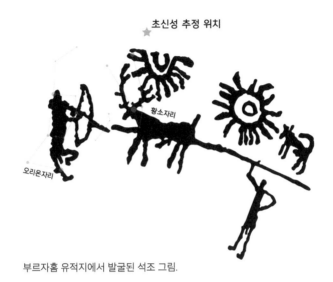

초신성 추정 위치

황소자리

오리온자리

부르자홈 유적지에서 발굴된 석조 그림.

려운 부분이 있다. 두 물체가 너무 가까이 붙어 있다. 물론 실제 하늘에서 태양과 달이 거의 비슷한 방향에 놓일 수 있다. 하지만 그런 경우 달은 맨눈으로 하늘을 봤을 때 밝게 빛나는 태양 빛에 파묻혀서 거의 보이지 않는다. 따라서 이 그림에서 표현하는 것처럼 비슷하게 밝게 빛나는 두 개의 물체로 표현했을 가능성은 높지 않다. 이 미스터리에 대해서 일부 고고학자들은 전혀 다른 가능성을 제기한다. 돌멩이에 표현된 밝은 물체 중 하나가 태양이나 달이 아니라 갑자기 하늘에 등장한 초신성이라는 것이다.

고고학자들은 돌멩이에 그려진 사냥꾼과 사슴 그림이 단순히 사냥을 하는 일상의 모습을 그린 것이 아니라 밤하늘의 별을 연결한 별자리를 표현한 것이라 추정했다. 흥미롭게도 돌멩이에 새겨진 그림을 겨울철 밤하늘 위에 얹으면 실제 별들의 위치와 잘 들어맞는다. 활을 들고 있는 사냥꾼의 모습은 오래전부터 밤하늘에서 사냥꾼과 관련된 설화로 전해져온 오리온자리와 연결된다. 그 옆에 긴 뿔이 달린 사슴으로 추정되는 그림은 오리온자리 바로 옆 황소자리를 이루는 별들의 배치와 잘 들어맞는다. 옆에 긴 창을 들고 있는 사람은 물고기자리를 이루는 별 일부로 표현할 수 있고, 작은 늑대 또는 강아지가 그려진 위치에는 안드로메다 은하가 놓인다.

돌멩이에 정말 겨울철 별자리들이 표현된 것이라면 이를 바탕으로 그림에 새겨진 밝게 빛나는 물체, 초신성이 어느 위치에서 목격되었을지 추정할 수 있다. 석조 그림을 그대로 밤하늘에 얹어보면 초신성은 황소자리 바로 옆에 붙어 있는 마차부자리 부근에서 폭발했던 것으로 추정된다. 고대 카슈미르 지역에서 살던 고대인들이 초신성 폭발을 목격했고 그 순간을 돌멩이에 기록했을 것이라는 가설이 입증되기 위해서는 그 위치에서 정말 비슷한 시기에 별이 폭발한 흔적이 있는지를 확인해봐야 한다.

흥미롭게도 정확히 마차부자리 방향에, 기원전 3600년경 별이 폭발하면서 남긴 것으로 추정되는 초신성 잔해 G160.9+2.6가 있다. 가시광으로 관측한 사진에서는 흐릿하게 보이지만 감마선과 엑스선으로 관측하면 훨씬 선명하게 사방으로 퍼지고 있는 가스 잔해를 확인할 수 있다. 감마선과 엑스선의 존재는 오래전 강력한 에너지를 토해내는 초신성 폭발이 벌어졌던 현장이라는 것을 보여주는 강력한 증거다.

이 초신성 잔해는 지구에서 약 2600광년 거리에 떨어져 있다. 이 자리에서 밝은 초신성이 폭발했다면 고대인들은 충분히 맨눈으로도 그 모습을 볼 수 있었을 가능성이 있다. 다만 아직은 정말 돌멩이에 기록된 것이 초신성이 맞다고 확신하기는 이르다. 아쉽게도 이 지역에서 천문 현상을 기록한 다른 유적은 하나도 발견되지 않았다.

만약 당시 카슈미르 지역에서 살던 고대인들이 별에 꾸준히 관심을 갖고 있었다면 긴 꼬리를 그리며 지나가는 혜성의 출현처럼 분명 맨눈으로도 충분히 볼 수 있는 경이로운 천문 현상에 대해서 다양한 그림을 남겼을 것이라 기대할 수 있다. 하지만 아쉽게도 아직 다른 유물은 발견되지 않았다. 하지만 아직 고고학자들은 이것이 당시 하늘에서 벌어진 눈부신 초신성의 등장을 기록하고 있는 인류 역사상 가장 오래된 별자리 지도일 것이라는 기대를 버리지 않고 있다.

미국 뉴멕시코주 서부 지역에 있는 **차코 캐니언** Chaco canion 유적지에도 또 다른 미스터리 그림이 남아 있다. 이곳에는 오늘날 미국 원주민들의 선조에 해당하는 고대 아나사지 원주민들이 9세기에서 13세기 사이에 살았던 흔적을 보여주는 **푸에블로 보니토** Pueblo bonito 유적지가 남아 있다. 이곳에 있는 6m 높이 절벽 구석에 흥미로운 세 가지 문양의 암각화가 남아 있다. 실물 크기의 손바닥, 초승달, 그리고 그 옆에 밝게 빛나는 별처럼 보이는 물체다. 실물 크기 손바닥 문양은 그림에 표현된 것이 무언가 신성한 존재를 나타내고 있다는 것을 암시한다.

아나사지 원주민 문명은 마을에 거대한 건물을 짓고 단체 생활을 했으며 대규모로 천문 현상과 관련된 다양한 의식을 치렀을 것으로 추정된다. 개기일식을 비롯한 태양과 달의 움직임뿐 아니라 예상치

고대 아나사지 원주민이 남긴 푸에블로 보니토 유적 암각화.

못하게 등장하는 혜성과 초신성도 절대 빼놓을 수 없는 주요 사건이었을 것이다.

특히 차코 캐니언에 머물렀던 아나사지 문명은 11세기에 절정에 이르렀는데 이 시기에 하늘에서도 특별한 사건이 벌어졌다. 그중에는 1054년 대낮에도 충분히 볼 수 있을 정도로 하늘을 밝혔던 초신성 폭발이 있다. 이 별의 실제 폭발은 기원전 5500년경에 벌어졌다. 하지만 별까지 거리가 6500광년 떨어져 있기 때문에 폭발 순간의 밝은 섬광은 실제 폭발이 있고 나서 6500년이 지난 1054년경 지구의 하늘에 도달했다. 이때 폭발한 초신성은 밤하늘에서 맨눈으로 봤을 때 태양과 달 다음으로 밝게 보이는 금성보다 10배나 더 밝게 빛났다. 폭발이 있고 나서 낮에는 23일 동안 볼 수 있었고, 밤에는 거의 2년 가까운 650여 일 동안 볼 수 있었다. 이 초신성은 황소자리 방향에서 폭발했다. 지금도 이 폭발의 거대한 잔해가 남아 있다. 그 모습이 마치 속을 다 긁어낸 게 딱지처럼 보인다고 해서 게 성운이라는 독특한 별명으로 불린다.

18세기 프랑스의 천문학자 샤를 메시에가 밤하늘에서 혜성을 찾는 과정에서 진짜 혜성과 헷갈리지 않기 위해 혜성이 아니지만 비슷하게 뿌연 가스 구름처럼 보이는 천체들의 목록을 따로 정리해두었는데 이것을 **메시에 카탈로그**Messier Catalogue라고 한다. 게 성운은 당당하게 메시에의 카탈로그에 제일 첫 번째로 이름을 올렸다. 그래서 메시에 목록의 첫 번째 천체라는 뜻에서 M1 성운으로도 불린다.

1054년 폭발이 벌어졌던 당시, 7월 5일경의 밤하늘을 재현해보면 실제로 게 성운이 위치하고 있는 황소자리 바로 옆에 초승달이 가까이 접근한다. 초승달은 초신성 폭발 지점에서 3도 이내의 아주 가까운 자리에 붙어 있었다. 암각화가 그려진 절벽을 등지고 서면 당시 초승달 바로 옆에서 초신성이 폭발하는 모습을 볼 수 있다.

맨눈으로 봤을 때 보이는 달 원반의 겉보기 크기는 대략 0.5도 정도다. 암각화에 표현된 초승달의 크기, 그리고 초신성으로 추정되는 별 문양의 크기를 비교해보면 이 그림은 1054년 당시 초신성이 처음 폭발하고 나서 서서히 빛이 어두워져가던 모습을 사실에 가깝게 표현한 것으로 볼 수 있다.

한편 초승달 그림 아래 절벽 바닥에 그려진 태양 문양을 보면 오른쪽으로 길게 흘러가는 모습이 함께 표현된 것을 볼 수 있다. 실제로 1054년 게 성운을 만든 초신성 폭발이 있고 나서 얼마 지나지 않

1054년 일어난 초신성 폭발의 잔해인 게 성운의 모습.

은 1066년에는 거대한 핼리 혜성이 지구 근처를 지나갔다. 혜성이 태양 쪽으로 다가가면서 혜성의 꼬리는 더 선명해졌을 것이다. 태양 문양 옆에 그려진 긴 꼬리의 형체는 전형적인 혜성의 모습을 떠올리게 한다. 물론 문자 기록이 전혀 남아 있지 않은 암각화이기 때문에 정말 이 그림 속에 초신성과 혜성이라는 두 번의 거대한 사건이 기록된 것인지 장담할 수는 없다.

　하지만 적어도 당시 11세기를 살아가던 원주민들의 머리 위에서 초신성 폭발과 대혜성이라는 보기 드문 천문 이벤트가 무려 두 번이나 연달아 벌어졌던 것은 확실하다. 분명 그들은 이해할 수 없는 하늘의 변칙 현상을 경이로움과 두려움 가득한 눈빛으로 바라봤을 것이다.

　우리은하 안에서 벌어진 초신성 폭발 중에서 맨눈으로 볼 수 있었던 가장 마지막 사건은 1604년에 있었다. 당시 초신성 폭발은 유럽뿐 아니라 중국과 일본, 그리고 우리나라의 기록에도 남아 있다. 동아시아에서는 초신성을 갑자기 예고도 없이 불쑥 찾아오는 손님과 같다는 뜻에서 손님 별, 객성이라고 불렀다. 《조선왕조실록》의 선조실록 178편에는 다음과 같은 기록이 남아 있다. **선조 37년 9월 21일, 미수로부터 10도, 북극성으로부터 110도의 위치에서 객성이 나타났다. 밝기는 목성보다 어둡고, 황적색이며 반짝였다.**

　태양계 행성들의 움직임 속에서 절묘한 수학적 조화를 찾아내고자 했던 17세기 독일의 천문학자 케플러도 당시 벌어진 초신성 폭발에 주목했다. 마침 당시 밤하늘에서는 초신성 폭발뿐 아니라 또 다른 흥미로운 현상이 함께 벌어지고 있었다. 1604년 10월 뱀주인자리와 궁수자리 부근의 밤하늘에서 화성, 목성, 토성, 무려 태양계 행성 세 개가 비슷한 방향에 모여 있는 것처럼 보이는 현상이 벌어졌다.

이 현상은 케플러를 비롯한 많은 천문학자들의 눈길을 사로잡았고 모두 세 행성이 가까이 만나는 순간을 관측했다. 그런데 정말 우연하게도 이 세 행성이 만나고 있던 위치 근처에서 1604년의 초신성이 폭발했다. 마침 모든 천문학자들의 눈이 집중되고 있던 타이밍에 운 좋게 초신성 폭발까지 벌어진 것이다.

케플러는 세 행성이 한 자리에 모여 있는 것이 특별한 기운을 만들어냈고 그 주변 밤하늘에서 새로운 별이 등장하는 마법을 불러일으켰다고 생각했다. 뛰어난 수학적 감각을 가진 천문학자이자 독실한 크리스천이었던 케플러는 한 발짝 더 나아가 오래전 동쪽 하늘에 밝게 등장하면서 세 명의 현인들을 베들레헴으로 이끌었다고 전해지는 전설 속의 별의 정체가 바로 자신이 목격한 초신성일지 모른다고 생각했다.

케플러는 자신의 경험을 바탕으로 밤하늘에서 태양계 행성들이 한 자리에 모이면 영험한 기운이 일어나 새로운 별의 등장으로 이어진다고 믿었다. 그래서 그는 성경에서 베들레헴의 별이 목격되었다고 이야기하는 시기 즈음에 정말 태양계 행성들이 비슷한 방향에서 겹쳐 보였던 적이 있는지를 추적했다. 태양계 행성들의 궤도와 그 움직임에 대해서 누구보다 수학적으로 깊이 이해하고 있던 케플러는 기원전 5~7년경 목성과 토성이 당시 동쪽 하늘에 걸려 있던 물고기자리 부근에서 아주 가까이 만난 적이 있었다는 사실을 확인

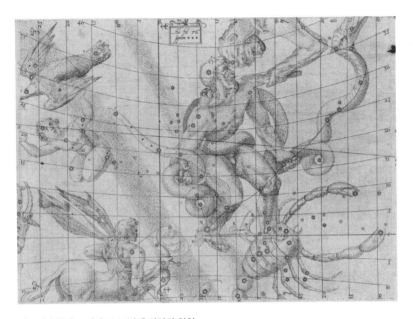

케플러의 책에 그려진 1604년 초신성의 위치.

했다. 그는 이 두 행성의 기운이 한데 모이면서 당시의 밤하늘에도 새로운 밝은 별이 등장하게 만들었고 베들레헴으로 향했던 동방박사들이 목격한 별의 정체가 바로 이것이라고 생각했다.

　물론 태양계 행성이 비슷한 방향에 겹쳐 보인다고 해서 그것이 생뚱맞게 수천 광년 거리에 떨어진 초신성 폭발을 일으킬 리 없다. 케플러의 상상은 지금의 관점에서 보면 전혀 말도 안 되는 추측일 뿐이었지만, 수학적으로 철저했던 천문학자조차 이런 과감한 상상을 펼치게 만들 정도로 초신성 폭발은 아주 매력적이고 동시에 자극적인 현상이었다. 케플러를 사로잡았던 초신성 폭발이 남긴 흔적은 지금도 빠르게 사방으로 퍼지고 있는 둥근 초신성 잔해의 모습으로 관측된다.

1604년 벌어졌던 초신성 폭발 이후 아직까지 400년 넘게 우리은하에서 별다른 초신성 폭발은 목격되지 않았다. 밤하늘에서 갑자기 밝은 섬광이 터지면서 모두의 눈을 사로잡는 놀라운 경험은 아쉽지만 수백 년 전 과거 인류의 경험담에만 머물러 있다.

초신성 폭발은 우주에서 벌어지는 가장 극단적인 현상이다. 별 하나의 폭발이지만 폭발 순간 분출되는 전체 에너지는 태양이 100억 년에 달하는 전체 수명 내내 방출하는 총 에너지에 맞먹는다. 언젠가 또다시 우리 머리 위에서 초신성 폭발이 일어난다면 그 광경은 여전히 현대 인류의 눈을 사로잡는 경이로운 모습일 것이다.

최근에 밝혀진 이야기에 따르면, 우리도 모르는 사이에 초신성 폭발이 근처에서 한 번 더 벌어진 적이 있었다. 찬드라 엑스선 우주 망원경은 궁수자리 방향 하늘에서 지름 1.3광년 크기로 둥글게 퍼져 있는 가스 구름의 흔적을 발견했다. 가스 구름이 퍼지는 속도를 보면 언제쯤 폭발이 벌어졌을지 알 수 있는데 그 시점은 대략 1890년에서 1910년 사이로 추정된다.

이때는 근대에서 현대로 넘어오는 시기로, 초창기 사진기술로도 충분히 그 장면을 포착할 수 있었을 것이다. 그런데 수백 년 전에도 초신성 폭발을 목격하고 절벽에까지 기록을 남겼던 인류가 왜 고작 100년 전에 벌어진 초신성 폭발에 대해선 알지 못했던 걸까? 아쉽게도 이 주변 영역은 너무 짙은 먼지 구름으로 가려져 있는 것으로 밝혀졌다. 이처럼 초신성 폭발 순간의 섬광이 대부분 구름에 가려진 탓에 지구의 하늘에서는 눈치채지 못했던 것으로 보인다.

별의 죽음을 가르는 경계

초신성은 별이 맞이할 수 있는 가장 장엄한 최후의 순간이다. 별이 아무리 거대하더라도 결국 질량은 유한하다. 별이 평생 동안 태울 수 있는 연료도 한계가 있다. 별이 중심에 품고 있는 연료가 고갈되면서 별의 불씨는 서서히 꺼져간다. 별의 중심은 아주 높은 온도와 압력으로 짓이겨져 있다.

수억 도에 달하는 높은 온도로 달궈진 원자들은 사실상 양성자와 전자로 분리되어 플라즈마 상태로 존재한다. 양성자는 전기적으로 +를 띤다. 그래서 평소라면 양성자들은 서로 밀어내는 전기적인 척력을 주고받는다. 그런데 별의 중심은 온도와 밀도가 너무 높기 때문에 양성자들은 아주 빠른 속도로 움직이며 서로 빈번하게 충돌한다. 그러면서 서로를 밀어내는 척력을 극복하고 더 무거운 입자로 붙어버린다. 따로 놀던 가벼운 원자핵들이 융합해서 더 무거운 원자핵으로 반죽되는 핵융합 반응이 벌어진다. 이 과정에서 별은 중심의 높은 온도를 유지한다. 그리고 별을 바깥으로 밀어내는 팽창 압력을 만들어낸다. 별은 이렇게 만들어진 팽창 압력으로 자신을 붕괴시키려고 하는 막강한 자체 중력을 견뎌낸다.

핵융합 반응이 계속 벌어지면서 중심에는 더욱 무거운 원자핵들이 찌꺼기처럼 쌓여간다. 별이 핵융합 반응으로 만들 수 있는 가장 무겁고 안정된 성분은 철이다. 철 원자핵이 별 중심에 지나치게 많이 쌓이게 되는 순간 별의 핵융합 엔진은 서서히 시동이 꺼진다. 그래서 철 원자핵이 억지로 융합되어 더 무거운 원자핵이 잠시 만들어지더라도 곧바로 다시 철 원자핵으로 붕괴되면서 돌아간다.

별 중심에 어느 정도 이상으로 무거운 철 찌꺼기만으로 뭉쳐진 핵이 쌓이게 되면 결국 별의 핵융합 엔진은 완전히 꺼진다. 내부의 온도도 빠르게 식어간다. 원래 별은 내부의 높은 온도로 인해 별을 바깥으로 밀어내는 팽창 압력으로 중력에 대항해 형태를 유지할 수 있었다. 그런데 순식간에 핵융합 엔진이 멈추면서 별을 바깥으로 밀어내는 압력은 사라지고 오롯이 중력만 작용한다. 별은 가장 외곽부터 중심까지 통째로 와르르 무너진다. 거의 자유낙하 수준으로 빠르게 추락한 별의 외곽 물질은 별의 중심에 닿자마자 다시 사방으로 튕겨날아간다. 바닥에 떨어진 공이 빠르게 튀어올라가는 것과 같다. 그 순간 벌어지는 일이 바로 초신성 폭발이다.

많은 사람들이 별의 폭발 과정에 대해 잘못 알고 있는데, 마치 수류탄이 터지듯이 별 내부의 강한 압력에 의해 폭발이 일어난다고 생각하는 것이다. 하지만 그렇지 않다. 실제로는 한 번 무너졌던 별이 다시 반동을 겪고 사방으로 흩어지는 과정이다. 우주에서 가장 밝은 섬광이 빛나기 전 한 번의 거대한 붕괴가 있어야 한다.

흔히 죽음은 예고 없이 찾아온다고 이야기한다. 하지만 별의 세계에서는 꼭 그렇지만은 않다. 별이 안정적으로 붕괴하지 않고 버틸 수 있는 임계점은 명확한 한계가 있다. 그 한계를 넘어가는 순간 별은 예외 없이 무너진다.

별이 언제 최후를 맞이하는지에 대한 해답은 1930년 인도 뭄바이를 떠나 영국으로 향하던 배 안에서 밝혀졌다. 영국의 식민 지배를 받고 있던 인도 출신의 수브라마니안 찬드라세카르는 어린 시절 인도의 수학자 라마누잔을 동경했다. 라마누잔은 젊은 시절 영국으로 건너가 케임브리지 대학교의 쟁쟁한 수학자들 사이에서 명성을 떨쳤다. 하지만 그는 아쉽게도 짧은 생을 살고 세상을 떠났다.

찬드라세카르는 라마누잔처럼 영국으로 건너가 그가 풀지 못한 수학과 우주의 비밀을 풀고 싶었다. 하지만 가족들이 반대했다. 특히 인도를 식민 지배하고 있던 영국에 대해 적개심을 갖고 있던 아버지의 반대가 심했다. 어머니의 건강까지 악화되면서 찬드라세카르는 영국 유학을 포기해야 할지 고민했다. 하지만 결국 그는 가족들을 뒤로한 채 인도를 떠나 영국으로의 긴 여정을 떠났다. 놀랍게도 찬드라세카르는 영국에 도착하기도 전에 이미 배 안에서 평생 최고의 업적을 발견했다.

그는 태양보다 무거운 별들이 어떤 방식으로 최후를 맞이할지 고민했다. 앞서 이야기했듯이 별에서는 크게 두 가지 힘이 아슬아슬한 힘겨루기를 하고 있다. 하나는 별 자체를 무너트리려고 하는 막강한 중력이다. 그리고 다른 하나는 내부의 뜨거운 온도로 인해 중력에 대항해 별을 바깥으로 팽창시키려고 하는 압력이다. 이 둘이 아슬아슬한 균형을 유지하면서 별은 더 이상 수축도, 팽창도 하지 않고 일정한 형태를 유지한다.

그런데 별 중심에서 핵융합 반응이 진행되면서 계속해서 더 무거운 원자핵 찌꺼기들이 쌓여가면 조금 다른 상황이 벌어진다. 별 중심에 지나치게 높은 밀도로 양성자와 전자들이 바글바글 모이게 된다. 그런데 양자역학적으로 하나의 원자핵 주변에 전자가 놓일 수 있는 자리는 지정석처럼 단 하나로 정해져 있다. 같은 자리에 두 개

이상의 전자가 놓일 수 없다. 만약 제한된 지정석의 수를 초과해 지나치게 많은 전자들이 모이게 된다면 어떻게 될까? 전자들은 먼저 비어 있는 지정석을 차지하기 위해 서로를 밀어낸다. 이처럼 지나치게 높은 밀도로 인해 더 이상 평화롭게 모여 있지 못하고 서로를 밀어내면서 발생하는 압력을 **축퇴압** degeneracy pressure이라고 한다.

단순하게 생각하면 중심에 연료가 모두 고갈되고 핵융합 엔진이 완전히 꺼지면 별 중심부는 더 이상 바깥으로 별을 밀어내는 팽창 압력을 만들어낼 수 없다. 따라서 오롯이 중력에 의해서 별 전체가 붕괴해야 한다. 하지만 지나치게 높은 밀도로 뭉쳐 있는 별의 중심에서 작용하는 축퇴압은 별의 붕괴 시기를 조금 더 미룰 수 있게 해준다.

비록 핵융합 엔진이 완전히 꺼져버린 내부에서는 더 이상 높은 온도를 유지하지 못해서 열에 의한 팽창 압력은 만들어내지 못하지만 원자핵 주변에서 자리 쟁탈전을 벌이며 서로를 밀어내는 전자들끼리의 축퇴압은 막강한 중력에 대해 조금 더 버틸 수 있는 여지를 준다. 하지만 축퇴압도 결국 한계가 있다. 별 중심에 지나치게 많은 찌꺼기들이 쌓이면서 더 강한 중력으로 짓누른다면 항복할 수밖에 없다.

영국으로 가던 배 안에서 찬드라세카르는 전자가 서로를 밀어내는 양자역학적인 효과를 고려했을 때 별의 중심부에서 발생되는 축퇴압으로 어느 정도의 중력까지 버틸 수 있을지를 계산했다. 그는 별 중심부에 더 이상 핵융합 연료가 되지 못하는 찌꺼기들의 질량이 태양 질량의 1.4배를 넘게 되면 결국 축퇴압으로도 버티지 못한 채 별 중심부가 순식간에 중력 붕괴를 할 수밖에 없다는 결과를 얻었다.

　다행히 별 중심에 남은 찌꺼기 덩어리 핵의 질량이 태양 질량의 1.4배를 넘지 않는다면, 그 덩어리는 완전한 붕괴는 피할 수 있다. 별 외곽은 빠르게 중심을 향해 한 차례 무너진 다음 사방으로 튕겨 날아가면서 주변에 폭발 잔해를 남기지만, 중심에는 완전히 붕괴되지는 않고 일부 살아남은 찌꺼기 덩어리가 남게 된다.

　물론 이렇게 남은 찌꺼기 덩어리에서는 더 이상 핵융합 반응은 일어나지 않는다. 따라서 더 이상 새로운 에너지를 만들면서 밝게 빛을 내지는 못한다. 다만 붕괴 직전까지 품고 있던 온기가 서서히 식어가면서 조금씩 빛을 잃어갈 뿐이다. 이 과정은 별 외곽의 두꺼운 껍질층이 모두 날아가고 중심에 품고 있던 작은 별의 씨앗만 드러나는 과정이다. 별 내부에 숨어 있던 속살이 그대로 노출된 것이기 때문에 표면 온도는 매우 뜨겁다. 하지만 순식간에 별 외곽층이 날아가면서 별의 전체 크기는 작아진 상태다. 그래서 이렇게 죽음을 맞이하고 별의 씨앗만 덩그러니 남게 된 상태를 높은 온도로 하얗게 빛나지만 크기가 작아서 어둡고 왜소한 별이라는 뜻에서 하얀 난쟁이, **백색왜성**White dwarf이라고 한다.

　붕괴 직후 중심에 남은 별의 찌꺼기 덩어리가 태양 질량의 1.4배보다 무겁다면 그 덩어리는 더 버티지 못하고 완벽하게 붕괴해버린다. 남은 찌꺼기 질량이 그보다 가볍다면 다행히 완전히 붕괴하지 않고 백색왜성으로 남은 삶을 살아간다. 별의 최후가 완전한 붕괴일지, 백색왜성으로서의 연명일지 그 운명을 가르는 이 질량의 한계를 **찬드라세카르 한계**Chandrasekhar limit라고 한다.

　별이 언제 죽음을 맞이하는지, 별들의 삶에서 저승사자가 기다
리고 있는 스틱스강의 경계가 어디서부터 시작하는지를 밝혀낸 공
로로 찬드라세카르는 1983년 노벨 물리학상의 주인공이 되었다.
1900년쯤 우리도 모르게 우리은하 중심 먼지 구름 속에서 폭발했던
초신성 폭발의 잔해를 뒤늦게 발견한 찬드라 엑스선 우주 망원경의
이름도 찬드라세카르의 이름에서 따온 것이다.

　백색왜성은 별이 맞이할 수 있는 가장 극단적인 최후는 아니다.
진화가 다 끝난 별의 중심에 남은 찌꺼기 덩어리가 찬드라세카르
한계를 넘어서 더 무거운 질량으로 뭉쳐 있다면 더 극적인 운명을
맞이할 수 있다. 백색왜성은 어쨌든 일반적인 양성자와 전자로 이
루어져 있다. 다만 이들이 높은 밀도로 짓이겨져 있을 뿐이다.

그런데 전자의 축퇴압조차 버티지 못할 정도로 더 육중한 중력으로 별의 중심이 압축된다면 어떨까? 그러면 양성자와 전자조차 따로 분리될 수 없게 된다. 전기적으로 +를 띠는 양성자와 -를 띠는 전자가 곤죽이 되어버린다. 양성자와 전자의 +극과 -극이 서로 상쇄되면서 사실상 전기적으로 아무런 극성을 띠지 않는 중성자로 반죽될 수 있다.

사실 중성자는 전기적으로 명확한 극성을 띠고 있는 양성자, 전자에 비해 검출하기 까다롭다. 그래서 중성자는 양성자, 전자에 비해 조금 더 늦은 1932년이 되어서야 존재가 확인되었다. 채드윅의 실험을 통해 중성자가 입증되고 난 이후 1년 만에 천문학자 프리츠 츠비키와 발터 바데는 재밌는 추측을 내놓았다. 양성자, 전자뿐 아니라 중성자라는 새로운 종류의 입자가 우주에 존재한다면 오직 중성자만으로 이루어진 별도 충분히 존재할 수 있지 않을까?

붕괴한 별의 중심부가 안정적인 백색왜성으로 버틸 수 있는 찬드라세카르 한계 질량을 넘어 더 무거운 질량을 갖고 있다면, 결국 양성자와 전자가 모두 중성자로 반죽되어버릴 수 있다. 별 전체가 통째로 중성자만으로 뭉쳐진 거대한 중성자 덩어리가 되는 것이다. 바로 이 극단적인 상태를 **중성자별** Neutron star이라고 한다.

학창 시절 빼곡한 주기율표를 외웠던 기억이 있는가? 수소는 1번, 헬륨은 2번, '수헬리벨붕탄질산플네…' 쭉 이어지는 원자 번호를 달달 암기했던 추억이 있을 것이다. 원자 번호는 각 원자핵을 이루는 양성자의 개수로 정의한다. 1번 수소는 원자핵이 양성자 하나만으로 이루어져 있다. 2번 헬륨 원자핵에는 양성자가 두 개 들어 있다.

참고로 원자핵은 양성자와 중성자로 이루어져 있다. 다만 중성자는 전기적인 극성이 없기 때문에 원자의 화학적 성질에는 거의 영향을 주지 않는다. 하지만 양성자와 비슷한 무거운 입자다 보니 중성자의 개수에 따라 원자핵의 질량만 달라진다. 양성자의 개수는 같지만 중성자의 개수가 다르면, 화학적 성질은 같지만 질량만 다른 동위원소가 된다.

중성자별은 양성자는 하나도 없고 오직 수많은 중성자만으로 이루어진 거대한 덩어리다. 따라서 원자 번호를 매긴다면 0번이다. 중성자별은 오직 중성자만으로 이루어진 아주 무겁고 거대한 원자 번호 0번 동위원소인 셈이다.

츠비키와 바데가 상상한 중성자만으로 이루어진 별이라는 개념은 물리학자 오펜하이머의 관심을 끌었다. 오펜하이머는 찬드라세카르와 마찬가지로 중성자만으로 이루어진 별이 얼마나 무거운 질량까지 완전히 붕괴하지 않고 버틸 수 있을지를 고민했다. 중성자도 전자와 마찬가지로 너무 높은 밀도로 모이게 되면 서로 밀어내는 축퇴압을 만들어낸다.

오펜하이머는 중성자끼리의 축퇴압을 고려해 중성자별로 존재할 수 있는 가장 무거운 질량의 한계를 계산했다. 당시 오펜하이머가 맨 처음 추정했던 한계 질량은 태양 질량의 75% 수준이었다. 붕괴하고 남은 별의 중심부 질량이 태양 질량의 75%보다 더 무겁다면 결국 그 별은 중성자별의 상태조차 버티지 못하고 완전히 붕괴할 것이라 생각했다.

이후 별의 빠른 자전과 자기장 등 다양한 요인을 추가로 고려하면서 이 수치는 조금씩 보정되었다. 오펜하이머가 함께 중성자별의 한계 질량을 연구했던 물리학자들의 이름을 따서 이 한계를 **톨먼-오펜하이머-볼코프 한계** TOV limit, Tolman–Oppenheimer–Volkoff limit라고 한다. 현재 알려져 있는 이 한계 질량은 태양 질량의 2.2배 정도다. 핵융합 엔진이 멈춘 별이 모든 붕괴를 마치고 이보다 더 무거운 찌꺼기를 중심에 남기면 결국 그 덩어리는 전자, 중성자의 축퇴압으로도 버티지 못한 채 막강한 중력에 굴복하며 한 점으로 붕괴해버린다. 바로 블랙홀이다.

제2차 세계대전 당시 오펜하이머는 원자 폭탄을 만들기 위해 비밀리에 진행되었던 맨해튼 프로젝트를 이끌었다. 이후 그는 자신의 손으로 인류 역사상 가장 끔찍한 살상 무기가 완성되었다는 사실에 크게 후회했다. 오펜하이머는 스스로를 죽음의 신이자 세상의 파괴자가 되었다고 이야기했다. 그런 그가 별의 죽음, 별이 파괴되는 가장 극단적인 최후에 대해 명쾌한 해답을 제시했다는 점은 결코 우연이 아닐 것이다.

사실 완벽하게 한 점으로 붕괴한 별의 최후를 블랙홀이라는 멋진 이름으로 부르기 시작한 건 꽤 최근이다. 1960년대까지 별다른 명칭이 없었다. 당시까지 이 천체는 단순히 극단적으로 완벽하게 중력 붕괴한 천체라는 뜻에서 **GCCO** Gravitationally Completely collapsed Object 라고 부를 뿐이었다.

천문학계에서 블랙홀이라는 이름이 어떻게 지어지게 된 것인지에 대해서는 여러 설이 전해진다. 한 가지 설에 따르면 1961년 텍사스에서 물리학자 로버트 디케가 당시까지 GCCO라는 약자로 불리던 천체에 대한 연구 결과를 발표하면서 블랙홀이라는 비유를 처음 사용했다는 이야기가 있다. 당시 디케는 모든 입자들이 극단적인 중력과 밀도로 뭉쳐 있는 천체의 상태를 설명하면서 청중의 이해를 돕기 위해 **캘커타의 블랙홀** Black Hole of Calcutta과 같은 상태였을 거라고 비유했다.

18세기 영국과 프랑스는 인도의 지배권을 두고 치열한 전쟁을 벌였다. 이 과정에서 1756년 뱅골 지역의 인도군 태수 시라지 웃 다울라는 영국인들이 자신의 자리에 위협이 된다고 판단해 영국의 동인도 회사 요새를 함락시키고 100여 명의 영국군 포로를 잡았다. 인도군은 확보한 140명의 영국군 포로를 캘커타 지역에 있는 겨우 4.3m × 5.5m밖에 안 되는 비좁은 독방 안에 감금했다. 하루 만에 갇혀 있던 포로 대부분이 질식과 탈수로 목숨을 잃었다. 끔찍한 밀집도로 포로가 잡혀 있던 당시의 감옥을 캘커타의 블랙홀이라고 한다.

이 사건의 진위에 대해서는 많은 논란이 남아 있다. 독방의 크기를 생각해보면 100명 넘는 사람들이 안에 갇혀 있는 것은 물리적으로 불가능해 보이기 때문이다. 일부 생존자들의 증언을 바탕으로 당시 역사학자들은 40명 정도의 포로가 갇혀 있었을 거라고 추정하기도 했다. 어쨌든 이후 영국은 이 사건을 빌미로 본격적인 인도 침공을 시작했고, 결국 인도의 지배권은 프랑스의 손을 떠나 영국으로 넘어가게 되었다.

블랙홀이라는 표현은 감옥을 뜻하는 단어였다. 디케는 극단적으로 높은 밀도로 입자들이 모여 있는 별의 최후를 설명하면서 끔찍한 감옥의 상황에 빗댄 것이다. 우주에서 가장 극단적인 별의 결말에 블랙홀이라는 이름이 처음 지어진 순간이었다.

공교롭게도 백색왜성과 중성자별, 그리고 블랙홀에 이르기까지 별의 죽음에 대한 연구는 모두 전쟁과 큰 연관이 있다. 영국의 식민 지배를 받고 있던 인도에서 태어난 천체물리학자는 백색왜성으로 존재할 수 있는 별의 죽음의 한계를 정의했고, 이후 백색왜성을 너머 더 극단적인 죽음을 맞이한 별의 최후에는 영국과 인도 사이에서 벌어진 전쟁 범죄 사건에서 영감을 받아 블랙홀이라는 이름이 지어졌다. 별의 최후, 별의 죽음을 이야기하는 모든 발견은 현대 인류사에서 가장 슬프고 암울했던 순간들과 함께한다.

별의 최후를 너머 우주의 최후를 향해

별은 최후의 순간 붕괴한다. 지나치게 강력한 스스로의 중력을 버티지 못하고 무너져버린다. 관습적으로 초신성 뒤에는 폭발이라는 단어가 따라오지만, 엄밀하게 보면 초신성은 단순한 폭발이 아닌 거대한 붕괴다. 오랫동안 천문학자들은 온 우주의 최후도 별 하나의 최후와 비슷한 운명을 맞이할 것이라 생각했다. 별이 결국 내부의 핵융합을 멈추고 더 이상 스스로의 중력을 버티지 못하게 되면서 붕괴하듯이, 우주 역시 결국 거세게 시공간을 부풀리던 팽창이 멈추고 다시 하나의 작은 점으로 붕괴하면서 사라질 것이라 예상한 것이다.

하늘 높이 공을 던지는 상상을 해보자. 처음에 빠른 속도로 날아간 공은 계속 위로 올라간다. 하지만 공은 무한히 올라가지 못한다.

보이지 않지만 공은 아래쪽으로 잡아당기는 중력의 작용을 받는다. 결국 어느 정도 높이에 올라간 공은 멈춘다. 그리고 다시 땅으로 빠르게 떨어지기 시작한다. 천문학자들은 우주의 운명도 비슷할 것으로 생각했다.

태초에는 빅뱅 순간의 여파로 인해 우주 시공간이 사방으로 빠르게 팽창한다. 하지만 우주에는 셀 수 없이 많은 은하들이 존재한다. 은하들은 모두 육중한 질량을 품은 채 서로 강한 중력을 주고받는다. 은하가 서로를 끌어당기는 중력은 우주 시공간의 팽창을 더디게 한다. 중력이 빠른 속도로 진행되는 우주 팽창을 서서히 멈추게 만드는 브레이크 역할을 하는 셈이다. 결국 어느 순간 우주 팽창은 멈추게 되고, 우주는 다시 수축을 시작할 수 있다.

우주 팽창이 얼마나 더뎌지고 있는지는 우주가 품고 있는 물질, 질량의 밀도에 따라 달라진다. 우주에 아주 높은 밀도로 물질이 채워져 있다면 물질끼리 서로 끌어당기는 중력은 더 강해진다. 결국 우주 팽창은 서서히 더뎌지고 어느 순간 팽창이 멈출 수 있다. 그리고 우주는 다시 하나의 작은 점으로 붕괴할 수 있다. 태초의 순간으로 되돌아가는 것이다. 지나치게 강력한 중력으로 인해 마치 초신성 폭발 직전의 별처럼 우주가 통째로 붕괴하는 운명을 빅 크런치Big Crunch라고 한다.

반대로 우주가 아주 희박한 밀도로 거의 텅 비어 있는 세계라면 전혀 다른 운명을 걸을 수 있다. 이때 우주 속 물질이 서로 끌어당기는 중력은 약해진다. 우주 팽창을 더디게 할 만큼 강하지 않다. 브레이크를 밟지 못하는 상황에서 비탈길을 따라 계속 빠르게 굴러내려가는 자동차의 운명과 같다. 비탈길이 끝없이 이어진다면 결국 자동차의 속도는 점점 걷잡을 수 없을 정도로 빨라진다. 마찬가지로 우주 팽창도 계속 더 빠르게 가속될 수 있다.

우주가 지나치게 빠른 속도로 팽창하게 된다면 더 이상 태양도 자신의 중력으로 주변 행성을 붙잡아놓을 수 없게 된다. 은하 속 별들도 모두 은하 바깥 우주 공간으로 뿔뿔이 흩어지고 은하도 해체된다. 심지어 우리 몸을 이루고 있는 원자들조차 서로의 결합력으로도 버티지 못한 채 산산조각이 날 수 있다. 우주의 모든 존재가 최소 단위로 쪼개지고 해체되는 것이다. 우주의 밀도가 희박할 때, 부족한 중력으로 인해 맞이하게 될지 모르는 이러한 우주의 슬픈 결말을 우주가 찢어진다는 뜻에서 **빅 립**Big Rip이라고 부른다.

우주의 운명도 별의 운명처럼 우주를 팽창시키려는 에너지, 그리고 우주를 수축시키려는 중력, 두 가지 힘의 균형을 통해 정해진다. 우주의 자체 중력은 곧 우주 속 물질의 밀도에 따라 달라진다. 우주의 운명은 10^{-29} g/cm^3 의 아주 작은 **임계 밀도**Critical density를 기준으로 갈라진다. 실제 우주의 평균 밀도가 임계 밀도보다 크다면, 우주는 결국 강한 중력으로 인해 팽창이 멈추고 한 점으로 수축하는 빅 크런치의 길을 걷는다. 실제 우주의 평균 밀도가 임계 밀도에 한참 못 미치는 더 희박한 수준이라면, 우주 팽창은 걷잡을 수 없는 수준으로 치달으며 빅 립의 길을 걷게 된다.

임계 밀도는 1m^{3}의 우주 공간 안에 겨우 수소 원자 여섯 개가 채워져 있는 수준이다. 사실상 거의 텅 비어 있는 밀도나 다름없다. 같은 부피 안에 수소 원자가 하나만 더 늘어나거나 줄어들어도 우주의 운명은 달라질 수 있다. 우주는 거대한 덩치에 어울리지 않게 꽤 연약한 세계다. 1990년대까지 천문학자들은 우주가 빅 크런치를 향해 나아갈 것이라 예상했다. 즉, 우주의 팽창은 서서히 느려지고 있을 것이라고 생각했던 것이다.

도로 위를 달리는 자동차가 브레이크를 밟으면서 느려지고 있는지, 액셀을 밟으면서 가속하는 중인지, 아니면 계속 일정한 속도로 달리고 있는지를 확인하려면 오랜 시간 자동차를 지켜보면서 속도의 변화를 확인해야 한다. 우주의 팽창도 마찬가지다. 우주 팽창률이 점점 느려지고 있는지, 빨라지고 있는지, 또는 일정하게 유지되고 있는지를 확인하기 위해서는 빅뱅 직후 과거부터 지금에 이르기까지 우주의 팽창 속도가 어떻게 달라져왔는지를 비교해야 한다. 과거의 우주를 보려면 더 먼 우주를 봐야 한다.

허블 우주 망원경이 우주에 올라갔던 1990년이 되기 전까지 대부분의 은하 관측은 오직 지상 망원경에 의존해야 했다. 우주 끝자락에서 날아오는 빅뱅 직후 원시 은하들의 희미한 빛은 볼 수 없었다. 거리가 너무 멀어서 평화로운 은하는 보기 어렵다. 그나마 은하 안에서 눈부신 초신성의 섬광이 새어나오는 곳이어야 겨우 볼 수 있다.

초신성은 별 하나가 맞이하는 가장 극단적인 최후다. 별 하나의 폭발이지만 가장 밝아지는 순간 최대 밝기는 무려 별들이 수천억, 수조 개가 모여 있는 은하 전체에 맞먹을 정도로 밝아진다. 덕분에 먼 우주에서 터지는 초신성도 포착할 수 있다. 은하 안에 속하지 않은 채 홀로 덩그러니 텅 빈 우주 공간을 떠돌던 별이 초신성 폭발을 하는 경우는 상상하기 어렵다. 초신성의 눈부신 섬광은 그 먼 거리에 숨어 있던 은하의 존재를 드러내는 조명탄이다. 나아가 초신성은 은하의 존재뿐 아니라 그 은하의 거리까지 유추할 수 있게 해주는 유일한 단서가 된다.

중성자별을 남기고 사라지는 별의 최후에 대한 개념을 다듬었던 바데와 츠비키는 1931년 흥미로운 가능성을 던졌다. 초신성 폭발이 우주의 거리를 재는 새로운 척도가 될 수 있다는 것이다. 별이 안정적인 백색왜성으로 버틸 수 있는 질량의 한계가 있다. 그 질량을 넘어서는 순간 별은 예외없이 곧바로 폭발한다. 별이 얼마나 밝게 빛날지, 별이 만들어내는 에너지는 별의 질량으로 결정된다.

결국 모든 별이 똑같은 한계 질량을 넘어서는 순간 초신성으로 폭발하는 것이라면 초신성이 가장 밝게 폭발하는 순간의 최대 밝기는 모두 비슷한 수준일 것이라 생각할 수 있다. 별들은 어떤 과거를 살아왔는지와 무관하게 모두 죽음의 순간 똑같은 모습으로 사라진다.

초신성이 폭발하면서 모두 동일한 최대 밝기에 도달하고 있다면 그것을 기준으로 멀리서 터지는 초신성까지의 거리를 가늠할 수 있다. 초신성 폭발의 섬광 자체가 새로운 표준 촛불이 되는 것이다. 게다가 초신성 폭발은 기존의 다른 표준 촛불에 비해 막강한 장점이 있다. 아주 밝기 때문에 먼 거리에서도 충분히 볼 수 있다. 초신성 폭발은 기존의 다른 표준 촛불로는 잴 수 없었던 머나먼 우주 끝자락까지의 거리를 잴 수 있는 새로운 도구가 될 수 있다.

초신성은 크게 두 가지 타입으로 분류한다. 초신성이 폭발하는 순간 빛의 스펙트럼을 분석했을 때 수소의 흔적이 보이는 경우를 I형으로 분류한다. 반면 수소의 흔적이 보이지 않는 경우를 II형으로 분류한다. I형 초신성은 백색왜성이 찬드라세카르 한계를 넘어 질량이 더 무거워졌을 때 폭발하는 초신성으로 추정된다.

이미 수소 핵융합과 헬륨 핵융합까지 모든 핵융합 반응이 완료된 상태다. 별의 중심부를 감싸고 있던 수소 껍질층도 진작 벗겨져 날아갔다. 그래서 이런 백색왜성이 폭발할 때는 수소의 흔적은 보이지 않는다. 백색왜성이 혼자가 아니라 옆에 다른 별과 함께 짝을 이루고 있다면 곁에서 물질이 유입되면서 한계 질량을 넘어 폭발할 수 있다.

우주의 절반 가까운 별들은 옆에 다른 별과 함께 쌍성을 이룬다. 쌍성을 이루는 두 별의 질량은 조금씩 다른 경우가 많다. 둘 중 더 무거운 별이 더 빠르게 진화하며 곧바로 백색왜성이 되지만, 그 사이 옆에 있는 가벼운 동반성은 아직 적색거성 단계에 머무를 수 있다.

적색거성은 아주 거대한 별이다. 적색거성 표면의 중력은 매우 약하다. 오히려 옆에 있는 높은 밀도의 백색왜성이 바깥으로 끌어당기는 중력이 더 강할 수 있다. 그래서 적색거성 표면의 물질이 서서히 백색왜성 쪽으로 흘러갈 수 있다. 먼저 핵융합 엔진이 모두 멈추고 그저 서서히 온기가 식어가던 백색왜성은 갑자기 옆에서 동반성으로부터 물질을 흡수하면서 질량을 불려나간다. 그러다가 찬드라세카르 한계를 넘어 질량이 더 무거워지는 순간 결국 한계를 버티지 못하고 별은 다시 한 번 급격한 붕괴를 경험한다.

질량 차이가 크지 않은 엇비슷한 두 별이 함께 쌍성을 이루고 있는 경우도 있다. 이 경우 백색왜성 두 개가 서로의 중력에 이끌려 충돌하면서 하나의 무거운 백색왜성 덩어리로 합체한다. 순식간에 찬

Ia형 초신성 폭발 상상도.

드라세카르 한계를 넘게 되고 마찬가지로 밝은 섬광을 토해내며 초
신성 폭발을 하게 된다.

　이처럼 쌍성을 이루고 있는 백색왜성이 질량이 무거워지면서 폭
발하는 경우를 특히 Ia형 초신성이라고 부른다. Ia형 초신성은 백색
왜성이 물리학적으로 정해진 한계 질량을 넘어서는 순간 폭발하는
현상으로 알려져 있다. 따라서 폭발이 가장 밝아지는 최대 밝기도 거
의 일정할 것이라 생각할 수 있다. Ia형 초신성의 최대 밝기는 태양의

NGC 4526 부근에서 발견된 Ia형 초신성.

50억 배에 달하는 에너지를 토해내며 절대등급 −19등급 정도로 추정한다. 최대 밝기가 일정할 것이라 가정할 수 있기 때문에 먼 거리에서 터지는 초신성까지의 거리를 재는 표준 촛불로 쓸 수 있다.

II형 초신성은 조금 다르다. 이들은 태양 질량의 8배 이상으로 아주 무거운 별이 홀로 진화하다가 한계를 버티지 못하고 중력 붕괴하면서 폭발하는 경우다. 그래서 이런 종류의 초신성을 **핵 붕괴 초신성**Core-collapsed supernova이라고 부르기도 한다.

백색왜성만 덩그러니 남아 있던 상태에서 바깥에서 물질이 추가로 유입되면서 폭발하는 Ia형 초신성과 달리, II형 초신성은 폭발 직전까지 별이 온전하게 존재하고 있다. 별 외곽의 두꺼운 수소 껍질 층이 별 중심부를 감싸고 있다. 그래서 II형 초신성이 폭발할 때 그 빛을 분석하면 별 외곽을 덮고 있던 수소의 흔적을 명확하게 확인할 수 있다.

우주에서 가장 밝은 초신성 폭발의 섬광을 표준 촛불로 쓸 수 있다는 아이디어는 아주 획기적이었다. 기존의 우주 지도 경계를 벗어나 훨씬 먼 거리까지도 지도를 그릴 수 있는 도구가 되기 때문이다. 하지만 초신성은 아주 드물게 벌어진다. 또 언제 어디에서 터질지 미리 예측할 수 없다. 초신성 관측은 데이터를 모으기 아주 까다롭다. 충분히 많은 초신성 관측 데이터를 쌓아서, 정말 모든 Ia형 초신성이 같은 밝기로 터지고 있는지를 확인하기까지 많은 시간이 필요했다.

1968년 천문학자 찰스 코왈은 Ia형 초신성 33개의 관측 데이터를 모았고, 이들의 밝기 변화를 비교했다. 모든 Ia형 초신성은 갑작스럽게 최대 밝기까지 솟아오른 이후 다시 완만하게 어두워진다. 코왈은 Ia형 초신성이 가장 밝아지는 순간 모두 비슷한 밝기에 도달한다는 사실을 확인했고, 이후부터 본격적으로 초신성의 섬광을 표준 촛불로 활용하는 시도가 이루어졌다.

표준 촛불 vs 표준화 가능한 촛불

초신성은 우주에서 벌어지는 가장 밝은 현상으로 먼 거리에서도 쉽게 볼 수 있다. 하지만 아이러니하게도 그 모습을 포착하는 것이 가장 까다로운 현상이기도 하다. 언제 어디에서 터질지 알 수 없기 때문이다. 특히 백색왜성이 한계 질량을 돌파하면서 폭발하는 Ia형 초신성은 아주 드물다. 일반적인 은하에서는 천 년에 겨우 두세 번의 Ia형 초신성 폭발이 일어난다.

수 세기 전 천문학자들은 예고없이 찾아오는 혜성을 보며 막연한 두려움을 느꼈다. 21세기 천문학자들은 우주 곳곳에서 갑작스럽게 나타났다가 사라지는 초신성들을 바라보며 과거의 천문학자들이 마주했을 당혹스러움을 똑같이 느끼고 있다. 천문학자들이 머나먼 우주에서 터지는 초신성의 섬광을 보기 위해선 지름만 수 m에 달하는 대형 망원경이 필요하다.

그런데 현실적으로 이런 대형 망원경은 관측하고 싶을 때 아무때나 무턱대고 사용할 수 없다. 짧게는 6개월 전부터 길게는 1년 전에 어느 쪽 하늘에서 어떤 천체를 관측할 예정인지 자세한 연구 제안서를 먼저 제출하고 미리 일정을 잡아야 한다. 6개월, 1년 전에 정확히 밤하늘의 어디에서 언제 초신성이 터질지 예측하는 건 불가능하다. 정말 운 좋게 배정받은 관측 일정 사이에 초신성 폭발이 벌어지더라도 또 다른 문제가 있다. Ia형 초신성 폭발의 섬광은 빠르게 사그라든다. 불꽃놀이처럼 최대 밝기에 도달하자마자 빠르게 밝기가 어두워진다. 초신성 폭발의 밝기가 변하는 것을 보여주는 **광도 곡선**Light curve을 보면 급격하게 밝아지면서 최대 밝기까지 올라간 직후 몇 주만에 빠르게 밝기가 어두워지면서 내려가는 것을 확인할 수 있다.

　그래서 폭발 순간을 포착했더라도 이미 때는 늦었다. 뒤늦게 망원경으로 초신성 폭발이 벌어진 방향을 겨냥해봤자 볼 수 있는 건 최대 밝기에 도달했다가 빠르게 꺼져가는 초신성의 불씨뿐이기 때문이다. 꺼져가는 불씨의 뒤꽁무니만 쫓아가면서 그 불씨가 가장 밝게 터졌을 때 어느 정도로 밝게 보였을지를 추정해야 한다. 그만큼 이 방법은 큰 오차가 있을 수밖에 없다.

　초신성들이 정말 모두 비슷한 최대 밝기에 도달하는지를 확인하고 유의미한 표준 촛불로 활용하기 위해서는 많은 데이터가 필요하다. 현대 천문학 분야에서 많은 부분을 순전히 운에만 맡겨야 하는 몇 안 되는 분야다. 말 그대로 하늘의 운, 천운이 따라 주어야 한다.

　1980년대 이후로 기존의 기록보다 훨씬 먼 거리에서 터지는 Ia형 초신성을 포착하기 위한 시도가 이어졌다. 덴마크의 천문학자 한스 뇌르고르-닐슨은 칠레 라시야산에 있는 지름 1.5m 크기의 망원경을 활용해서 2년에 걸친 초신성 사냥을 진행했다. 2년 동안 찾아낸 Ia형 초신성은 겨우 단 한 개로, 1988년 8월 9일 운 좋게 포착했다. 하지만 그마저도 이미 가장 밝아지는 정점을 찍고 몇 주가 지나서

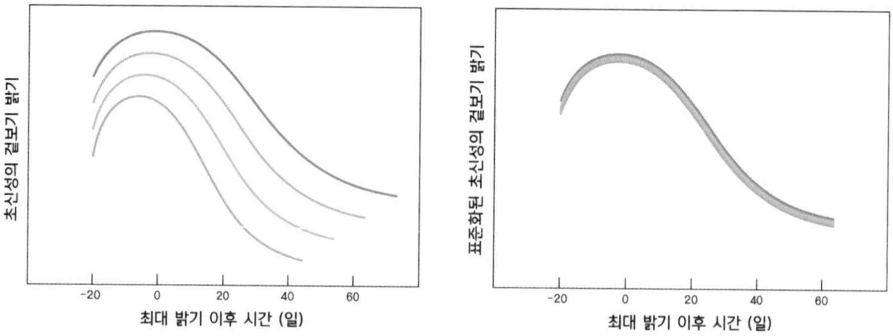

초신성 폭발의 밝기 변화를 보여주는 광도 곡선.

서서히 어두워지는 중이었다. 이 초신성은 지금으로부터 약 50억 년 전의 빛을 간직하고 있다. 한 달 만에 초신성은 빠르게 어두워졌고 망원경으로도 볼 수 없을 정도가 되었다.

결국 언제 어디에서 터질지 도무지 알 수 없는 초신성 폭발을 최대한 놓치지 않고 포착하기 위해서는 쉬지 않고 거의 모든 하늘을 하염없이 바라봐야 한다. 1990년대 북반구와 남반구 곳곳에 거대한 지상 망원경이 건설되고, 허블 우주 망원경이 올라가면서 비로소 천문학자들은 하늘에서 눈길을 떼지 않을 수 있게 되었다. 특히 한꺼번에 더 넓은 시야를 보면서 곳곳에서 터지는 초신성 폭발을 놓치지 않고 담기 위해서 화각을 넓힌 광시야 카메라들을 장착하기 시작했다.

천문대 시스템의 자동화도 큰 도움이 되었다. 밝은 섬광이 포착되면 곧바로 지구 곳곳에 설치된 천문대로 데이터가 공유되고, 최대한 서둘러서 빠르게 꺼져가는 초신성의 불씨를 따라간다. 천문학자 솔 펄머터는 미국 버클리와 하와이에 있는 **켁 망원경**Keck Telescope, 칠레 톨로로산에 있는 **쎄로 톨로로 미주 천문대**CTIO, Cerro Tololo Inter-American Observatory, 스페인 카나리아제도에 있는 **아이작 뉴턴 망원경** Issac Newton Telescope 등 다양한 지상 망원경을 동원해 매달 달빛의 방해 없이 가장 어두운 밤하늘을 볼 때마다 매번 똑같은 은하들을 관측하는 프로젝트를 이끌었다. 계속해서 매달 한 번씩 은하들을 관측하면 어느 순간 갑자기 한 달 전 사진에서는 보이지 않던 밝은 점 하나가 새롭게 찍힌 것을 확인할 수 있다. 한 달 사이에 폭발한 초신성의 섬광이 포착된 것이다.

펄머터는 이 체계적인 초신성 사냥을 통해 한 번에 최대 12개까지 초신성을 새롭게 발견할 수 있었다. 처음으로 오직 초신성 하나만을 사냥하기 위해 전 지구적인 협력이 이루어진 **초신성 우주론 프로젝트**SCP, Supernova Cosmology Project다. 펄머터의 초신성 사냥은 허블 우주 망원경의 관측 시간을 더 많이 확보할 수 있도록 해주었다. 초신성이 폭발한 직후, 곧바로 그 폭발 지점을 확인한 덕분에 허블 우주 망원경이 서둘러 어디를 겨냥해야 할지 알려줄 수 있었다. 경쟁이 치열한 허블 우주 망원경의 사용 시간을 더 많이 확보하면서 초신성 섬광의 정밀한 스펙트럼까지 얻을 수 있었다. 대대적인 초신성 사냥 프로젝트를 통해 펄머터는 거의 40개에 달하는 초신성 관측 데이터를 얻었다.

비슷한 시기에 호주의 또 다른 천문학자 브라이언 슈미트도 한꺼번에 더 많은 초신성을 사냥하기 위한 **고적색이동 초신성 탐색**High-Z Supernova Search을 개시했다. 이 두 번째 프로젝트는 원래 실험적인 파일럿 프로젝트였다. 1994년 당시 하버드 대학교에서 박사 후 연구원이었던 젊은 시절의 슈미트는 칠레 CTIO의 상주 천문학자 니콜라스 선체프와 함께 가장 먼 거리에서 새로운 Ia형 초신성을 찾는 시도를 하기 위한 관측 제안서를 제출했다.

이후 그들의 프로젝트에 세계 곳곳의 초신성 전문가들이 함께하기 시작했고, 칠레 톨로로산 꼭대기에 있는 지름 4m의 **빅토르 블랑코 망원경** Victor M. Blanco Telescope을 통해 적색이동이 0.9에 달하는 새로운 Ia형 초신성을 발견했다. 북반구의 펄머터, 남반구의 슈미트가 이끄는 프로젝트는 각자의 밤하늘에서 초신성 목록에 새로운 이름을 하나둘 추가하면서 아름다운 경쟁을 벌였다.

하지만 우주의 비밀을 풀기 위해서는 사방으로 뻥 뚫려 있는 밤하늘만큼이나 활짝 열린 마음이 필요하다. 우주는 너무 넓다. 그래서 혼자서는 그 비밀을 다 풀 수 없다. 최대한 많은 사람들의 손길과 머리가 모여야 한다. 펄머터의 SCP팀과 슈미트의 High-Z팀은 서로 협력하는 라이벌 관계를 유지했다. 실제로 날씨가 안 좋아서 관측 데이터를 모으지 못한 경우에는 서로의 관측 데이터를 공유하면서 분석을 도왔다. 그렇게 두 팀은 1997년 정밀한 분석을 마무리한 첫 일곱 개의 Ia형 초신성에 대한 관측 결과를 발표했다. 그리고 1년이 지난 1998년, 40개 가까운 Ia형 초신성들의 관측 데이터를 모았다.

충분히 많은 Ia형 초신성들의 관측 데이터가 쌓이면서 우주만큼 초신성도 굉장히 섬세하게 다뤄야 하는 존재라는 사실을 알게 되었다. 실제로 관측된 다양한 Ia형 초신성들의 밝기가 변하는 양상을 비교해보니, 가장 밝아지는 순간의 최고 밝기가 완벽하게 같지 않았다. 이건 Ia형 초신성을 표준 촛불로 활용하고자 할 때 중요한 문제다. 표준 촛불은 그 실제 밝기를 정확히 파악하는 것이 가능하다는 큰 믿음을 전제로 한다.

그런데 Ia형 초신성은 엄밀하게 봤을 때 그 최대 밝기가 일정하지만은 않다. 조금씩 차이가 있다. 이런 엉성한 기준을 표준 촛불로 삼는다면 거리의 추정치도 큰 오차를 가질 수밖에 없다. 그나마 다행히 Ia형 초신성의 최대 밝기는 나름의 규칙이 있었는데, 초신성마다 색깔이 조금씩 달랐다. 조금 더 붉게 보이는 초신성이 밝기도 더어둡다. 흥미롭게도 붉은 초신성 대부분은 원반이 아주 비스듬하게 기울어져서 밤하늘에서 거의 누워 있는 것처럼 보이는 은하에서 많이 발견된다. 이것은 은하 원반을 가득 채우고 있는 먼지의 영향 때문으로 추정된다. 먼지 구름은 파장이 짧은 빛을 흡수하고 더 긴 적외선에서 많은 빛을 방출하기 때문에 초신성을 더 붉은 쪽으로 치우쳐 보이게 만든다. 또 먼지 구름에 의해 초신성의 밝은 섬광이 가려지면서 어둡게 보이는 **소광**Extinction을 겪는다. 그래서 더 붉은 초신성은 최대 밝기도 더 어둡게 관측된다.

또 다른 흥미로운 경향이 있는데, 초신성의 최대 밝기가 얼마나 밝은지에 따라서 정점을 찍고 어두워지는 속도가 달라진다는 점이다. 최대 밝기가 어두운 초신성은 더 빠르게 빛을 잃는다. 반면 최대 밝기가 더 밝은 초신성은 조금 더 긴 시간에 걸쳐 천천히 빛을 잃는다. 이러한 차이는 밝기가 밝아지고 정점을 찍은 다음 다시 어두워지는 전체 과정을 한눈에 보여주는 초신성의 광도 곡선을 보면 쉽게 구분할 수 있다.

빠르게 불씨가 꺼져가는 어두운 초신성은 광도 곡선의 폭이 좁다.

잠깐 밝아졌다가 곧바로 며칠 만에 빠르게 어두워지면서 광도 곡선
이 다시 아래로 빠르게 내려간다. 반면 조금 더 오래 빛을 유지하며
천천히 어두워지는 더 밝은 초신성은 광도 곡선의 폭이 넓다. 더 긴
시간에 걸쳐 광도 곡선이 완전히 무너지지 않고 쭉 이어진다.

　결국 초신성이 가장 밝은 순간 정점의 밝기는 하나의 값으로 일
정한 게 아니라, 초신성의 색깔과 광도 곡선의 폭, 두 가지의 변수에
따라 조금씩 달라지는 꽤 복잡한 함수다. 초신성마다 먼지 구름에
빛이 가려지는 정도가 조금씩 다르고, 또 밝기가 사그라드는 속도
도 조금씩 다르다. 조금씩 다른 모든 초신성을 하나의 표준 촛불로
만들기 위해서는 각각의 색깔과 광도 곡선 폭을 반영한 보정을 거
쳐야 한다.

　만약 이러한 보정을 거칠 필요없는 이상적인 표준 촛불이었다면
아주 간단하게 관측한 Ia형 초신성의 겉보기 밝기, 그리고 이론적
으로 알고 있는 절대 밝기를 비교해서 곧바로 그 거리를 알 수 있다.
앞서 소개했던 거리 지수로 표현하면 간단하게 관측한 초신성의 겉
보기 등급에서 실제 절대 등급을 빼면 된다.

$$\mu = m - M$$

　그런데 실제로는 초신성들의 색깔과 광도 곡선의 폭에 따라 Ia형
초신성의 실제 밝기가 조금씩 다르다. 광도 곡선이 얼마나 천천히
사그라드는지 그 폭을 x로 표기한다. 초신성의 색깔은 c로 표기한
다. 다행히 초신성의 실제 밝기는 이 두 가지 변수에 따라 간단한 관

계를 갖는 것으로 알려져 있다. 약간의 오차가 있기는 하지만 간단한 일대일 비례 관계를 따른다. 광도 곡선의 폭 x가 넓어질수록 초신성은 더 밝고, 색깔 c가 붉을수록 초신성은 더 어둡다. 덕분에 비교적 간단한 비례 관계식으로 초신성의 실제 밝기를 보정할 수 있다. 그러면 다음과 같이 표현된다.

$$\mu = m - M + \alpha \cdot x - \beta \cdot c$$

위 식에서 α와 β는 각각 여러 초신성들의 관측 데이터를 통해 파악할 수 있는 간단한 비례 상수다. 이처럼 Ia형 초신성을 포착했다고 해서 무턱대고 절대 등급이 −19등급일 거라 가정하고 거리를 구하지는 않는다. 약간의 보정 과정을 거쳐 10% 이내의 오차로 실제 절대 등급을 유추한 다음 그것을 기준으로 거리를 구한다. 그래서 엄격한 천문학자들은 Ia형 초신성을 전통적인 의미에서의 표준 촛불이라고 부르는 대신, **표준화가 가능한 촛불** Standardizable Candle이라고 부른다. 객관적이고 공정한 표현이다.

우리 우주는 운이 좋았다

펄머터의 SCP팀과 슈미트의 High-Z팀은 적색이동이 0.5~1에 달하는 먼 거리에서 초신성 폭발을 포착했다. 우주의 나이가 지금의 절반 정도인 약 70억 년 전의 빛을 간직하고 있었다. 1998년 슈미트의 High-Z팀에서 초신성들의 관측 데이터를 분석한 천문학자 애덤

리스는 이 극단적인 적색이동을 겪고 있는 초신성들이 예상보다 훨씬 어둡고 희미하게 보인다는 놀라운 사실을 발견했다. 이것은 이 초신성을 품고 있는 은하들이 굉장히 먼 거리에 떨어져 있다는 것을 이야기한다.

원래 천문학자들은 우주가 빅뱅 직후부터 지금까지 오면서 서서히 팽창이 더뎌졌을 것이라고 생각했다. 만약 그렇다면 과거에서 현재로 오면서 우주의 팽창률은 점차 줄었어야 한다. 태초에는 우주가 빅뱅 직후의 여파로 인해 거세게 팽창하면서 은하들이 더 빠른 속도로 멀어졌겠지만, 점차 세월이 흐르면서 팽창은 더뎌졌을 것이고 이미 멀리 떠나가버린 태초의 은하들은 이제는 조금 더디게 멀어지고 있어야 한다.

그런데 리스는 극단적인 적색이동을 보이는 은하들이 이러한 예상을 뛰어넘어 더 먼 거리에 떨어져 있다는 사실을 발견했다. 이것은 우주 팽창이 점점 더뎌지기는커녕 오히려 현재로 올수록 더 빠르게 가속되었다는 것을 보여주는 놀라운 징후다. 우주 팽창이 더 가속되었기 때문에 오래전 이미 멀리 떠나가버린 태초의 은하들이 원래 놓여 있어야 할 거리를 훌쩍 넘어서 훨씬 더 먼 거리에 놓이게 된 것이다.

우주 팽창은 우주에 물질의 밀도가 얼마나 빽빽하게 채워져 있는지에 따라 달라진다. 20세기까지 천문학자들이 받아들였던 우주 모델을 그대로 고수해 우주가 사실상 텅 비어 있다고 가정해도 갈수록 거세져야 하는 우주 팽창을 설명할 수 없다. 이것은 그동안 별 문제가 없다고 생각했던 우주 모델 자체가 너무 지나치게 단순하고 투박한 모델이었다는 아주 당황스러운 결론을 제시한다. 우리 우주는 섬세하게 다뤄야 하는 존재일 뿐 아니라, 굉장히 복잡하고 까다로운 존재였던 것이다.

이 당황스러운 발견으로 인해 오래전 한 거장의 흑역사 정도로 취급되며 잠시 잊혔던 아이디어가 재조명되었다. 아인슈타인이 이야기했던 우주 상수다. 아인슈타인은 평생 우주가 수축도, 팽창도 하지 않는 정적인 고요한 세계일 거라고 믿었다. 아이러니하게도 우주 시공간을 수학적으로 가장 정확하게 묘사했던 아인슈타인의 방정식 자체는 분명 팽창할 수 있는 우주의 가능성을 품고 있었지만, 정작 그 방정식을 만든 장본인은 그 가능성을 부정했다. 그러면서 우주의 역동성을 잠재우기 위해 자신의 방정식에 작위적인 상수를 추가했다.

아인슈타인의 우주 상수는 우주 속 물질이 서로 중력으로 끌어당기면서 우주가 수축하고 붕괴하는 것을 강제로 막기 위해 중력에 반하는 일종의 반중력 역할을 한다. 하지만 슬라이퍼와 르메트르, 그리고 허블의 손을 거쳐 우리 주변 대부분의 은하들이 일제히 멀어지고 있으며 후퇴 속도가 거리에 비례해서 더 빨라진다는 사실이 밝혀졌다. 결국 아인슈타인은 자신의 오류를 인정했고, 우주 상수를 도입하면서까지 정적인 우주를 고집했던 것이 자신의 인생에서 가장 민망한 실수라고 후회했다. 그렇게 아인슈타인의 우주 상수는 그의 중력 방정식 끝에 잠시 추가되었다가 빠르게 사라졌다. 그리고 물리학계의 한 거장이 말년에 조금 끈질긴 고집을 부리면서 남긴 재밌는 스캔들 정도로 여겨졌다.

그런데 100억 광년 넘는 먼 거리에서 하나둘 포착되기 시작한 희미한 초신성들의 섬광은 아인슈타인의 우주 상수에 다시 빛을 비쳤다. 모두 예상치 못한 결과였다. 아마 아인슈타인 본인도 이런 일이 벌어질 거라 생각하지 못했을 것이다. 아인슈타인의 우주 상수는 중력의 반대 방향으로 오히려 우주 시공간을 더 빠르게 팽창시키는 에너지로 작용한다.

대대적인 초신성 사냥을 이끌었던 두 관측 팀의 데이터를 종합해보면, 분명 먼 거리에서 폭발한 초신성은 예상보다 훨씬 더 멀리 떨어져 있다. 과거에 비해 갈수록 우주가 더 빠르게 팽창하면서 원래 놓여 있을 거라고 생각했던 거리를 훌쩍 뛰어넘어 더 멀어져버렸기 때문이다. 즉, 우주 팽창은 이미 오래전부터 빠르게 가속 페달을 밟아왔던 것이다.

분명 우주에는 수많은 별과 은하가 있다. 우주를 채우고 있는 물질의 밀도가 0이 아니라는 사실은 너무나 당연하게 알 수 있다. 그런데도 우주가 가속 팽창을 하고 있다는 것은 서로를 끌어당기는 강력한 중력을 거슬러 우주 시공간을 더 부풀릴 수 있는 어떤 미지의 에너지가 작용하기 때문이라고밖에 볼 수 없다. 결국 관측되는 우주 현실을 설명하기 위해서는 아인슈타인의 우주 상수라는 비현실적인 가정을 필요로 하게 되었다. 현실이 더 비현실적이다. 다만 중력의 반대 방향으로 작용하는 이 미지의 에너지가 정확히 무엇인지는 아직 아무것도 모른다. 천문학자들은 과거 보이지 않는 미지의 중력 덩어리에게 암흑 물질이라는 이름을 붙였던 전통을 이어받아 이 미지의 에너지를 **암흑 에너지** Dark Energy라고 부른다.

아인슈타인 하면 가장 먼저 떠오르는 그 유명한 공식 E = mc²은 질량이 곧 에너지, 에너지가 곧 질량이라는 사실을 가리킨다. 질량과 에너지는 서로 형태만 다를 뿐 동일하다. 우주를 채우고 있는 수많은 별과 은하, 원자로 이루어진 바리온을 포함해서 더 많은 비중을 차지하고 있는 암흑 물질도 모두 질량을 갖고 있다.

아인슈타인의 공식에 따라 이 모든 질량을 에너지로 환산할 수 있는데, 이렇게 얻을 수 있는 질량의 에너지 밀도 Ω_m는 우주 전체의 30%에 불과하다. 암흑 에너지는 이런 질량으로 환산되는 에너지와는 근본적으로 다르다. 무엇으로 이루어져 있는지, 에너지의 기원이 무엇인지 아무것도 알지 못한다. 다만 한 가지는 확실하다. 관측으로 확인되는 우주의 가속 팽창을 설명하기 위해서는 암흑 에너지가 질량이 차지하는 것보다 훨씬 압도적으로 많은 비중을 차지하고 있어야 한다는 것이다. 암흑 에너지의 밀도 Ω_Λ는 우주 전체의 70%를 차지하는 것으로 보인다. 간단하게 수학적으로 표현하면 다음과 같다.

Ω_m = (질량 에너지 밀도) ÷ (우주 임계 밀도) = 0.3
Ω_Λ = (암흑 에너지 밀도) ÷ (우주 임계 밀도) = 0.7

결과적으로 100년 전 아인슈타인의 흑역사로 치부되었던 우주 상수는 오늘날 현대 우주론에서 암흑 에너지라는 더 그럴듯한 이름으로 새롭게 부활한 셈이다. 암흑 에너지는 처음으로 우주 상수라는 개념을 도입했던 아인슈타인의 표현 방식을 따라 그리스 알파벳 Λ로 표현하는 경우가 많다. 그래서 70%의 암흑 에너지와 30%의 암

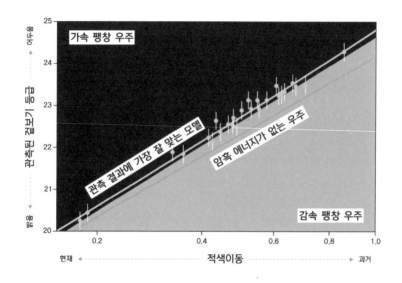

흑 물질로 이루어진 우주를 묘사하는 오늘날의 표준 우주 모델을 Λ -Cold Dark Matter ΛCDM라고 부른다.

펄머터, 슈미트, 그리고 리스 세 명의 천문학자는 대규모 초신성 관측을 통해 우주의 가속 팽창을 입증하고, 아인슈타인의 우주 상수에 암흑 에너지라는 새로운 멋진 이름을 붙일 수 있게 한 공로로 2011년 노벨 물리학상을 수상했다. 그리고 ΛCDM 모델은 우주의 진화를 가장 잘 설명하는 표준 모형으로 받아들여지고 있다. 오늘날 빅뱅 직후부터 현재까지 우주 거대 구조와 은하들이 만들어진 과정 을 아름답게 보여주는 거의 모든 초고해상도 슈퍼컴퓨터 시뮬레이 션들은 ΛCDM 모델을 기반으로 한다.

아쉽지만 암흑 에너지의 정체가 무엇인지에 대해서는 아직까지 밝혀진 것이 없다. 더 아쉬운 점은 현재까지는 암흑 에너지에 대해 천문학자가 제시할 수 있는 발견은 거의 한계에 다다른 것처럼 느껴진다는 점이다. 이제 암흑 에너지의 정체를 밝혀내는 일은 천문학자들만의 과제가 아니다. 실제로 실험 현장에서 거대한 입자 가속기와 같은 장치를 통해 미시 세계를 들여다보며 우주를 구성하는 가장 근본적인 요소를 찾아내기 위해 노력하는 실험 입자 물리학자들의 과제로 넘어갔다. 천문학자들의 관측은 분명 눈앞에 펼쳐진 우주를 설명하기 위해서는 중력에 반대되는 방향으로 작용하는 미지의 에너지가 있어야만 한다는 것을 보여준다.

암흑 에너지라는 난감한 가정의 필요성은 이제 대부분의 천문학자들이 동의하고 있다. 그리고 여기까지가 천문학자로서 해줄 수 있는 최선이다. 암흑 에너지의 기원과 메커니즘을 정확하게 규명하는 것은 이제 입자 물리학 분야의 새로운 발견에 기댈 수밖에 없는 상황이다.

한동안 암흑 에너지의 정체에 대해서 가장 유력한 후보로 거론된 것이 있다. 우주의 가속 팽창은 우주가 팽창하면 할수록 점점 더 거세진다. 우주가 팽창하면 부피는 늘어난다. 그렇다고 해서 새롭게 추가된 텅 빈 공간에 갑자기 새로운 물질이 생기지는 않기에 우주의 전체 질량은 변하지 않는다. 따라서 우주가 팽창하면 할수록 텅 빈 공간은 늘어나고 우주를 채우는 물질의 밀도는 더 옅어진다.

그런데 흥미롭게도 우주 팽창률은 더 빠르게 가속되는 중이다. 현재 관측되는 우주의 가속 팽창을 설명하려면 우주의 부피가 늘어나더라도 우주 속 암흑 에너지의 밀도는 계속 줄지 않고 일정하게 유지되고 있다는 전제가 있어야 한다. 이것은 정말 당황스럽다. 우주에 새로운 텅 빈 공간이 늘어나면 늘어날수록 그만큼 새로운 암흑 에너지가 추가되는 것처럼 작동하기 때문이다. 마치 텅 빈 공간 자체가 중력의 반대 방향으로 작용하면서 우주 팽창을 더 가속시키는 에너지를 품고 있기라도 한 것처럼 보인다.

놀랍게도 입자 물리학은 텅 빈 공간도 사실 완벽히 텅 비어 있지 않다고 설명한다. 겉으로 보기에 진공은 아무것도 없는 빈 공간처럼 보이지만 사실 그 안에 에너지가 내재해 있다는 얘기다. 이것을 **진공 에너지** Vacuum energy라고 한다.

당황스럽지만 헤아릴 수 없을 정도로 큰 우주 거시 세계의 비밀에 다가가기 위해서는 눈에 보이지 않을 정도로 작은 미시 세계를 들여다볼 필요가 있다. 양자역학에 따르면 우주에는 서로 대립하는 입자와 반입자가 있다.

두 입자는 다른 모든 특성은 똑같지만 전기적인 특성만 정반대다. 그래서 서로 만나면 둘 모두 소멸하며 에너지만 남기고 사라진다. 입자와 반입자 둘 모두의 질량이 온전하게 아인슈타인의 공식에 따라 에너지로 변환된다. 이러한 과정을 **쌍소멸** Pair annihilation이라고 한다. 반대의 과정도 가능하다. 에너지만 존재하고 있던 공간 속에서 갑자기 한 쌍의 입자와 반입자가 튀어나올 수도 있다. 이 과정을 **쌍생성** Pair production이라고 한다.

입자와 반입자의 상호작용은 눈깜짝 할 사이에 벌어진다. 아주 작은 양자 스케일로 보면 사실 텅 빈 공간에서도 수많은 입자와 반입자가 튀어나오고 사라지는 일이 반복되면서 미세한 요동이 끊임없이 들끓고 있다. 이러한 미시 세계의 카오스를 **양자 요동** Quantum

Fluctuation이라고 부른다. 진공은 겉으로 보기에는 평화롭고 고요하지만 사실 그 안에서 눈에 보이지 않는 혼돈이 벌어지고 있다. 그래서 진공은 그 부피에 해당하는 에너지를 머금을 수 있다. 이것이 진공 에너지가 작동하는 방식이다.

진공 에너지라는 개념은 한동안 암흑 에너지의 남은 비밀을 해결하는 열쇠가 될 것으로 기대되었다. 하지만 큰 문제가 있다. 양자역학에서 추정하는 진공 에너지의 메커니즘을 우주 전체 방대한 공간에 고스란히 적용하게 되면 우주는 너무 많은 진공 에너지를 품게 된다. 천문학자들의 초신성 관측 결과를 설명하기 위해 필요한 수준의 무려 10^{120}배나 더 많은 진공 에너지를 만든다. 0이 120개나 오는 어마어마한 숫자다. 우주는 이렇게 극단적으로 많은 진공 에너지까지는 요구하지 않는다.

만약 우주에 이렇게 많은 진공 에너지가 존재하고 모두 우주의 가속 팽창을 이끌고 있다면 우주에서는 그 어떤 것도 중력을 통해 형태를 유지할 수 없었을 것이다. 그랬다면 오늘날 우주의 어둠을 비추는 별과 은하들은 만들어지지도 못했다. 우주는 탄생하자마자 순식간에 빈틈없이 모든 구석구석이 다 찢어질 정도로 팽창하며 진작 빅 립의 결말을 맞이했을 것이다. 그런 우주였다면 아마 애거서 크리스티의 소설 제목처럼 '그리고 **아무도 없었다**'는 표현 말고는 달리 할 말이 없는 황량하고 짙은 어둠으로만 가득찬 모습이었을 것이다.

이 문제를 해결하기 위해 일부 물리학자들은 태초에 강력한 진공 에너지를 상쇄시키는 또 다른 미지의 에너지가 작동했을 것이라는 설명을 시도한다. 우주에는 항상 서로 반대되는 존재가 대칭적으로 존재하고 있다는 오래된 믿음에 기반한 추측이기도 하다. 이러한 설명이 사실이라면, 우주는 왜인지는 모르겠지만 빅뱅 직후 자신이 품고 있던 모든 진공 에너지들 중에서 정확히 10^{120}분의 1밖에 안 되는 극도로 미미한 일부만 남기고 모든 진공 에너지가 소멸되었어야 한다. 하지만 이건 너무 어색하다. 우주가 왜 하필이면 이 정도로 미미한 수준으로 아주 미세하게 대칭성이 깨져 있어야 했을까? 이건 마치 태초부터 우주가 특정한 조건에 맞춰져 세팅되어 있었다는 식으로까지 들린다.

이러한 문제는 우주의 탄생을 본격적으로 파헤칠 수 있는 현대 우주론이 오랫동안 천문학자들의 곁을 떠나지 않은 아주 고질적인 문제다. 우주의 힘과 에너지를 작동하게 하는 여러 기본 상수들과 변수들이 마치 처음부터 세밀하고 정교하게 조율된 채로 우주의 역사가 시작되었던 게 아닐까 하는 생각이 들 정도로 너무 조화롭게 느껴진다. 아직까지 천문학자들을 괴롭히고 있는 이 철학적인 질문을 **미세 조정 문제** Fine-tunning problem라고 한다.

천문학자들은 일종의 직업병을 갖고 있는데, 우주의 모든 것들을 최대한 무작위한 우연에 의한 결과로 치부하려는 경향이 그것이다. 처음부터 특별한 값으로 세팅된 채로 우주가 굴러왔다는 식의 설명에 대해서 대부분의 천문학자들은 태생적인 거부감을 갖고 있다. 다행히 끝없이 광막한 우주는 천문학자들의 석연치 않은 기분을 달래줄 만큼 아주 거대하다.

순전히 우연에 의해서 하필 정확히 지금의 수준으로 진공 에너지가 남으려면 아주 극단적으로 낮은 확률의 행운이 필요하다. 하지만 우주는 너무 거대하고 무한하다. 이런 무한함은 극도로 낮은 확률조차 결국 일어날 수밖에 없는 운명으로 만들어버릴 정도로 강력한 힘을 갖고 있다. 우리 우주는 특별하지 않다. 선택받은 세계가 아니다. 단지 운이 아주 많이 좋았을 뿐이다.

고작 코앞에 있는 달까지 거리도 정확히 알지 못해서 달을 향해 로켓을 쏘는 것도 두려워하며 조심스러워했던 인류는 이제 우주가 탄생하던 순간의 추억을 고스란히 간직하고 있는 빛을 따라가며 우주 끝자락의 거리도 잴 수 있는 존재가 되었다.

우리가 그릴 수 있는 우주 지도의 범위는 계속 확장되었고, 지도의 경계는 끊임없이 뒤로 물러났다. 비좁은 태양계가 전부였던 우리의 머리 위에는 이제 끝없는 미래를 향해 계속해서 더 거세게 팽창해나가고 있는 거대한 우주가 펼쳐져 있다.

밤하늘에서 담을 수 있는 빛은 전부 우주의 과거만 담고 있다. 하지만 우리는 지난 138억 년 간 이어진 우주의 과거를 통해 앞으로 우주에서 어떤 운명이 펼쳐지게 될지 내다본다. 수천 년 전 맑은 밤하늘 아래에서 하늘을 올려다보던 고대의 점성술사들은 하나하나 별을 연결하면서 그린 별자리를 보고 미래를 내다보려고 했다. 별을 사랑하는 그들의 마음은 훌륭했지만 방법은 옳지 못했다.

하지만 이제 21세기 천문학자들은 더 거대한 망원경의 눈으로 우주 끝자락의 희미한 빛까지 담고 있다. 나아가 빛으로는 자신의 존재를 드러내지 않는 암흑 물질과 암흑 에너지라는 미스터리한 망령을 뒤쫓고 있다. 눈앞에서 반짝이는 별과 은하들이 우주의 전부가 아니었다는 사실을 알아냈고, 그들이야말로 우주의 어둠 속 이면에 숨어서 우주의 운명을 실질적으로 좌우하고 있다는 사실도 알아냈다.

우리가 지금까지 파악한 바에 따르면 우주는 앞으로도 끝없이 계속 더 거세게 팽창해나갈 것이다. 결국 아주 먼 미래가 되면 우주의 모든 존재가 원자 단위로 산산조각나면서 해체되는 최후를 맞이할 것이다. 그 어떤 빛도 어둠을 비추지 않는 극한의 어둠이 채워진다. 그 어떤 빛도 생명을 비추지 않는 극도로 차가운 우주가 될 것이다.

다행히 한참 먼 미래의 이야기다. 하지만 분명한 건 아주 먼 미래 이러한 일이 언젠가는 벌어질 것이란 점이다. 단순히 당장 내일, 내년의 운명도 점치지 못해 두려움 속에 살아야 했던 인류는 이제 지금까지 우주가 살아왔던 전체 세월보다 더 오랜 시간을 기다려야 맞이할 수 있는 수백억 년 뒤의 미래까지 내다볼 수 있는 존재로 거듭나고 있다. 밤하늘을 빼곡하게 수놓은 별들의 지도를 한땀한땀 채워나가면서 미래를 내다보고자 했던 점성술사들의 전통이 오늘날까지도 이어지고 있다.

에필로그 끝나지 않은 거리 전쟁

은하들도 거리 두기를 한다

나무로 울창한 숲속에서 고개를 들어 위를 바라보면 신기한 풍경이 펼쳐진다. 마치 나뭇가지들이 서로 닿지 않으려고 일부러 약간의 간격을 두고 있는 듯한 모습이 눈에 들어온다. 이러한 현상을 나뭇가지 끝자락의 수관이 서로 수줍어하듯 거리 두기를 한다고 해서 **수관기피** Crown Shyness 현상이라고 부른다.

왜 이런 현상이 나타나는지에 대해서는 아직 식물학자들 사이에서도 이견이 있는 듯하다. 다만 몇 가지 유력한 가설이 있는데 그중 하나는 나무로 빽빽한 숲속에서 서로 다른 나무들의 방해를 받지 않고 최대한 햇빛을 골고루 받기 위해서 타협한 결과라는 가설이다. 또 다른 가설에 따르면 한 나무에서 다른 나무로 병충해가 쉽게 전파되는 것을 막기 위해 일부러 약간의 거리 두기를 하는 것이라는 해석도 있다.

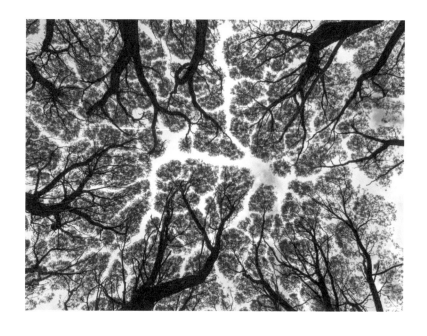

한동안 코로나 바이러스가 유행하던 때, 사람들이 적절한 거리를 두고 멀찍이 떨어져 다녔던 것처럼 나무들도 병충해를 극복하고 평화롭게 햇빛을 공유하기 위해 일종의 거리 두기를 하는 셈이다. 이러한 거리 두기는 숲을 너머 우주에서도 볼 수 있다. 우주에 분포하는 은하들의 지도를 그려보면 은하들은 마냥 무작위하게 아무렇게나 분포하지 않는다. 은하 두 개가 서로 일정한 거리를 두고 떨어져 있는 경우가 유독 많다. 그리고 이것은 우주의 지도를 더 정확하게 그릴 수 있는 놀라운 도구가 될 수 있다.

우선 간단하게 여의도 광장에 모여 있는 사람들의 경우를 생각해 보자. 코로나 바이러스가 유행하기 전 사람들은 무작위하게 아무렇게나 광장 곳곳에 서 있을 수 있다. 홀로 광장을 찾은 사람도 있고,

친구나 연인과 함께 둘이서 셋이서 온 사람도 있다.

광장에 모여 있는 사람들 중 임의로 둘을 뽑아서 그 둘 사이 거리가 어느 정도인지를 측정한다면 어떨까? 모두 랜덤하게 서 있기 때문에 그중에서 두 사람만 골라서 그 둘 사이 거리를 재면 랜덤한 분포가 나와야 할 것이다. 다만 통계적으로 서로 가까이 붙어 있는 두 사람이 뽑힐 확률이 가장 높다. 반면 아주 먼 거리를 두고 떨어져 있는 두 사람이 뽑힐 확률은 낮다. 그래서 임의로 두 사람을 뽑았을 때 그 둘 사이의 거리가 어떻게 분포하는지를 그려보면 짧은 거리로 떨어져 있는 경우의 빈도가 가장 높고, 점차 먼 거리로 떨어져 있는 경우의 빈도는 줄어든다.

이제 코로나 바이러스가 유행하면서 사람들이 모두 최소 2m 간격을 두고 거리 두기를 해야 하는 상황이 되었다고 생각해보자. 마찬가지로 이런 상황에서 다시 임의로 두 사람을 골라서 그 둘 사이의 거리가 어느 정도인지를 비교한다면 어떨까? 결과는 조금 달라진다. 우선 앞의 상황과 마찬가지로 통계적으로 가까이 붙어 있는 두 사람이 뽑힐 확률이 높다. 멀리 떨어져 있는 두 사람이 뽑힐 확률은 낮다.

그런데 대부분의 사람들이 주변으로부터 평균 2m 정도 거리를 두고 떨어져 있는 상황이라면 임의로 두 사람을 뽑았을 때 2m 정도 거리를 두고 있는 두 사람을 고르게 될 확률이 높아진다. 그래서 두 사람 사이 간격이 가장 가까운 경우부터 먼 경우까지, 둘 사이 거리에 따라서 그 빈도가 어떻게 달라지는지를 비교하면 거리 2m를 두고 떨어진 빈도가 살짝 볼록하게 올라가게 된다. 따라서 이것을 거

꾸로 활용해서 사람들이 평균 어느 정도의 거리를 두고 서로 떨어
져 있으려고 하는지도 알 수 있다.

겉으로 봤을 때는 광장에 사람들이 무작위하게 서 있는 것처럼 보
이더라도, 임의로 뽑은 두 사람 사이 거리를 통계적으로 비교해서
어느 정도 거리를 두고 있는 경우의 빈도가 조금 더 높게 나타나는
지만 보면 된다.

흥미롭게도 이러한 현상이 우주에 분포하는 은하들의 경우에도
정확히 똑같이 일어난다. 우주에 있는 셀 수 없이 많은 은하들 중
에서 임의로 은하 두 개를 고른 다음 그 두 은하가 어느 정도 거리
를 두고 떨어져 있는지를 비교하면, 유독 특정한 간격을 두고 떨어
져 있는 은하 한 쌍이 선택되는 경우가 더 많다. 이처럼 우주에서 임
의로 은하 두 개를 골라서 그 둘 사이 거리를 비교하는 것을 **관계 함
수**Correlation function라고 한다.

광장에 모여 있는 사람들에게 했던 것과 마찬가지로 우주 속 은
하들을 대상으로 만든 관계 함수의 형태를 보면, 아주 짧은 거리를
두고 떨어져 있는 은하 한 쌍이 선택되는 경우가 가장 흔하고, 아주
먼 거리를 두고 떨어진 은하 한 쌍이 선택되는 경우는 빈도가 줄어
든다.

그런데 유독 1억 5,000만 pc(150 Mpc), 4억 9,000만 광년 정도에
해당하는 거리를 두고 떨어져 있는 은하 두 개가 선택되는 빈도가
살짝 올라간다. 이것은 앞서 광장에 모인 사람들의 예를 들었던 것
처럼 실제로 우주에 있는 은하들이 유독 4억 9,000만 광년이라는
특정한 거리를 두고 떨어져 있는 경우가 많기 때문이다. 은하들은

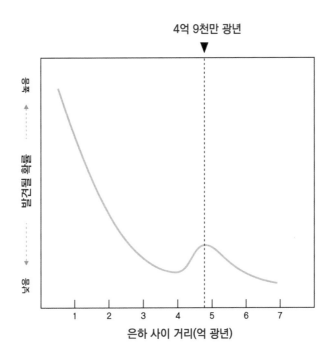

우주에 아무렇게나 분포하지 않는다. 4억 9,000만 광년이라는 특정한 간격으로 서로 거리 두기를 하고 있다.

오늘날 우주의 수많은 은하가 만들어질 수 있었던 건 태초에 우주에 존재했던 아주 미세한 양자 요동 덕분이다. 빅뱅 직후 태초의 우주는 완벽하게 균일하지 않았다. 어떤 곳은 주변보다 살짝 밀도가 높거나 낮았다. 마치 테이블 위에 쌀알을 흩뿌렸을 때와 비슷하다. 쌀알은 절대 완벽하게 고른 밀도로 분포하지 않는다. 어떤 곳은 조금 더 쌀알이 옹기종기 모여 있고 또 어떤 부분은 조금 더 흩어져 있다. 태초의 우주에 만들어진 이런 밀도의 불균일함은 굉장히 미세한 수준이었다. 기껏해야 10만 분의 1 수준이다. 태초에 존재했던 이런 아주 작은 스케일의 밀도 차이를 양자 요동 또는 **밀도 요동**Density fluctuaion이라고 한다.

하찮게 느껴지는 이런 미미한 차이는 우주의 모양을 결정짓는 씨앗이 되었다. 주변에 비해 살짝 더 밀도가 높은 영역은 주변보다 중력이 조금 더 강하다. 그래서 조금씩 더 많은 물질을 끌어당긴다. 계속해서 중력은 더 강해지고 더 빠르게 물질이 모여든다. 반면 주변에 비해 살짝 밀도가 낮았던 영역은 주변보다 중력이 약하다. 그래서 밀도가 조금 더 높은 주변으로 물질을 계속해서 빼앗기면서 결국 텅 빈 공간이 만들어진다.

우주 속 은하들이 분포하는 모습을 지도로 그려보면 은하들이 마치 복잡하게 얽혀 있는 그물처럼 길게 이어져 있는 모습을 볼 수 있다. 이것을 **우주 거대 구조**LSS, Large scale structure라고 하는데, 그중에서 유독 주변에 비해 은하의 밀도가 아주 낮은 텅 빈 거대한 구멍처럼 보이는 구역이 있다. 이것을 우주 거대 구조의 **보이드**Void라고 한다. 태초의 우주에서 어디가 밀도가 더 높고 낮을지는 지극히 무작위로 결정된다.

운 좋게 우연히 밀도가 높았던 영역은 주변의 더 많은 물질을 끌어모으면서 거대한 은하단을 만들지만, 운 나쁘게 처음부터 밀도가 낮았던 영역은 결국 은하도 없는 거대하게 텅 빈 보이드로 남는다. 태초의 우주에 우연하게 만들어진 밀도의 차이에서 비롯된 우주적인 빈익빈 부익부 현상인 셈이다. 그래서 처음부터 밀도가 조금 더 높았던 영역을 우주 거대 구조, **은하의 씨앗**Seed of galaxies이라고 부른다. 구름 속을 떠다니는 입자를 응결핵으로 삼아서 더 커다란 얼음 결정이 성장하는 것처럼 138억 년 전 지극히 운에 의해 결정된 은하의 씨앗을 중심으로 오늘날 우주를 채우고 있는 수많은 은하들이 빚어졌다.

은하의 씨앗이 은하로 싹을 틔우는 동안 우주도 가만있지 않았다. 우주 시공간은 계속 빠르게 팽창했고, 우주의 부피가 늘어나면서 우주가 품고 있는 입자들의 밀도도 빠르게 낮아졌다.

이 과정에서 또 다른 흥미로운 일이 벌어졌다. 우주를 구성하는 물질은 두 가지로 구분한다. 하나는 우리에게 익숙한 원자로 이루어져 있으며 빛과 상호작용하는 일반 물질 바리온이다. 다른 하나는 빛과 아무런 상호작용을 하지 않고 오직 중력에만 반응하는 암흑 물질이다. 빅뱅 직후의 초기 우주는 아주 높은 밀도로 뭉쳐 있었다. 오늘날 우주 전체가 품고 있는 막대한 질량과 에너지가 아주 좁은 부피 안에 모여 있었다. 그만큼 온도도 매우 뜨거웠다. 태초의 우주는 너무나 높은 온도와 밀도로 모든 바리온이 뒤엉켜 끓고 있는 입자들의 수프와 같은 상태였다. 심지어 바리온의 밀도가 너무 높아서 빛조차 자유를 만끽할 수 없었다. 빛이 조금만 퍼지려고 하면 금방 다른 입자에게 가로막혔다. 태초의 우주는 통째로 짙은 입자들의 안개로 채워져 있던 셈이다.

그래서 빅뱅 직후 한동안 우주에는 빛과 바리온이 분리되지 못한 채 서로 뒤엉켜 있었다. 우주가 탄생하고 38만 년 정도가 지나면서 상황이 달라졌다. 우주가 팽창하면서 부피가 늘어났고, 빛이 숨을 쉴 수 있는 틈이 열리기 시작했다. 극단적으로 들끓고 있던 입자들의 밀도가 옅어졌다. 그 틈을 비집고 드디어 빛이 우주 전역으로 퍼져나가기 시작했다. 하나로 뒤엉켜 있던 바리온과 빛이 **분리**Decouple 된 순간이다. 천문학자들은 이 시기가 처음으로 우주에 빛이 퍼지기 시작하면서 **태초의 빛**The First Light이 탄생한 시점이라고 이야기한다.

빅뱅 직후 38만 년이 지나기 전까지는 바리온과 빛은 사실상 하나였다. 태초의 우주에서 우연히 주변보다 밀도가 높았던 지점을 중심으로 은하들이 빚어진다. 그리고 이러한 지점들을 중심으로 사방으로 둥글게 빛이 퍼져나갔다. 바리온도 빛과 함께 뒤엉킨 채 함께 사방으로 둥글게 퍼졌다.

그러다가 우주의 나이가 38만 년을 지나면서 비로소 빛과 바리온이 분리되었다. 빛과 뒤엉켜서 억지로 퍼져나가던 바리온은 그 자리에서 멈춘다. 바리온으로부터 분리된 빛만 홀로 자유를 만끽하면서 계속 사방으로 둥글게 퍼져나간다. 이 모습은 마치 잔잔한 수면 위에 돌멩이를 하나 던졌을 때 물결이 사방으로 둥글게 퍼져나가는 것과 비슷하다.

이처럼 태초의 우주에서 우연히 밀도가 높았던 지점을 중심으로 퍼져나간 바리온의 파문이 마치 스피커 바깥으로 둥글게 퍼지는 소리의 파동과 비슷하다고 해서 이를 **바리온 음향 진동**BAO, Baryon Acoustic Oscillation이라고 한다.

이런 일들이 벌어지는 사이, 암흑 물질은 전혀 다른 길을 걷는다. 암흑 물질은 빛을 신경쓰지 않는다. 처음부터 빛과 아무런 상호작용을 하지 않는 유령같은 존재다. 덕분에 암흑 물질은 태초부터 주변보다 밀도가 더 높았던 지점으로 빠르게 모여들었다. 이로 인해 빅뱅 이후 암흑 물질과 바리온의 밀도 분포는 조금 어긋나게 된다. 암흑 물질은 태초부터 밀도가 높았던 지점을 중심으로 중력에만 이끌려서 뭉쳤지만, 빛과 뒤엉켜서 억지로 사방으로 퍼져야 했던 바리온은 그 지점을 중심으로 주변에 둥글게 퍼지게 된다.

시간이 흐르고 우주의 나이가 38만 년을 넘기면서 우주 전체는 평균 3,000℃ 이하의 온도로 빠르게 식었다. 우주가 충분히 식으면서 드디어 빛과 완벽하게 분리된 바리온은 더 이상 빛에 끌려가지 않게 되었고, 그 순간 머물고 있던 위치에 그대로 멈췄다. 말 그대로 빛과 바리온이 분리되던 바로 그 순간 분포하고 있던 그 모습 그대로 바리온의 분포가 얼어붙었다고 할 수 있다.

이제 우주에는 주변보다 물질의 밀도가 조금 더 높은 지점을 크게 두 가지로 정의할 수 있다. 우선 태초부터 원래 주변보다 밀도가 살짝 높았고, 꾸준히 암흑 물질이 모여들면서 높은 밀도를 유지하게 된 지점이 있다. 그리고 그 지점을 중심으로 주변에 둥글게 바리온의 분포가 밀집된 영역이 있다. 이 두 번째 영역은 원래 가장 밀도가 높은 지점을 중심으로 주변에 일정한 거리를 두고 둥근 구 껍질 모양으로 형성된다.

결과적으로 빛과 바리온이 모두 분리된 이후 우주에서 주로 어디에 물질이 많이 밀집되는지를 그려보면, 맨 처음부터 밀도가 살짝 높았던 지점에서 첫 번째 봉우리를 그리고 그로부터 일정 거리를 두고 벗어난 구 껍질 모양의 벽을 따라서 두 번째 작은 봉우리를 그린다.

이렇게 주변보다 물질이 조금 더 많이 밀집되어 있는 곳을 중심으로 다시 사방에서 물질이 모여들고 은하가 빚어졌다. 바로 이 두 번째 봉우리가 형성되는 지점이 가운데 지점으로부터 정확히 150

Mpc, 약 4억 9,000만 광년 거리를 두고 떨어져 있다. 앞서 우주에서 임의로 은하 두 개를 골라서 그 둘 사이 거리를 비교했을 때 유독 높은 빈도로 발견되는 거리에 해당한다. 우주에서 은하들이 특정한 거리를 두고 서로 떨어져서 분포하는 경향을 보인다는 점은 오래전 아주 높은 밀도와 온도로 들끓던 우주가 팽창하면서 빛과 물질이 분리되고, 지금의 모습을 이루게 되었다는 것을 설명하는 빅뱅 이론의 대서사시의 강력한 증거다.

BAO는 우주의 거리를 재는 중요한 척도가 될 수 있다. 임의로 고른 두 은하들이 서로 떨어져 있으려고 하는 가장 선호하는 거리가 어느 정도인지를 정확하게 알 수 있기 때문이다.

만약 거리를 알지 못하는 먼 은하들을 대규모로 관측한 다음 그 은하들 사이 거리가 어떻게 분포하는지 통계를 낸다면, 마찬가지로 유독 두 은하들이 특정한 거리를 두고 떨어진 경우가 높은 빈도로 발견될 것이다. 그렇게 파악할 수 있는 두 은하 사이의 거리는 BAO로 정의되는 4억 9,000만 광년일 것이다. 다만 거리가 멀기 때문에 밤하늘에서 보이는 겉보기 크기는 훨씬 작게 보인다. 이론적으로 알 수 있는 4억 9,000만 광년에 달하는 BAO의 스케일과 밤하늘에서 보이는 겉보기 크기를 비교하면 실제로 그 구조까지 거리가 어느 정도 떨어져 있는지를 알 수 있다.

앞서 소개했던 세페이드 변광성과 Ia형 초신성은 거리와 무관하게 해당 천체의 실제 밝기를 따로 알아낸 다음 그것을 겉보기 밝기에 비교해서 거리를 구하는 도구였다. 그래서 표준 촛불이라고 부른다. 반면 BAO는 절대 밝기가 아니라 절대 크기를 활용해서 거리를 구하는 척도다. 그래서 BAO를 **표준 잣대**Standard ruler라고 부른다.

미국의 자동차 기업 제너럴 모터스의 CEO 알프레드 슬론은 자연 과학 분야에도 지대한 관심을 갖고 있었다. 그래서 다양한 과학 분야에 전폭적인 지원을 아끼지 않았는데, 2000년에는 천문학 분야가 슬론 재단의 선택을 받았다. 덕분에 천문학자들은 미국 뉴멕시코에 위치한 지름 2.5m의 전용 망원경을 동원해서 밤하늘 전역에 대한 방대한 우주 지도를 그리는 작업을 시작했다.

25년째 우주의 지도를 그리는 작업은 계속 이어지는 중이다. 역사상 가장 방대한 우주 지도 그리기 프로젝트 중 하나로 손꼽히는 **슬론 디지털 전천 탐사**SDSS, Sloan Digital Sky Survey다. 해마다 크고 작은 업데이트들이 있었는데, 2014년에는 6년 동안 우주 끝자락의 훨씬 먼 은하까지 지도를 확장시키는 프로젝트가 이루어졌다. 특히 이 추가 프로젝트는 우주 곳곳의 은하들의 분포를 입체적으로 파악해서 훨씬 더 먼 거리에서까지 BAO를 확인하는 것을 목표로 했다. 이 프로젝트를 **확장된 바리온 진동 분광 탐사**eBOSS, Extended Baryon Oscillation Spectroscopic Survey라고 한다.

eBOSS 프로젝트를 통해 천문학자들은 지금으로부터 100억 년 전에 이르는 아주 먼 우주에 대해서까지 19만 5,000개가 넘는 은하들의 정밀한 입체 지도를 그렸다. 그리고 기존에 비해 더 먼 우주에 대해서까지 표준 잣대인 BAO를 활용해서 정교한 거리를 구할 수 있었다. eBOSS 팀은 우주가 여전히 과거에 비해 점점 더 거세게 가속 팽창을 하고 있다는 사실을 재확인했다.

BAO를 활용해서 우주의 지도를 그리는 방법은 기존의 세페이드

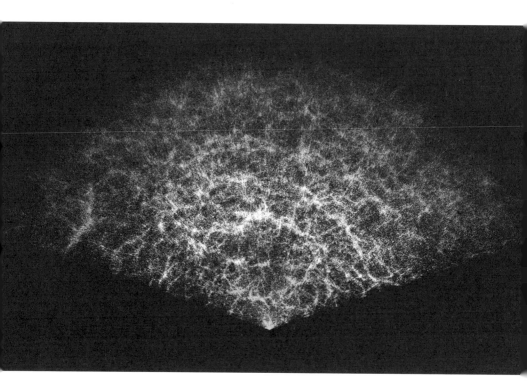

암흑 에너지 분광기(DESI) 조사 첫 해에 수집된 은하의 3D 지도 한 부분.

변광성이나 Ia형 초신성과 달리, 천체의 밝기가 아닌 물리적 스케일을 척도로 지도를 그린다는 점에서 뚜렷한 차이가 있다. 기존의 방식과 독립된 새로운 방법으로 확인해봐도 우주 팽창은 아직까지는 가속되고 있는 것처럼 보인다. 적어도 아직까지는 우리 우주를 이해하기 위해 당최 정체를 알 수 없는 암흑 물질과 암흑 에너지가 모두 필요하다. 적어도 아직까지는 말이다.

하나의 우주, 두 개의 팽창, 우주가 보여주는 불협화음

우리는 비좁은 지구에 갇혀 있다. 우주를 모두 느끼기에는 턱없이 부족하다. 하지만 천문학자들은 직접 다다를 수 없는 먼 곳까지의 거리를 헤아릴 수 있는 여러 방법을 개발해왔다. 지금까지 소개한 다양한 노하우들은 지구에 발이 묶인 상태에서 거대한 우주를 온전하게 느끼고자 발버둥쳤던 천문학자들의 고민의 결과라 할 수 있다.

우주에서 가장 빠른 건 빛이다. 그래서 지구 바로 근처 달 정도의 거리라면 빛을 쏴서 거리를 잴 수 있다. 태양계 바깥으로 벗어나면 골치가 아파지기 시작한다. 그나마 거리가 멀지 않은 가까운 별에 대해서는 태양을 중심으로 공전하는 지구 자체의 움직임을 활용할 수 있다. 지구 위에 올라탄 채 주변 별들을 보면 밤하늘에서 별들이 보이는 겉보기 위치는 주기적으로 달라진다. 이 노하우를 통해 수학적으로 꽤 정확하게 별까지 거리를 가늠할 수 있었고, 은하수의 지도를 채워나갔다.

우리은하를 아예 벗어나는 더 먼 우주로 지도를 넓히기 위해서는 조금 더 특별한 방법이 필요하다. 대표적으로 세페이드 변광성이나 Ia형 초신성처럼 거리와 무관하게 따로 그 실제 밝기를 유추할 수 있는 표준 촛불을 활용한다. 관측 가능한 우주 끝자락에 걸쳐 있는 극단적으로 먼 은하의 거리를 재기 위해 우주 팽창과 함께 빛이 얼마나 길게 늘어져 보이는지를 활용하기도 한다.

이처럼 천문학자들이 사용하는 거리 측정 방식은 그 대상까지의 거리 규모에 따라 구분된다. 가까운 천체에 더 유용한 방식이 따로 있고, 훨씬 멀리 떨어진 천체에만 사용할 수 있는 방식도 따로 있다. 각기 다른 방식으로 거리를 구한 다음 그 결과를 한데 모아 채워지고 있는 방대한 우주의 지도는 마치 각기 다른 음역대를 연주하는 악기들이 한데 어우러져 아름다운 하모니를 완성하는 오케스트라처럼 느껴진다.

비교적 가까운 거리를 재는 데 유용한 시차나 세페이드 변광성이 낮은 음역대를 연주하는 악기라면, 초신성이나 라이먼 브레이크는 훨씬 더 음역대가 높은 음을 연주하는 악기라고 볼 수 있다. 음역대가 다른 여러 악기들이 조화를 이루기 위해서는 공연이 시작되기 전에 미리 음을 조율해야 한다. 똑같은 음을 연주했을 때 두 악기 모두 정확히 같은 음색의 소리를 내는지 점검해야 한다. 마찬가지로 우주의 거리를 재는 과정에서도 이러한 조율 과정은 아주 중요하다. 천문학자들은 비교적 가까운 거리에 있어서 거리를 정확히 알 수 있는 별에서부터 시작해, 차츰차츰 더 먼 별까지 거리를 재면서 거리 측정 방식의 눈금을 조율한다.

예를 들면 이런 식이다. 우선 시차를 활용해서 가까운 별에 대해 정확한 거리를 구한다. 마침 그중에는 세페이드 변광성인 별들도 있다. 그 변광성들은 굳이 레빗의 법칙을 활용하지 않아도 정확한 거리를 알 수 있다. 이러한 변광성들만 갖고 레빗의 법칙을 더 정교하게 조율한다. 그다음 새롭게 조율된 레빗의 법칙을 활용해서, 이제는 거리가 너무 멀어서 시차만으로는 거리를 알 수 없는 변광성에 대해서까지 다시 거리를 구한다. 변광성을 품고 있는 은하들 중에는 마침 Ia형 초신성 폭발이 벌어지는 곳들도 있다. 초신성은 변광성에 비해서는 아주 세심한 보정이 필요한 까다로운 표준 촛불이다. 그래서 변광성으로 구한 거리에 비해서 오차가 크다.

그런데 초신성을 품고 있는 은하들 중에서 마침 변광성도 있어서 더 정확한 거리를 알 수 있다면, 우선 변광성만으로 더 정확한 거리를 구한 다음 그것을 기준으로 초신성을 활용한 거리 측정법의 눈금을 또 조율할 수 있다.

이런 식으로 한 단계씩 밟아가면서 조금씩 더 먼 우주까지 적용하는 거리 측정법을 조율하는데, 천문학에서는 이러한 철학을 **거리 사다리**Distance Ladder라고 한다. 한 걸음씩 순서대로 단계를 밟아가면서 더 먼 우주로 나아가는 사다리라는 뜻이다. 현대 천문학에서 우주의 스케일을 파악하고 우주의 지도를 그릴 때 가장 근간이 되는 핵심 철학이다.

1990년 우주로 올라간 허블 우주 망원경에게 맡겨진 가장 중요한 임무 중 하나는 우주의 팽창률을 대변하는 허블 상수를 더 정확하게 측정하는 것이었다. 기존에 비해 훨씬 더 먼 은하까지의 거리를 측정하고, 이를 통해 더 적은 오차로 허블 상수와 우주의 나이를 재는 것이 가장 중요한 과제였다. 지금까지 허블 우주 망원경은 2% 안팎의 아주 작은 오차로 허블 상수를 73km/s/Mpc 정도로 추정했다. 1Mpc 정도(약 326만 광년) 거리에 떨어진 은하가 시속 26만 4,000km의 속도로 멀어지는 것처럼 보인다는 뜻이다.

그런데 우주의 팽창률, 허블 상수를 유추하는 또 다른 방법이 있다. 우주의 평균 온도를 재는 것이다. 앞서 설명했듯이 빅뱅 직후 우주는 극단적으로 높은 온도와 밀도로 뭉쳐 있었다. 우주가 팽창하면서 우주 전역에 열기가 골고루 퍼졌고 우주의 온도도 빠르게 식었다. 빅뱅 이후 38만 년이 지났을 때 비로소 빛은 물질의 속박으로부터 벗어나 자유를 만끽했다. 이 순간 우주 전역에 퍼져나간 빛이 우리가 실제 관측을 통해 볼 수 있는 우주의 가장 오래된 빛이다. 이때 당시 우주의 평균 온도는 대략 3,000℃에 달했다. 이후 138억 년 동안 우주는 꾸준히 팽창했다.

　우주는 바깥 세상이라는 것이 존재하지 않는다. 따라서 우주의 팽창은 외부와의 아무런 열 교환 없이 온도가 식으면서 팽창하는 단열 팽창으로 설명할 수 있다. 이제 우주는 너무 거대하게 부풀었다. 그만큼 우주의 열기도 빠르게 식었다. 우주의 나이가 겨우 38만 년밖에 되지 않았던 시점에 퍼져나오기 시작했던 태초의 빛은 지난 138억 년에 달하는 긴 세월 동안 우주의 팽창과 함께 아주 긴 파장으로 늘어졌다. 그래서 이제는 아주 에너지가 낮고 온도가 미지근한 빛으로 관측된다. 우주 전체가 통째로 균일하게 팽창했기 때문에 어느 방향의 밤하늘을 보는지와 무관하게 우주의 온도는 거의 비슷하게 관측된다. 이렇게 우주 전역에 배경처럼 퍼져 있는 빛의 흔적을 **우주 배경 복사** CMB, Cosmic Microwave Background라고 한다.

　우주 배경 복사는 그 자체로 아주 뜨겁게 뭉쳐 있던 우주가 팽창하면서 식어왔다는 것을 보여주는 아주 확실한 빅뱅 이론의 관측적 증거이기도 하다. 현재 관측되는 우주 배경 복사의 평균 온도는 거의 절대영도에 가깝다. 절대온도로 2.7K(켈빈)밖에 안 된다. 굳이 더 익숙한 섭씨 단위로 표현한다면 영하 270℃에 달한다. 우주가 얼마나 많은 암흑 물질과 암흑 에너지를 품고 있는지에 따라 우주의 온

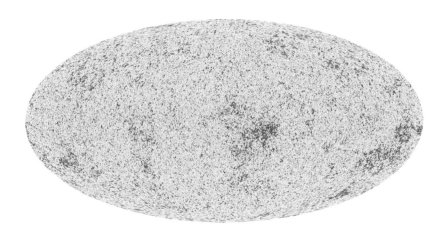

플랑크 우주 망원경이 관측한 우주 배경 복사. 관측 방향에 따라 우주 배경 복사의 온도가 달라지는 현상을 보인다.

도가 식는 속도가 달라진다. 미지근하게 온기가 남아 있는 자동차 본네트를 만지면서 얼마나 오래전까지 시동이 걸려 있었는지 유추하는 탐정처럼, 천문학자들도 우주 전역에 퍼지면서 차갑게 식어버린 빅뱅의 잔열을 통해 우주가 얼마나 빠른 속도로 팽창해왔는지를 알 수 있다.

2009년 우주에 올라가 2013년까지 우주 전역의 빅뱅의 잔열을 관측했던 **플랑크** Planck 우주 망원경의 관측 결과에 따르면 우주의 허블 상수는 67km/s/Mpc로 추정된다. 1Mpc 정도 거리에 떨어진 은하가 시속 24만 4,000km의 속도로 멀어지고 있다는 뜻이다.

바로 여기에서부터 당황스러운 문제가 시작된다. 세페이드 변광성과 Ia형 초신성 등 은하의 거리를 직접 구해서 계산한 허블 상수가 우주 배경 복사로 추정한 값보다 10% 더 크게 나온다. 다시 말해서 멀어져가는 은하의 후퇴 현상으로 추정한 우주의 팽창이 빅뱅 직후 퍼진 잔열의 흔적으로 추정한 우주의 팽창보다 더 빠르다. 방법만 다를 뿐 결국 둘 모두 똑같은 은하를 바라본 결과다. 그런데 관측 방법에 따라 우주는 조금 다른 팽창률을 보인다. 분명 우주는 하나인데 두 가지 팽창을 보게 되는 이 문제를 **허블 텐션** Hubble Tension이라고 부른다. 허블 텐션은 21세기 천문학자들을 가장 괴롭히고 있는 난감한 문제다.

2000년대 초반부터 다양한 우주 망원경으로 우주 배경 복사에 대한 본격적인 관측이 시작되면서 일부 천문학자들 사이에서 허블 상수가 기존의 은하만으로 추정했던 값과 조금 어긋난다는 의심이 돌기 시작했다. 하지만 당시까지만 해도 대부분의 천문학자들은 심각한 문제로 생각하지는 않았다. 단순히 각 측정 방식이 아직 충분히 정밀하지 못해서 수치가 조금 어긋나 보일 뿐이라고 생각했다. 시간이 흐르면서 관측 기술이 좋아지고 오차가 줄어든다면 결국 두 가지 방식으로 구한 허블 상수 모두 하나의 값으로 모일 거라고 생각했다.

하지만 실제로 벌어진 일은 정반대였다. 최근 20년 사이 허블 상수를 구하는 두 가지 방법 모두 훨씬 정교해졌다. 오차도 많이 줄었다. 하지만 두 방법이 제시하는 허블 상수의 간극은 해소되지 않았다. 오히려 오차가 줄어들수록 허블 텐션은 더 명확해지고 있다.

세페이드 변광성과 Ia형 초신성 관측에 기반한 은하의 후퇴 현상과 우주 배경 복사라는 두 연주자는 분명 똑같은 악보를 보면서 어긋난 템포로 음악을 들려준다. 이 문제가 특히 더 난감한 것은 둘 모두 천문학자들이 믿어 의심치 않는 훌륭한 연주자이기 때문이다. 분명 둘 모두 아주 정확하게 우주를 연주한다. 하지만 분명 둘은 다른 음악을 들려준다. 그렇다면 대체 이 난제를 어떻게 해결해야 할까? 우리는 두 연주자가 들려주는 불협화음 속에서 누구의 음악 소리에 더 귀를 기울여야 할까?

둘 중 하나가 우리를 속이고 있을지 모른다. 우선 은하들의 움직임에 기반한 관측 데이터를 의심해볼 수 있다. 실제 우주에서 관측되는 은하들의 움직임은 순수하게 우주 시공간의 팽창으로만 결정되지 않는다. 우주가 팽창하는 와중에도 인접한 은하들은 서로 중력으로 끌어당긴다. 그래서 실제 관측되는 우주 속 은하들의 움직임은 우주가 팽창하면서 서로 거리가 멀어지는 효과와 동시에 인접한 은하들끼리 끌어당기는 두 가지 효과가 복잡하게 섞여 있다. 은하들이 서로 중력을 주고받으면서 발생하는 세부적인 움직임의 효

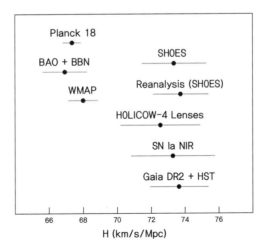

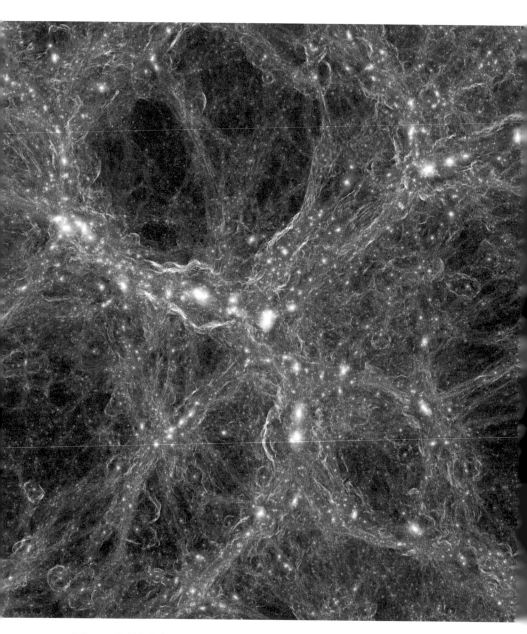

은하(노란색)와 암흑 물질(파란색)을 시뮬레이션으로 재현한 합성 이미지.

과를 모두 걸러내야 순수한 우주 팽창의 효과를 파악할 수 있다.

만약 우리은하가 유독 주변에 은하들의 밀도가 상대적으로 낮은 거대 보이드 부근에 속해 있다면 우리 주변의 은하들은 조금 더 빠르게 멀어지는 것처럼 관측될 수 있다. 주변의 더 밀도가 높은 영역으로 은하들이 더 빠르게 끌려가고 있기 때문에 순수한 우주 팽창의 효과보다 더 빠르게 주변 은하들이 우리 곁을 떠나는 것처럼 보일 가능성이 있다.

실제로 최근까지 천문학자들은 우리은하 주변에 은하들이 어떻게 분포하는지 더 세밀한 지도를 채우면서 주변에 숨어 있던 거대 보이드를 발견할 수 있을 것이라고 기대했다. 작은 크기의 보이드들이 새롭게 발견되기는 했지만, 현재 문제가 되는 허블 텐션의 간극을 모두 설명하기에는 한참 부족하다.

2023년 제임스 웹 우주 망원경을 활용한 새로운 결과가 발표됨에 따라 은하의 후퇴 현상을 활용해서 허블 상수를 추정하는 방식을 의심하는 건 더 어려워 보인다. 천문학자들은 지금까지 은하의 거리를 재는 과정에서 미처 생각지 못한 오차가 있었던 게 아닐까 점검하기 위해 앞서 허블 우주 망원경으로 관측했던 동일한 은하들을 다시 제임스 웹 우주 망원경으로 관측했다. 거리 사다리의 눈금을 더 정교하게 조율하기 위해서, 특히 비교적 가까운 은하까지 거리를 잴 때 활용하는 세페이드 변광성과 더 먼 은하까지 거리를 잴 때 활용하는 Ia형 초신성 둘 모두를 품고 있는 은하들을 주요 타깃으로 삼았다.

제임스 웹 우주 망원경은 허블 우주 망원경보다 더 선명한 눈으로 가까이 붙어 있는 별을 더 또렷하게 하나하나 구분해서 볼 수 있다. 만약 가까이 붙어 있는 별 여러 개를 흐릿하게 뭉뚱그려서 하나의 별로 착각한다면 별의 실제 밝기를 파악하는 데 치명적인 문제가 될 수 있다. 덕분에 제임스 웹 우주 망원경의 관측 결과는 앞선 허블 우주 망원경의 결과에 비해 훨씬 더 적은 오차로 깨끗한 결과를 보여준다. 하지만 오차만 더 줄었을 뿐 결과는 별다른 차이가 없다. 은하의 후퇴 현상으로 파악한 허블 상수는 여전히 73km/s/Mpc다.

은하들의 후퇴 현상은 단순히 우주 팽창으로 인한 효과뿐 아니라 주변에 인접한 은하들이 얼마나 있는지에 따라 영향을 받는다. 그래서 조금 더 지엽적인 우주의 팽창률을 반영한다. 반면 우주 배경 복사는 우주 전체가 팽창과 함께 열기가 얼마나 식어왔는지를 보여준다. 우리은하 주변의 지엽적인 우주 일부가 아니라 우주 전체의 팽창률을 대변한다고 볼 수 있다. 그래서 우주 배경 복사에 기반한 추정치를 더 신뢰하는 천문학자들도 적지 않다.

하지만 이 방법도 신중할 필요가 있다. 암흑 물질과 암흑 에너지의 비중을 어떻게 대입하는지에 따라 결과가 조금씩 달라진다. 그래서 만약 우주 배경 복사에 기반한 추정치에 문제가 있었던 것이라면 천문학자들은 더욱 난감한 상황에 빠질 수도 있다. 우주가 30%의 암흑 물질과 70%의 암흑 에너지로 구성되어 있다고 생각했던 ΛCDM 모델 자체의 근간이 흔들릴 수 있는 아주 위험한 상상이기 때문이다. 어쩌면 허블 텐션을 해결하기 위해 애쓰고 있는 천문학자들도 가장 상상하기 싫은 결말일 것이다.

각기 다른 방법으로 우주의 팽창을 연주하는 두 음악 소리가 왜

박자가 어긋나고 있는지, 정확한 이유는 아직 아무도 모른다. 어쩌면 정말 둘 중 하나가 잘못된 연주를 하고 있었는지도 모른다. 하지만 현재로서는 그럴 확률은 높아 보이지 않는다. 결국 일부 대담한 천문학자들은 애초에 두 연주자에게 주어졌던 악보 자체가 달랐던 것은 아닐지 새로운 의심을 품고 있다.

오케스트라 단원들은 공연이 시작되기 전 무대에 올라 오보에가 부는 라(A) 음에 각자 자신의 악기 소리를 내어 음을 맞추고 조율하는 시간을 갖는다. 이 짧은 조율 시간 동안 저마다의 악기에서 나오는 소리는 마치 기괴한 현대 음악처럼 들린다. 얼핏 듣기에는 제멋대로 연주되는 각기 다른 음들이 뒤섞인 소음일 뿐이다. 하지만 앞으로 이어질 아름다운 선율을 생각해본다면, 그 순간조차 뒤에 이어질 본격적인 연주를 준비하는 제0막의 연주 시간이라고 볼 수 있다. 여러 연주자들이 동일한 악보를 똑같이 연주하기 위해서 미리 호흡을 맞추는 시간이다. 불협화음도 결국 공연의 연장선에 있다.

현재 천문학자들이 마주한 이 당황스러운 불협화음도 결국 우주의 역사를 더 정교하게 연주하기 위해서 잠시 거쳐가는 뼈아픈 조율 과정이라 생각한다. 변광성과 초신성으로 은하들의 움직임을 연주하는 천문학자들, 그리고 우주 배경 복사의 미미한 신호를 연주하는 천문학자들, 이 두 훌륭한 연주자들은 이제야 처음으로 한 무대에 함께 올랐다.

객석에 앉아 있는 우리 역시 이제 처음으로 같은 무대에 오른 두 연주자들에게서 예상치 못한 불협화음을 떨리는 마음으로 지켜볼 뿐이다. 하지만 잠깐의 (어쩌면 예상보다 조금 더 긴 시간 동안) 괴로운 불협화음의 시간이 지나고 나면, 결국 우리는 완벽하고 아름다운 하모니로 연주되는 우주의 대서사시를 즐길 수 있게 될 것이다. 이렇게 또다시 천문학 역사의 새로운 마디가 채워지고 있다.

사진 및 그림 출처

~~~~~~

사진

19쪽	NASA, Project Apollo Archive, 사진 넘버 AS16-117-18840
24쪽	NASA, Project Apollo Archive, 사진 넘버 AS17-134-20384
27쪽	NASA, Project Apollo Archive, 사진 넘버 AS15-88-11893
28쪽	NASA, Project Apollo Archive, 사진 넘버 AS15-85-11468
34쪽	JAXA,Ritsumeikan University,The University of Aizu,
57쪽	Russian Academy of SciencesRussian Academy of Sciences
59쪽	NASA, Solar Dynamic Observatory
61쪽	Of the tides in the South Seas / by James Cook Creator Cook, James, 1728-1779
63쪽	JAXA/NASA/Lockheed Martin
70쪽	The Founder of English Astronomy(1891), Eyre Crowe, Walker Art Gallery
80쪽	ESO/Landessternwarte Heidelberg-Königstuhl/F. W. Dyson, A. S. Eddington, & C. Davidson
94쪽	Public Domain
99쪽	Davide De Martin & the ESA/ESO/NASA Photoshop FITS Liberator
104쪽	NASA/Preston Dyches
131쪽	ESA
136-137쪽	ESA/Gaia/DPAC
144쪽	NASA/JHUAPL
154쪽	Boyajian, Tabetha S., et al. "The first post-Kepler brightness dips of KIC 8462852." The Astrophysical Journal Letters 853.1 (2018): L8.
165쪽	Grundzüge einer allgemeinen Photometrie des Himmels(1861), Zöllner, Johann Karl Friedrich / München, Bayerische Staatsbibliothek
169쪽	ESA, NASA, A. Fujii

426

갈 수 없지만 알 수 있는

180쪽   Russell, Henry Norris. "Relations between the spectra and other
       characteristics of stars." A Source Book in Astronomy and Astrophysics,
       1900–1975. Harvard University Press, 1979. 212–220.

196쪽   (1880). "On Photographing the Nebula in Orion," Science. Dec. 18,
       1880, Vol. 1, No. 25, p. 304.

201쪽   Harvard College Observatory

203쪽   Harvard College Observatory

205쪽   Harvard College Observatory, Library of Congress

209쪽   Center for Astrophysics, Harvard & Smithsonian

212쪽   Leavitt, Henrietta S., and Edward C. Pickering. "Periods of 25 Variable
       Stars in the Small Magellanic Cloud." Harvard College Observatory
       Circular, vol. 173, pp. 1–3 173 (1912): 1–3

216쪽   The stellar universe : views of its arrangements, motions, and
       evolutions (1848). J. P. Nichol, Linda Hall Library

221쪽   Carnegie Observatories

222–223쪽 NASA, ESA, Digitized Sky Survey 2 (Acknowledgement: Davide De Martin)

224–225쪽 NASA, ESA, J. Dalcanton (University of Washington, USA), B. F. Williams
       (University of Washington, USA), L. C. Johnson (University of Washington,
       USA), the PHAT team, and R. Gendler.

240쪽   NASA/JPL-Caltech

300쪽   NASA/Dan Burbank

308쪽   Mayor, Michel, and Didier Queloz. "A Jupiter-mass companion to a
       solar-type star." nature 378.6555 (1995): 355–359

310쪽   ESO/M. Kornmesser/Nick Risinger (skysurvey.org)

318쪽   Lundmark, Knut. "The determination of the curvature of space-time in
       de Sitter's world." Monthly Notices of the Royal Astronomical Society,
       Vol. 84, p. 747–770 84 (1924): 747–770.

341쪽   NASA, ESA, P. Oesch (Yale University), G. Brammer (STScI), P. van
       Dokkum (Yale University), and G. Illingworth (University of California, Santa
       Cruz)

342–343쪽 NASA, ESA, A. van der Wel (Max Planck Institute for Astronomy, Heidelberg,
       Germany), H. Ferguson and A. Koekemoer (STScI), and the CANDELS
       team

346쪽   NASA, ESA, CSA, STScI, B. Robertson (UC Santa Cruz), B. Johnson (CfA),
       S. Tacchella (Cambridge), P. Cargile (CfA)

356쪽   Utah Valley University

358쪽   NASA, ESA and Allison Loll/Jeff Hester (Arizona State University).
        Acknowledgement: Davide De Martin (ESA/Hubble)
361쪽   De stella nova in pede Serpentarii (1606). Johannes Kepler, Linda Hall
        Library
368쪽   D. Verschatse (Antilhue Observatory, Chile)
        NASA, ESA, and H. Richer (University of British Columbia)
        NASA, ESA, and H. Richer (University of British Columbia)
379쪽   ESA/ATG medialab/C. Carreau
380쪽   NASA, ESA, The Hubble Key Project Team, and The High-Z Supernova
        Search Team
402쪽   Wikimedia commons
412쪽   DESI Collaboration/NOIRLab/NSF/AURA/R. Proctor
417쪽   ESA and the Planck Collaboration
420쪽   TNG Collaboration

그림

Image credit : Zina
28쪽, 37쪽, 39쪽, 46쪽, 48쪽, 66쪽, 70쪽, 75쪽, 112쪽, 114쪽, 118쪽, 121쪽, 231쪽,
256쪽, 257쪽, 261쪽, 262쪽, 265쪽, 278쪽, 333쪽, 335쪽, 353쪽, 384쪽, 394쪽, 405쪽,
419쪽

갈 수 없지만 알 수 있는

1판 1쇄 발행 | 2025년 3월 28일
1판 3쇄 발행 | 2025년 5월 12일

지은이 | 지웅배

펴낸곳 | 더숲
발행인 | 김기중
주소 | 서울시 마포구 동교로 43-1 (04018)
전화 | 02-3141-8301
팩스 | 02-3141-8303
이메일 | info@theforestbook.co.kr
페이스북 | @forestbookwithu
인스타그램 | @theforest_book
출판신고 | 2009년 3월 30일 제2009-000062호

ISBN | 979-11-94273-16-5 (03440)